세상을 만드는
글자、 코딩

{ 창의와 소통을 위한 코딩 인문학 }

세상을 만드는 글자, 코딩

박준석 지음

코딩 의무교육 시대
'어떻게'가 아닌 '왜'와 '무엇'에 대한
최초의 코딩 교양서

동아시아

과학자의 눈으로 바라본 세상은 우리가 태어났을 때부터 저절로 주어졌지만, 동시에 우리를 그 안에 가두고 있는 '틀'입니다. 반면, 공학자의 눈으로 바라본 세상은 이전에는 한 번도 존재한 적이 없었던, 그러기에 인류가 새롭게 만들어가는 열린 공간입니다. 우주가 초월적인 수학의 언어로 쓰였다면, 인터넷을 기반으로 한 가상 세계는 인간이 만든 논리의 언어로 쓰였습니다. 가상 세계의 창조주가 되려면 그 세계를 구성하는 논리부터 세워야 하는데, 그 중심에 인류가 발명한 가장 논리적인 언어, 프로그래밍 언어가 있습니다.

이전까지 세상 논리를 구축하던 것은 주로 정치·경제·종교·사회·문화 같은 것들이었습니다. 하지만 프로그래밍 언어의 탄생으로 인해 평범한 사람들도 자신이 살고 싶은 세상의 논리를 스스로 세워갈 수 있게 되었습니다. 사회운동을 하기 위해 단순히 현 상황의 문제점을 지적하고 동조자들을 구하기보다는, 관련 앱이나 웹을 코딩하는 것이 효과적입니다. 학교 폭력을 예방하기 위해 법을 제정하거나 교사·경찰을 설득하기보다는, CCTV 엔지니어·빅데이터 분석가와 협업하는 길이 빠를 수 있습니다. 마찬가지로 미세먼지, 저출산·고령화 현상, 사교육 부담, 빈부 격차의 갈등을 누가 제일 잘 해결할 수 있을까요? 이전에는 이런 문제들이 정치가들의 몫이었다면, 지금은 대학생·스타트업·거대 IT 기업들의 사업 아이템이 되었습니다.

프로그래머는 프로그래밍 언어로 자신이 원하는 세계의 법과 원칙을 써내려갈 수 있습니다. 코딩된 소프트웨어는 1편의 글로서, 세상을 변화시키는 알고리즘으로서 인류 발전에 기여합니다. 자율주행 자동차는 보험 회사, 자동차 회사, 철학자, 법학자들에게 새로운 질서를 세울 것을 요구합니다. 엔지니어들이 세상에 툭 하고 내던진 블록체인 기술은 기존 금융 질서와 한바탕 전쟁을 치르는 중입니다. 이전에는 노동자가 자본가에게 철저히 종속되어 있었지만, 지금은 1명의 프로그래머가 스스로 노동자이자 자본가로서 프로젝트를 기획하고, 익명의 다수로부터 자금을 조달받아 유익한 제품과 서비스를 내놓을 수 있게 되었습니다. 프로그래머는 더 이상 특별한 재능을 지닌 전문가가 아닙니다. 이웃집 청년이자 윗집 부부, 평범한 회사원입니다.

대학에서 양자역학을 가르치는 교수의 배우자는 그 교수가 무엇을 연구하는지 도통 알 수 없을 뿐만 아니라, 교수 역시 자신의 배우자를 이해시키길 포기한다고 합니다. 양자역학이야 워낙 어려운 학문인 데다가 실생활과 거리가 머니 그렇다 칠 수 있습니다. 하지만 코딩이나 컴퓨터는 그다지 어렵지도 않고 누구에게나 밀접한 기술입니다. 그렇지만 프로그래머의 배우자 역시 프로그래머를 이해하지 못하기는 마찬가지입니다. 이 책을 쓰게 된 계기도 이런 문제의식에서 출발했습니다.

코딩이 의무교육이 되면서 많은 학부모들이 아이들 손을 잡고 코딩 학원으로 향하지만, 정작 부모님은 코딩에 대해 제대로 모르는 경우가 허다합니다. 코딩을 배우는 초중고 학생이나 대학생 역시 예외는 아닙니다. 이들도 특정 프로그래밍 언어의 문법을 기술적으로 익혔을 뿐, 정작 코딩에 필요한 기초 지식은 알지 못하는 경우가 많습니다. 하지만 코딩이나 컴퓨터는 조금만 관심을 기울여 공부해보면 그 기본 원리를 생각보다 쉽게 이해할 수 있습니다. 문제는 처음부터 끝까지 하나로 연결되는 전체 줄거리를 파악하기 위해 컴퓨터의 구조, 디지털, 프로그래밍 언어, 컴파일러, 통신, 전자회로와 같은 개별 과목들을 일일이 섭렵해야만 한다는 것입니다.

안타깝게도 시중에서 판매되는 대부분의 기술 서적들은 그 1권만 가지고는 코딩을 둘러싼 전체 이야기를 파악하기 힘들게 되어 있습니다. 특정 프로그래밍 언어에 대해서만 설명하거나 지나치게 좁은 분야만을 세부적으로 다루고 있기 때문입니다. 하지만 평범한 사람들에게는 그런 것들을 두루두루 훑어볼 만한 여유가 없습니다. 보통 사람들이 궁금해하지만 잘 모르는 것들은 사실 전문가들이 잘 설명해주지 않는 영역에 있습니다. 이런 것들은 너무 쉽다고 여겨지거나 당연시되어서 오히려 미지의 영역으로 남아버렸습니다. 이 책이 독자들에게 이런 미지의 영역을 밝게 비춰줄 수 있기를 희망합니다.

프로그래머들은 지엽적인 문제에 집착한 나머지 자신이 하는 일이 앞으로 펼쳐질 세계의 새로운 법칙을 세우고 있다는 사실을 망각하기 쉽습니다. 사실 우주도 넓은 의미에서 보면 물리법칙과 물리상수들로 코딩되어 있습니다. 그리고 생명체 역시 디지털 코드로 코딩되어 있습니다. 그래서 현대 생물학은 IT·전산·컴퓨터공학과 하나로 융합되어가고 있습니다. 코딩은 과학을 보조하는 자리에 머물기도 하지만, 한편으론 과학을 앞장서서 이끌어가고 있습니다. 프로그래머는 AI를 개발하는 과정에서 인간의 정신과 마음에 대해 새롭게 눈뜨고 있고, 생물정보학자 역시 DNA 코드를 분석하는 과정에서 인간 신체에 대해 깊이 있게 알아가고 있습니다. 이 책이 독자들에게 프로그래머의 눈으로 세상을 바라보는 렌즈가 되어줄 수 있기를 희망합니다.

코딩을 배워볼까 망설이거나 이제 막 시작하려는 분, 코딩을 할 마음은 없지만 그것이 무엇인지 원리를 알고 싶은 분, 현재 코딩을 하고는 있지만 정작 그 원리에 대해서는 잘 모르는 분, 그리고 요즘 세상이 어떻게 돌아가는지 이해하고 싶은 분들을 위해 이 책을 썼습니다. 책의 내용에 대한 질문이나 잘못된 부분들, 개선할 사항들을 이메일로 알려주시면 개인적으로 답변드리거나 개정판에 반영하겠습니다.

마지막으로 책을 쓰는 계기가 되어준 소중한 아내와 딸 서하, 아들 장하에게 못다 표현한 사랑을 전합니다. 책의 전체적인 짜임새에 대해 날카롭게 지적해주신 김성보 상무님과 원고 내용을 감수해준 친구 홍섭이에게도 고마움을 전합니다. 그리고 무명의 저자가 보낸 원고 투고 메일에 즉각적으로 화답해주신 한성봉 대표님, 책을 편집해주신 안상준 편집팀장님 외 동아시아 출판사 모든 분들께 감사드립니다.

2018년 3월, 박준석

차 례

CHAPTER 1

코딩은 아무나 한다
프로그래머 이해하기

CHAPTER 2

프로그래밍 언어는 나와 컴퓨터를 이어준다
프로그래밍 언어 이해하기

CHAPTER 3

코딩은 만물의 근본이다
세상 만물 이해하기

CHAPTER 4

비트는 디지털 세계의 원자다
디지털 이해하기

CHAPTER 5

컴퓨터는 책 읽는 기계다
컴퓨터 이해하기

대충 말해도 통할까?

"샐리야, 내일 아침 7시에 깨워줘!"
"토니야, 신나는 음악 틀어줘!"

사람이 말을 걸면 인공지능AI 비서는 그 명령을 곧잘 알아듣고 실행에 옮깁니다. 마치 컴퓨터가 내 말을 알아듣는 것 같은 착각이 들기도 하죠. 이렇게 사람과 컴퓨터가 자연어로 대화하기 시작한 것은 비교적 최근에야 일어난 일입니다. 하지만 AI 비서에게 조금 더 복잡한 명령을 시켜보면 어떨까요?

샐리야, 빨강 LED, 노랑 LED, 녹색 LED를 순서대로 켜고 꺼줘. 근데 빨강과 녹색은 10초간 켜야 되고, 노랑은 3초만 켜면 돼. 이걸 계속 반복해줄래?

AI 비서가 과연 이 명령을 실행할 수 있을까요? AI 비서는 이 정도로 복잡한 명령을 수행하지 못합니다. 그 이유는 아직 AI가 충분히 똑똑하지 못하기 때문이고, 또한 사람이 하는 말 중에 불명확한 부분들이 너무나 많기 때문입니다. 물론 머지않은 미래에는 사람이 말하는 바를 AI가 비교적 정확히 해석해낼 수도 있겠지만요. 앞서 본 명령은 사실 신호등을 제어하는 컴퓨터가 매일같이 수행하고 있는 지극히 단순한 명령들의 집합입니다. 초보 프로그래머라 하더라도 어렵지 않게 코딩할 수 있는 수준이죠.

코딩coding이란 사람이 컴퓨터에게 내릴 명령을 말이 아니라 글자, 즉 코드code로 표현하는 행위입니다. 컴퓨터는 사람이 대충 '말'로 명령하는 것은 잘 못 알아들어도 명확한 '글'로 명령하는 것은 잘 알아듣습니다. 그러니 사람이 컴퓨터에게 무언가를 시키기 위해서는 컴퓨터가 이해하는 글을 배울 수밖에 없습니다. 그렇다면 컴퓨터가 이해하는 글은 어떻게 생겼을까요?

…0011101011110111001110011100…

마치 암호문 같죠? 불행히도 사람은 0과 1로 사고할 수 없기 때문에 이런 암호문과 같은 형태로 컴퓨터에게 명령할 수는 없습니다. 이런 디지털 코드는 사람에게 익숙한 문법이 아니니까요. 그래서 '사람의 언어'와 '컴퓨터의 언어'를 이어줄 언어가 필요합니다. 즉, 두 언어의 다리 역할을 해줄 중간 언어가 필요한 것입니다. 그것이 바로 '프로

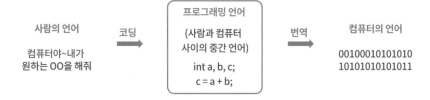

그래밍 언어'입니다. 보통 코딩을 배운다는 것은 이 중간 언어에 해당하는 프로그래밍 언어를 배우는 것을 말합니다. 이제 사람은 컴퓨터에게 하고 싶은 말을 이 중간 언어를 사용해서 글로 표현하면 됩니다. 조금 전 AI 비서에게 말로 했던 신호등 명령을 다음과 같이 논리적인 글로 표현해볼 수 있습니다. 이런 것이 일종의 코딩입니다.

(001) 빨강 LED를 켜고 10초간 기다려
(002) 빨강 LED를 끄고 노랑 LED를 켜고 3초간 기다려
(003) 노랑 LED를 끄고 녹색 LED를 켜고 10초간 기다려
(004) 녹색 LED를 끄고 노랑 LED를 켜고 3초간 기다려
(005) 노랑 LED를 끄고 빨강 LED를 켜
(006) (001)~(005)를 반복해

물론 이 예문은 실존하는 프로그래밍 언어가 아니라 아무렇게나 지어낸 것입니다. 중요한 점은 사람이 대충 하는 말보다 더 논리적이고 순서에 맞게 말해야 한다는 것입니다. 컴퓨터는 조금만 애매모호하게 말해도 알아듣지 못합니다. 하지만 논리적으로 모순이 없고 애매함이 없는 문장들은 컴퓨터가 이해하는 언어로 정확하게 번역될 수 있습니

다. 즉, 사람이 코딩한 문장을 컴퓨터가 이해하는 0과 1로 정확히 번역할 수 있다는 이야기입니다.

프로그래밍이랑 코딩이랑 다른 거야?

코딩 이야기를 하다가 자연스럽게 프로그래밍programming이라는 단어가 등장했습니다. 코딩이 코드를 쓰는 것이라면 프로그래밍은 프로그램program을 쓰는 것입니다. 프로그램의 어원은 '미리pro 작성해둔 것gram'입니다. 컴퓨터가 읽도록 미리 작성해둔 글이 프로그램이고, 이것은 곧 컴퓨터가 이해하는 코드를 의미합니다. 그러니 프로그래밍과 코딩은 결국 비슷한 말입니다. 이 밖에 유사한 단어로는 알고리즘algorithm이 있습니다. 알고리즘은 '문제 해결을 위한 처리 순서'를 의미합니다. 조금 더 추상적이고 고차원적인 단어죠. 알고리즘의 의미가 직감되지

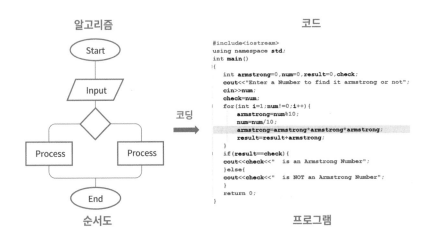

알고리즘   코드

순서도   프로그램

않으면 '알고리즘=순서도'라고 생각해도 좋습니다. 이 알고리즘(순서도)을 컴퓨터가 이해할 수 있는 코드로 표현하는 것이 코딩이고, 이렇게 해서 완성된 결과물이 프로그램입니다.

최근에는 프로그래밍이라는 용어와 코딩이라는 용어를 구별해서 사용하는 경향이 있습니다. 더 효율적인 알고리즘에 대해서 고민하고, 그 알고리즘을 어떻게 구현할지를 설계하는 것은 '프로그래밍'이라 부르는 반면에, 이미 정해진 알고리즘과 설계 방식에 따라 단순히 코드화만 하는 것은 '코딩'이라고 부르는 것입니다. 쉽게 이야기해서 프로그래밍이 코딩보다 한 차원 높은 수준의 것이라고 여겨집니다. 즉, 프로그래밍이 고차원의 일이라면 코딩은 단순 타이핑 같은 저차원의 일입니다.

비슷한 맥락에서 프로그래머programmer는 프로그램을 만드는 사람이고 코더coder는 코드를 만드는 사람이지만, 코더보다는 프로그래머가 좀 더 좋은 의미로 쓰일 때가 많습니다. 그래서 소프트웨어 업계에서는 프로그래머가 고임금 숙련 노동자를 의미하는 반면에, 코더는 저임금 단순 노동자를 의미한다고 생각하기도 합니다. '코더가 아닌 프로그래머가 되라'라는 말은 업계의 이런 분위기를 반영하고 있습니다. 하지만 용어의 쓰임새나 어감에 상대적인 차이가 있을 뿐, 코더나 프로그래머나 다 비슷한 말입니다. 이 책에서는 굳이 두 용어를 구별하거나 차별적으로 사용하지 않겠습니다.

내 주변에 존재하는 소스코드

프로그래머가 코딩한 '소스코드'는 우리가 일반적으로 사용하는 글자와 기호로 이루어졌습니다. 글자란 알파벳(a, b, c, …)이나 한글(가, 나, 다, …) 같은 것을 의미하고, 기호는 대괄호([ ])나 슬래시(/), 세미콜론(;) 같은 것을 의미합니다. 소스코드를 처음 보는 사람은 사람의 언어보다는 어렵지만, 컴퓨터의 언어인 0과 1보다는 쉽다고 느낄 것입니다. 이렇게 글자와 기호로 구성된 소스코드는 컴퓨터의 언어인 0과 1로 쉽게 변환되거나 번역됩니다. 애초부터 컴퓨터의 언어로 번역될 것을 염두에 두고 작성한 글이기 때문입니다. 그러니 일단 소스코드를 작성하고 나면 그 뒷일은 걱정하지 않아도 됩니다. 이미 검증된 번역기들이 사람이 쓴 소스코드를 컴퓨터가 이해하는 0과 1로 완벽하게 바꿔주니까요.

소스코드를 직접 본적이 한 번도 없다고요? 사람들은 소스코드가 자기에게서 멀리 떨어져 있다고 생각하기 쉽습니다. 하지만 코딩을 한 번도 경험해보지 않았어도, 자신이 프로그래머가 아니어도, 소스코드는 늘 우리 곁에 가까이 있습니다. 혹시 지금 PC 앞에 앉아 있다면 아무 웹브라우저(MS의 인터넷 익스플로러나 구글의 크롬 등)나 띄운 후에 처음으로 보이는 페이지에서 마우스 오른쪽 버튼을 눌러보시기 바랍니다. 그러면 '소스 보기'나 이와 비슷한 이름의 메뉴 버튼을 발견할 수 있을 겁니다. 이 버튼을 클릭한다면 우리는 언제든지 현재 보고 있는 웹페이지의 '소스코드'를 구경할 수 있습니다.

영어와 숫자 그리고 각종 기호들로 복잡하게 쓰인 글이 보이죠? 이

런 것들이 프로그래머가 프로그래밍 언어(또는 마크업 언어)를 사용해서 써내려간 문장들입니다. 한국 사람이 한국어를 사용하고, 미국 사람이 영어를 사용하는 것처럼, 웹 개발자들은 HTML^{HyperText Markup Language}이라는 '언어'를 사용해서 웹페이지를 만듭니다. HTML의 'L'이 바로 언어를 뜻하는 'Language'입니다. 영어에 영문법이 있고, 한국어에 국문법이 있듯이 프로그래밍 언어도 저마다 고유의 문법이 있습니다. 이렇게 HTML의 문법에 맞춰 써내려간 코드들이 수많은 그림과 동영상을 담은 웹페이지를 만들어냅니다. 그리고 컴퓨터는 이런 코드들을 매우 잘 이해하고 그 명령에 따라 움직입니다. 소스코드 없이 스스로 동작하는 컴퓨터는 단 1대도 없습니다. 컴퓨터는 프로그래머가 타이핑한 코드를 읽고 그대로 실행하는 기계일 뿐입니다.

HTML 맛보기

그렇다면 이제 영어(한국어)와 기호로 이루어진 프로그래밍 언어를 배우는 일만 남았습니다. 미리 긴장할 필요는 없습니다. 알고 보면 너무나 간단하니까요. 말이 나온 김에 HTML 소스코드를 하나 작성해보겠습니다. PC 앞에 앉아 있다면 '메모장'이나 '워드패드'를 열어서 다음과 같이 적어보시기 바랍니다. 그런 다음에 파일 이름을 '웹페이지.html'이라는 이름으로 저장하면 끝입니다. 그러면 이것이 바로 웹페이지의 소스코드가 됩니다.

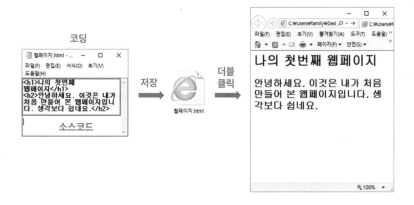

<h1>나의 첫 번째 웹페이지</h1>

<h2>안녕하세요. 이것은 내가 처음 만들어본 웹페이지입니다. 생각보다 쉽네요.</h2>

　

⟨h1⟩~⟨/h1⟩, ⟨h2⟩~⟨/h2⟩와 같은 것들은 HTML이라는 언어에서 약속된 문법에 따른 코드들이고, 컴퓨터는 이런 코드들을 잘 이해합니다. 이제 저장된 파일인 '웹페이지.html'을 더블클릭 해볼까요? 그러면 컴퓨터는 웹브라우저(인터넷 익스플로러나 크롬)를 자동으로 실행시키면서 모니터 화면에 위의 그림과 같은 웹페이지를 출력할 겁니다.

여러분이 방금 한 것이 바로 코딩입니다. 웹페이지를 코딩하는 방법을 정리해보면 다음과 같습니다.

1) HTML이라는 언어의 문법에 맞춰 코드를 작성합니다.

2) 이렇게 작성된 코드는 컴퓨터가 이해하는 디지털 언어(0과 1의 배열)로 변환됩니다. 내가 작성한 코드가 어떻게 디지털 언어로

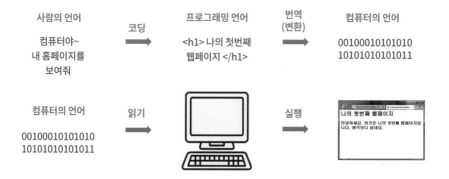

변환되는지는 나중에 자세히 설명할 것입니다.

3) 컴퓨터는 변환된 0과 1을 읽습니다.

4) 그리고 이에 따른 계산 결과를 모니터에 출력합니다. 이 출력 결과가 웹페이지입니다.

파이썬 맛보기

코딩을 할 줄 아는 사람은 일정한 언어 규칙에 따라 글을 쓰는 것만으로 컴퓨터에게 원하는 일을 시킬 수 있습니다. 이런 언어 규칙은 인간이 실제로 사용하는 언어와 비슷하게 설계되었습니다. 다시 말해 컴퓨터와 인간 사이를 이어주는 프로그래밍 언어가 인간의 언어에 가깝게 만들어졌다는 뜻입니다. 그래야 인간이 쉽게 배울 수 있으니까요.

"만약 4가 1, 2, 3, 4, 5 중에 있다면 '4가 있습니다'를 출력해라"를 프로그래밍 언어로 바꾸면 어떻게 될까요?

```
if 4 in [1,2,3,4,5]: print("4가 있습니다")
```

이는 '파이썬Python'이라는 언어로 만든 소스코드입니다. 마치 영어 문장을 읽는 것과 비슷합니다. 그래서 아주 기초적인 영어만 아는 초등학생도 쉽게 배울 수 있습니다. 몇 개 안 되는 영어 단어만 익히면 대부분의 명령어를 알 수 있을 정도입니다.

다른 예로 "만약 a가 1이 아니라면 '1이 아님'을 출력해라"를 파이썬 언어로 표현하면 어떻게 될까요?

```
if a != 1: print("1이 아님")
```

무척 쉽죠? 마지막 예로 "만약 a가 1이고, b가 2인 경우에 a+b를 출력해라"를 파이썬 언어로 표현하면 어떻게 될까요?

```
a = 1
b = 2
c = a + b
print(c)
```

잠깐 살펴본 것처럼 코딩은 전혀 어렵지 않습니다.

스크래치 맛보기

최근에는 MIT 대학에서 유치원생이나 초등학생들에게 코딩을 가르치기 위해 '스크래치'라는 프로그래밍 언어를 만들었습니다. 스크래치로 작성된 소스코드를 보면 100걸음을 걸은 후에(move 100 steps), 1초간 기다렸다가(wait 1 secs), 120도를 돌고(turn 120 degrees), 다시 1초간 기다리는 일(wait 1 secs)을 3번 반복(repeat 3)하라고 되어 있습니다.

이렇게 소스코드를 작성한 후에 실행 버튼을 누르면 컴퓨터가 이 소스코드를 읽습니다. 그리고 고양이가 모니터 속에 출현해서 삼각형 모양을 따라 걸어 다니는 모습을 보여줍니다. 스크래치라는 언어로 컴퓨터에게 일을 시켰고, 컴퓨터는 모니터 속 고양이를 통해 이 문장들을 하나도 빠뜨리지 않고 충실히 실행했습니다.

여러분은 잠깐 동안에 무려 3가지 프로그래밍 언어를 경험했습니다. 'HTML'이라는 마크업 언어부터 시작해서, '파이썬'과 '스크래치'라는 프로그래밍 언어까지 배워본 것입니다. 이처럼 코딩은 생각보다 대단한 것이 아닙니다. 그냥 컴퓨터가 읽을 수 있는 코드를 쓰는 일

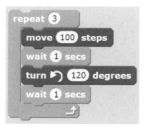

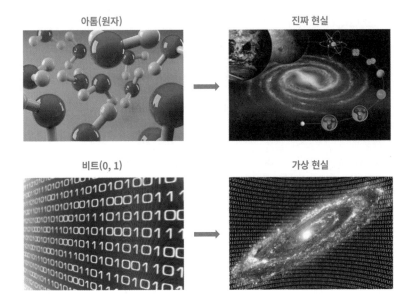

이고, 컴퓨터는 이렇게 사람이 쓴 코드를 읽어서 모니터 속 세상을 만들어냅니다. 모니터 속 세상은 0과 1이라는 비트로 만들어진 세계입니다. 우리가 사는 진짜 현실reality이 원자로 이루어진 아톰atom의 세계라면, 프로그래머가 만든 가상현실virtual reality은 0과 1로 이루어진 비트의 세계입니다.

이 책에서 펼쳐질 이야기들

1장은 컴퓨터가 읽을 글을 작성하는 '프로그래머'에 관한 이야기입니다. 이 책의 전체 이야기에서 프로그래머는 '저자'에 해당합니다. 어떻게 인류가 글짓기를 통해 무언가를 만들어내게 되었는지, 프로그램이 왜 저작권의 보호를 받는 창작품이며 그것도 많은 사람들이 함께 써내려가는 공동 작품인지, 그리고 코딩에 관한 기초 지식을 아는 것이 왜 현대 사회를 살아가는 데 있어서 필수적인 소양이 되는지를 알게 될 것입니다. 이 책은 비트 세계의 물리, 화학, 지구과학, 생물과 같은 기초과학을 다루고 있습니다.

2장은 프로그래머가 사용하는 언어와 프로그래머가 작성하는 코드들에 관한 이야기입니다. 프로그래머가 작성한 소스코드는 '저자가 쓴 책'에 해당합니다. 대부분의 코딩 또는 프로그램 관련 책들이 다루는 내용들은 바로 이 2장과 관련되어 있습니다. 이 책에서는 어느 1가지 프로그래밍 언어에 집중하기보다 가급적 다양한 프로그래밍 언어에 대해 전반적인 설명을 할 것입니다. 프로그래밍 언어가 무엇인지, 프로그래밍 언어가 어떤 방향으로 발전하고 있는지, 프로그래밍 언어가 왜 다양한지, 어떤 것들을 코딩해야 하며 어떻게 코딩해야 하는지를 이해할 수 있습니다.

3장은 내가 사는 세상과 코딩이 어떤 관계에 있는지, 그리고 코딩으로 어떤 것들을 만들어낼 수 있는지에 관한 이야기입니다. 코딩으로 만들어진 것들은 저자의 '주요 작품'에 해당합니다. 인간 저자가 어떻게 가상현실을 만들어내는지를 이해하게 될 것이고, 소프트웨어가 아닌 하드웨어조차도 코딩으로 만들어진다는 사실을 알게 될 것입니다. 그리고 물질로는 만들 수 없을 것 같았던 지능을 어떻게 코딩으로 만들어내는지를 구체적인 사례를 통해 배우게 될 것입니다. 그뿐만 아니라 우주에 존재하는 모든 생명체가 디지털 코드로 코딩되어 있고, 원자나 분자와 같은 무생물 역시도 어떤 의미에선 코딩되어 있다는 사실을 알게 될 것입니다.

4장은 독자인 컴퓨터가 읽는 언어, 즉 디지털 언어에 관한 이야기입니다. 디지털 언어는 '독자가 읽는 책'을 구성하는 언어입니다. 보통 사람의 예상과 달리 저자인 인간이 쓴 책과 독자인 컴퓨터가 읽는 책은 확연히 다르게 생겼습니다. 어떻게 모든 정보가 디지털로 변환되는지, 그리고 그것이 실제적으로는 어떤 물리적 형태로 기록되는지를 알게 될 것입니다. 그리고 0과 1이라는 2개의 숫자만 사용해서 어떻게 각종 문서와 음악과 동영상을 만들어내는지, 나아가 0과 1의 조합이 어떻게 모든 자연 세계를 다 담아낼 수 있는지를 배우게 될 것입니다. 또한 0과 1이 어떤 단위로 묶여서 취급되는지, 0과 1의 개수를 어떻게 줄이는지, 훼손된 0과 1을 어떻게 복구하는지를 이해할 수 있습니다.

5장은 언어를 처리하는 기계인 컴퓨터에 관한 이야기입니다. 컴퓨터는 저자가 쓴 책을 읽는 '독자'에 해당합니다. 컴퓨터가 무엇인지, 디지털 언어가 어떻게 컴퓨터로 입력되는지, 컴퓨터가 0과 1을 내놓는 것만으로 어떻게 물리적 세계 안에서 다양한 변화를 만들어내는지, 컴퓨터가 연산을 한다는 것은 무엇을 의미하는지, 컴퓨터가 읽는 책은 어떤 것들이 있는지, 컴퓨터가 어떻게 디지털 언어를 다른 컴퓨터로 전달하는지를 이해하게 될 것입니다.

책의 전체 내용을 요약하자면 다음 그림과 같습니다. 1장에서 등장한 프로그래머(저자)는 2장에서 설명할 책을 '코딩'합니다. 저자가 쓴 책은 4장에서 등장할 디지털 언어로 '번역'됩니다. 5장에서 등장한 독

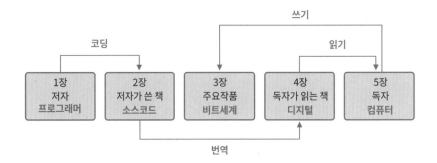

자는 4장의 디지털 언어에 대해 '읽기'를 수행합니다. 그리고 저자가
의도한 바를 세상에 '쓰기' 시작합니다. 최종 결과물은 바로 3장에서
등장하는 '주요 작품'이 됩니다. 이 최종 작품은 저자인 프로그래머와
독자인 컴퓨터가 협력하여 만들어 낸 비트의 세계입니다.

CHAPTER 1

코딩은
아무나 한다
프로그래머 이해하기

1. 삽질 대신에 하게 된 키보드질

기계야, 내 글을 읽어보아라

글쓰기는 본래 그 글을 읽을 '사람'을 염두에 두고 하는 행위입니다. 그런데 최근에는 '기계', 즉 컴퓨터를 염두에 두는 글쓰기가 훨씬 보편화되었습니다. 실제로 지금 지구상에는 글을 읽고 있는 '사람'보다 글을 읽고 있는 '기계'가 훨씬 더 많습니다. 프로그래머는 자신이 작성한 글을 컴퓨터가 24시간 365일 반복해서 읽도록 만들 수 있습니다. 게다가 여러 대의 컴퓨터에게 동시에 시킬 수도 있습니다. 단점이 있다면 컴퓨터가 사람의 말을 '척' 하고 알아듣지 못하니 어쩔 수 없이 컴퓨터의 언어를 익혀야만 한다는 것입니다. 장점은 컴퓨터에게 시킬 일을 글로 잘 정리하기만 한다면, 컴퓨터가 그것을 읽고 해당 명령을 아무 불만 없이 묵묵히 처리해준다는 것입니다. 프로그래머는 코딩이라는 글쓰기를 통해 컴퓨터에게 어떤 일을 시킴으로써 물리적 세계에 직접적인 영향력을 행사할 수 있습니다. 현대 사회에서 노예 제도는 사라졌지만 그 역할을 지금은 컴퓨터가 대신하고 있습니다.

　오랜 역사 동안 인류는 도구를 이용해 무언가를 자르거나 붙이거나 다듬거나 하면서 원하는 것들을 생산해왔습니다. 흔히 '만든다'라고 할 때 제일 먼저 떠오르는 것은 톱질하는 모습, 망치질하는 모습, 삽질하는 모습입니다. 하지만 컴퓨터가 발명된 후부터 인류는 그 무언가를 다름 아닌 '글자'로 만들게 되었습니다. 지금 우리 주변에 존재하는 많은 것들이 실은 글쓰기를 통해 만들어졌습니다. 무슨 소리냐고요? 여러분이 읽고 있는 이 책도 당연히 글자로 만들어졌습니다. 컴퓨터에 설치된 워드 프로세서로 글을 썼고, 그 글이 저장 매체에 보관되었다가 인쇄기로 인쇄되었습니다. 이때 사용된 '컴퓨터', '워드 프로세서', '저장 매체' 그리고 '인쇄기'와 같은 것들이 모두 코딩으로 만들어졌습니다. 소프트웨어는 말할 것도 없고, 전자제품들 역시 코딩으로 만들어졌습니다. 지금부터 설명하려는 것이 바로 이런 종류의 '만들기'입니다. 현대 사회에서 '키보드질'은 망치질이나 삽질을 완벽하게 대체했습니다.

컴퓨터 프로그래머가 하루 종일 하는 일은 키보드를 두드리며 무언가를 열심히 쓰는 것입니다. 즉, 코딩을 하는 거죠. 사람들이 흔히 아는 구글Google, 애플Apple, 아마존Amazon, 마이크로소프트Microsoft, MS, IBM의 직원들이 주로 하는 일이 바로 프로그래밍 언어로 글을 쓰는 것입니다. 현대 사회에서 망치질이나 삽질을 하는 회사원들은 거의 없습니다. 하지만 매일같이 무언가를 만들고 있죠. 바로 글쓰기를 통해서입니다.

인류가 글을 쓰기 시작한 초기에는 잊어버리기 쉬운 것들을 기록해둘 목적으로 글을 썼습니다. 누가 누구한테 얼마를 빌려갔다거나 하는 '사실'들을 기록한 거죠. 그러다가 얼마 지나지 않아서는 '거짓 이야기'들을 꾸며서 써대기 시작했습니다. 그로부터 5,000년이 더 흘러서야 비로소 글자의 새로운 가치가 발견되었으니, 그것은 바로 독자를 사람에서 '기계'로 바꾼 사건에서 시작되었습니다. 사람이 아닌 기계를 상대로 글을 쓰기 시작한 거죠. 이 코딩이라는 행위는 인류 역사에 획기적인 발전을 가져왔습니다. 이전에는 사람이 해야만 했던 귀찮은 일들을 컴퓨터가 도맡아 처리해주기 시작했기 때문입니다.

수십억 부가 팔린 베스트셀러

오늘날 전 세계에 흩어져 있는 수십억 대의 스마트폰은 안드로이드 운영체제OS, Operating System라는 글을 읽고 거기 적힌 명령들을 동일하게 실행합니다. 그리고 세계 곳곳에 보급된 수십억 대에 육박하는 PC들도 윈도Windows OS라는 글을 읽고 거기 적힌 내용대로 움직입니다. 서점을 통해 팔리는 책은 많아야 몇십만 부에 불과하지만, 소프트웨어라는 책은 몇십억 부 이상도 팔릴 수 있습니다. 베스트셀러가 되는 판매 부수가 1,000배 이상 차이가 납니다. 그 이유는 컴퓨터는 문맹도 없고, 언어도 디지털 언어라는 1가지 종류만 사용하기 때문입니다. 만일 안드로이드 OS라는 책에 내가 쓴 코드를 1줄이라도 집어넣게 된다면 나는 수십억 대의 컴퓨터를 독자로 확보한 저자가 됩니다. 그러니 코딩은 수십억의 독자를 상대로 한 글쓰기이고, 프로그래머는 수입억의 독자를 확보한 저자인 셈입니다. 코딩은 일개 저자가 전 세계에 걸쳐 광범위한 영향력을 행사하게 해주는 유일한 수단입니다.

빌 게이츠Bill Gates가 청년 시절에 몰두한 일도 코딩이었으며, 스티브 잡스Steve Jobs도 그러했습니다. 심지어 스티브 잡스는 "모든 사람이 코딩을 배워야 한다. 코딩은 생각하는 방법을 가르쳐주기 때문이다"라고 주장했습니다. 빌 게이츠도 어떤 인터뷰에서 다시 프로그래머로 돌아가고 싶냐는 기자의 질문에 "그렇다"라고 대답했습니다. 그는 "때론 친구가 코드를 작성하는 걸 보면 질투 같은 감정을 느낀다"라고 고백하기도 했습니다.

오늘날 많은 사람들은 '프로그래머'라는 단어를 들을 때, 마이크로

소프트를 창업한 빌 게이츠나 페이스북Facebook을 창업한 마크 저커버그Mark Zuckerberg를 떠올릴지도 모릅니다. 아니, 어떤 사람들은 영화 속에 멋진 모습으로 등장하는 해커를 떠올리기도 합니다. 하지만 프로그래머는 더 이상 희귀하고 멋진 직업이 아닙니다. 이제 옛날이야기에 등장하던 농부나 사냥꾼만큼이나 흔한 직업입니다. 어쩌면 산업혁명 시대의 블루칼라 노동자에 비유할 수도 있을 겁니다.[+] 현대인은 '삽질'이 아니라 '키보드질'로 무언가를 만들어내는 시대를 살아가고 있기 때문입니다. 이제 코딩은 더 이상 선택 과목이 아닙니다. 사회 전체가 '너도 코딩으로 뭔가를 만들어봐'라고 외치고 있습니다.

[+] 실제로 미국 프로그래머의 시간당 임금은 평균 60달러 정도이지만, 인도 프로그래머의 시간당 임금은 평균 10달러 정도에 불과합니다.

2. 구글은 20억 줄도 넘는 글이다

스타크래프트는 뭐로 만들었을까?

1990년대 실리콘밸리의 세 청년은 '블리자드'라는 게임회사를 창업했습니다. 그리고 '스타크래프트'라는 게임을 만들어서 게임쇼에 공개했습니다. 처음에는 "워크래프트의 싸구려 우주판"이라느니 "대충 그래픽만 바꾼 게임"이라느니 "완전히 구닥다리 게임"이라는 혹평이 잇달았습니다. 세 청년은 매우 낙심했지만 기운을 차려 게임을 처음부터 다시 '만들기'로 결심했습니다. 그리고 2년 동안 스타크래프트를 완전히 새롭게 변화시켰습니다. 하지만 이번에는 다른 경쟁 회사가 만든 게임이 스타크래프트보다 훨씬 화려하고 완벽하다는 평가를 받았습니다. 그래도 블리자드는 포기하지 않고 스스로 만족스러운 게임이 나올 때까지 '다시 만들기'에 돌입했습니다.

스타크래프트의 개발자들은 도대체 무엇을 다시 만들고 또 다시 만들었을까요? 그들이 밤낮없이 한 일은 글을 쓰고 또 쓰고, 지우고 고치는 일이었습니다. 아니, 책을 쓰는 것도 아닌데 무슨 글을 그렇게 많

이 쓴 걸까요? 놀랍게도 그들이 모여서 함께 써내려간 문장은 무려 550만 줄이었습니다. 우리가 읽는 책 1페이지에는 보통 25줄 정도가 들어갑니다. 하루 종일 집중해서 글을 쓸 때 10페이지를 쓴다고 가정하면 한 사람이 대략 250줄을 쓸 수 있을 겁니다. 그렇다면 550만 줄은 한 사람이 2만 2,000일, 즉 60년간 글을 써야 하고, 100명의 사람이 220일 동안 글을 써야 하는 분량입니다. 이렇게 써내려간 글을 컴퓨터가 읽어 실행시킨 것이 바로 〈월드 오브 워크래프트〉라는 게임입니다. 550만 줄의 글에 해당하는 글자가 살아 움직여 모니터 속 '세상'을 창조해낸 거죠. 비록 우리가 사는 현실 세계에 비해 형편없는 수준이라고 평가할지는 모르겠지만, 인간이 하나의 다른 세계를 창조해낸 것은 사실입니다. 글자만으로요. 우리는 이렇게 창조한 세계 안에서 집도 짓고, 건물도 짓고, 도시도 건설하고, 여가도 즐깁니다.

프로그램이 음악과 같은 창작품이라고?

프로그램이 1권의 책이라고 생각하는 사람은 많지 않습니다. 하지만 프로그램도 소설이나 시나리오와 같이 엄연한 '작품'입니다. 그래서 특허권이 아닌 '저작권copyright'의 보호를 받습니다. 저작권은 다른 사람이 복제copy를 못 하게 막을 수 있는 권리right입니다. 그러니 내가 쓴 소스코드를 다른 사람이 허락도 받지 않고 카피 앤 페이스트copy and paste 해서 쓴다면 엄연한 불법입니다.

하지만 저작권은 아이디어 자체를 보호해주지는 못합니다. 그래서 인터넷 쇼핑몰에서 소비자의 구매 욕구를 자극할 새로운 아이디어가 떠올랐고 그 아이디어를 남들이 못 쓰게 막고 싶다면 '특허권'을 선택해야 합니다. 저작권이 보호하는 것은 어디까지나 창작적인 '표현'일 뿐입니다.[+] 즉, 저작권의 보호를 받는 것은, 아이디어를 제외하면 남게 되는 순수한 표현 방식에 한정됩니다. 프로그램 역시 시나 미술 그리고 음악과 마찬가지로 한 편의 창작품이라는 이야기입니다. 따라서 프로그래머는 법적으로 시인이나 화가, 작곡가들과 비슷한 취급을 받습니다. 아무리 동일한 아이디어라 해도 표현 형식이 다르면 저작권 침해의 문제는 생기지 않습니다. 예를 들어 어떤 아이디어를 철수가 C 언어로 코딩했는데, 동일한 아이디어를 영철이가 자바Java 언어로 다시 코딩했다면, 2개의 작품은 서로 다른 창작품이자 저작물이 됩니다. 비록 아이디어는 같지만 표현 방식이 다르기 때문이죠. 그러니 프로그램

[+] 이를 '표현과 아이디어 이분법'이라고 부릅니다.

은 창작적인 표현이 들어간 한 편의 작품임이 분명합니다.

여러 명이 함께 쓸 수 있을까?

하지만 프로그램은 다른 예술 작품들에 비해 뚜렷이 구별되는 특징이 있습니다. 그중 하나는 프로그램이 다수의 저자들이 만든 공동 창작품이라는 점입니다. 프로그래머들은 보통 공동 저자에 해당합니다. 아이폰iPhone에 들어가는 간단한 게임 앱은 대략 '1만 줄10,000 lines' 정도의 글을 써서 만들 수 있습니다. 이 정도 분량이면 하루에 200줄씩 글을 써서 50일 정도 일하면 만들 수 있습니다. 조금 더 복잡한 프로그램은 어떨까요? 1990년도에 발표된 어도비 포토샵Adobe Photoshop은 무려 '12만 줄'의 글로 만들어졌습니다. 역시 좀 더 복잡한 프로그램답죠?

이쯤 되면 소스코드를 책으로 프린트해서 보관하기도 힘듭니다. 그래서 한국저작권위원회에서는 프로그램을 저작권 등록할 때 인쇄물이 아닌 전자파일을 제출하도록 하고 있습니다.[+] 책이긴 하지만 인쇄해서 보관하기엔 너무 두꺼운 책이기 때문이죠. 1992년도에 발표된 운영체제인 윈도3.1은 포토샵보다 무려 20배 이상 더 긴 '250만 줄'의 글로 쓰였습니다. 추억의 OS이긴 하지만 OS라는 책을 만드는 것이 결코 간단하진 않다는 것을 알 수 있습니다.

인터넷 브라우저 중 하나인 구글 크롬은 '670만 줄'의 글로 되어 있습니다. 비교적 최근에 개발된 프로그램답게 많은 기능이 들어 있어서 그럴 것입니다. 사실 이제부터는 프로그램이 얼마나 긴 글인지, 또 이런 글들을 책으로 인쇄한다면 얼마나 두꺼울지에 대한 감이 오질 않습니다. 아마 구글에서 일하는 많은 직원들이 오랫동안 함께 글을 썼을 것입니다. 더 나아가서 안드로이드 운영체제는 '1,200만 줄', 윈도7은 '4,000만 줄', 페이스북은 '6,200만 줄'이라고 합니다. 글을 쓰는 것만으로 전 세계인이 함께 사용할 무언가를 만든다는 것이 쉽지 않은 작업임을 알 수 있습니다.

간단한 프로그램이야 혼자서 몇 시간 내로도 만들겠지만, 이런 수준의 프로그램은 학교 숙제 정도에 지나지 않습니다. 많은 사람들이 이용하는 복잡한 프로그램은 이제 혼자 힘으로는 쓸 수 없는 지경이 되었습니다. 건물 1채를 짓기 위해 100명이 함께 일을 하고, 도로나 지하철을 만들기 위해 수만 명이 협력하듯이, 복잡한 프로그램을 만들기

[+] https://www.cros.or.kr/main.cc

위해서는 수많은 공동 저자의 협업이 필요합니다.

어떻게 하나의 프로그램에 대한 소스코드를 여러 저자가 함께 써내려갈 수 있을까요? 백과사전같이 긴 전집을 생각해보면 쉽게 짐작할 수 있습니다. 1권의 책이 10개의 챕터로 구성되어 있다면, 10명의 저자가 1개 챕터씩 맡아서 공동 집필합니다. 다 쓴 후에 각자 맡은 챕터를 합쳐서 1권의 책을 완성하는 거죠. 때론 1개 챕터를 여러 명이 함께 써야 할 때도 있습니다. 그때는 어느 1명이 해당 챕터를 쓰는 동안 다른 사람은 그저 읽기만 할 수 있고 쓰지는 못하게 막아둡니다. 그리고 해당 챕터를 쓰던 사람이 편집을 마치면 다른 사람이 이어서 그 챕터를 편집할 수 있도록 허락하는 겁니다. 이와 같은 방식으로 하나의 소스코드를 여러 사람들이 공동 소유하고 관리할 수 있는 소스관리툴들이 많이 개발되어 있습니다. 소프트웨어 회사에 소속된 직원들은 지금이 시간에도 하나의 거대한 글을 동시에 써내려가고 있습니다.

인류가 써내려간 글 중에 가장 긴 글은 무엇일까요? 그중 하나는 아마 구글일 겁니다. 무려 '20억 줄' 이상의 글로 알려져 있습니다.[+] 이거대한 책을 완성하기 위해 얼마나 많은 사람이 얼마나 많은 문장을 써내려갔을지 상상조차 하기 힘듭니다. 이와 같은 과정을 거쳐 윈도가 쓰였고 구글이 쓰였습니다. 지금도 수많은 프로그래머들은 하나의 거대한 글을 완성하는 데 공동 저자로서 참여하고 있습니다.

[+] http://www.informationisbeautiful.net/visualizations/million-lines-of-code/

3. 코딩이 전문가만 하는 거라고?

학문 취급도 못 받던 기술

작가라는 직업에 유리한 전공은 무엇일까요? 얼핏 생각하기엔 국문학과 정도가 떠오릅니다. 하지만 유명 작가들 중에 국문학과를 나온 사람은 그리 많지 않을 겁니다. 글쓰기는 누구나 할 수 있는 거니까요. 페이스북이나 트위터Twitter, 인스타그램Instagram 이용자들은 수시로 짧은 글을 작성해서 업로드upload합니다. 그리고 하루에도 몇 차례씩 문자 메시지를 작성하기도 합니다. 그렇다면 프로그래머나 코더 같은 직업에는 어떤 전공이 좋을까요? 당연히 컴퓨터공학과나 전산학과가 조금 유리할 겁니다. 하지만 이런 전공자들만 코딩을 하는 것은 아닙니다.

공학계열에 속한 대부분의 학과에서 코딩을 가르칩니다. 마치 코딩이 교양 과목인 것처럼요. 그 이유는 코딩이 어디에서나 필요하고, 누구나 코딩을 할 수 있기 때문입니다. 사실 프로그래머가 되기 위해 대학에서 관련 전공을 이수할 필요는 없습니다. 코딩을 하는 데 대단한 수학 지식이나 과학 지식이 필요하지도 않습니다. 코딩은 그냥 컴퓨터에게 업무를 지시하기 위한 '논리적 글쓰기'일 뿐입니다. 국문학과를 나오지 않아도 다들 글을 읽고 쓰듯이 컴퓨터공학과를 나오지 않아도 누구나 코드를 쏠 수 있습니다. 코딩은 전문가만 할 수 있는 특별한 일이 절대로 아닙니다.

실제로 소프트웨어 '공학'이라는 단어가 등장한 것은 1960년대 후반입니다. 그 전까지 코딩은 대학에서 가르칠 필요가 있는 '학문' 취급을 받지 못했습니다. 즉, 코딩은 대학에서 배워야 할 정식 학문이 아니라 현장에서 배우는 '실전 기술' 같은 것이었습니다. 그래서 1960년대까지는 대부분의 프로그래머가 여성이었습니다. 최초의 프로그래머라고 불리는 에이다 러브레이스도 여성이었고, 최초의 컴파일러를 개발한 그레이스 호퍼도 여성이었습니다. 코딩의 본질이 글쓰기이다 보니, 자연스레 하드웨어 개발은 남성이, 소프트웨어 개발은 여성이 담당한 거죠. 지금도 공대 내에서는 컴퓨터공학과나 전산학과가 다른 학과에 비해 여성 비율이 높은 편입니다.

내 아이디어를 대신 구현해줄 사람이 있을까?

MS를 창업한 빌 게이츠는 '중학생' 때 처음 코딩을 시작한 것으로 알려져 있습니다. 코딩의 매력에 푹 빠진 그는 수학 수업도 빼먹고 학교 컴퓨터실에서 혼자 코딩 연습을 했다고 합니다. 그리고 페이스북을 창업한 마크 저커버그도 '중학생' 때 코딩을 배웠다고 합니다. 그의 아버지는 아예 개인 교사를 고용해서 아들에게 코딩을 가르친 것으로 유명합니다. 이 밖에 전자결제서비스 페이팔PayPal을 개발한 일론 머스크Elon Musk도 '독학'으로 코딩을 공부했고, 블로그와 SNS를 결합한 텀블러Tumblr의 창업자인 데이비드 카프David Karp도, 인스타그램을 창업한 케빈 시스트롬Kevin Systrom도 마찬가지입니다. 그리고 기술적으로는 비트코인보다 우수하다는 암호화폐 이더리움Ethereum을 개발한 비탈릭 부테린Vitalik Buterin도 10세 때부터 '독학'으로 코딩을 배웠다고 합니다. 그는 고작 19세의 나이에 마크 저커버그를 비롯한 수많은 IT 업계의 거물들을 제치고 IT 분야의 노벨상에 해당하는 월드 테크놀로지 어워드의 수상자로 선정되었습니다.

이처럼 IT 업계에서 코딩으로 성공한 개발자들 중 상당수가 대학에서 정식으로 코딩을 배우지 않았습니다. 그들은 어렸을 때부터 이미 코딩을 하고 있었거나 어른이 된 후에 독학으로 코딩을 배웠습니다. 그러니 코딩은 어려서부터도 할 수 있는 일이고 독학으로도 가능한 일임이 분명합니다.

IT 업계에서 성공한 사람들은 왜 코딩을 하게 되었을까요? 그 이유는 내 아이디어를 아무도 대신 구현해주지 않기 때문입니다. 나에게 아무리 좋은 아이디어가 떠올랐다고 해도 주변 사람들의 반응은 시큰둥한 경우가 대부분입니다. 코딩을 모르면 내 아이디어를 대신 구현해 달라고 구걸을 하고 다닐 수밖에 없습니다. 코딩은 자신의 아이디어를 자기 스스로 구체화할 수 있는 유일한 수단입니다. 프로그래머들은 방금 떠오른 아이디어를 바로 코딩할 수 있고 바로 제품으로 만들 수 있습니다.

그렇지만 코딩을 모르면 자신의 아이디어를 구현하기 위해 다른 사람의 도움을 요청해야만 합니다. 하지만 이는 상당한 번거로운 일일 뿐만 아니라 끊임없는 반대와 거절을 각오해야 합니다. 코딩은 자신의 아이디어를 빠른 시간 내에 형태화할 수 있게 해주는 특별한 기술입니다. 그러니 자본이 없는 사람이 혼자서 창업하려면 본인의 코딩 실력에 전적으로 의존할 수밖에 없습니다. 다행히 코딩에 필요한 것이라곤 컴퓨터 1대가 전부입니다. 요즘 세상에 컴퓨터 1대 없는 사람은 거의 없으니 추가적인 자본이 필요 없는 셈입니다. 누군가는 컴퓨터로 게임을 즐기기만 하겠지만 누군가는 동일한 컴퓨터로 게임을 개발할 수 있습니다.

프로그래머가 되려면

코딩을 배우려면 어떻게 해야 할까요? 이미 설명했듯이 인터넷을 통해 독학으로 공부해도 되고 그것이 힘들면 학원을 몇 달 다녀도 됩니다. 예전에는 코딩을 혼자 배우기가 어려웠던 것이 사실입니다. 하지만 프로그래밍 언어가 점점 인간의 언어를 닮아가고 있고, 초보자에게 편리한 프로그래밍 도구들도 속속 개발되고 있습니다. 최근에는 로코드low-code나 노코드no-code 도구도 등장했습니다. 코딩에 대한 지식이 거의 없는 일반인들도 이런 도구를 사용하면 손쉽게 새로운 프로그램을 만들 수 있습니다. 따라서 코딩의 진입 장벽은 이미 많이 낮아졌으며 앞으로는 더욱 낮아질 것입니다. 그래서 초·중·고등학교에서 코딩을 의무 교육화하자는 주장이 등장했고, 2018년부터 소프트웨어 정규 교육이 시작되었습니다.

문제는 어떤 코더, 어떤 프로그래머가 될 것이냐입니다. 프로그래머의 스펙트럼은 생각보다 매우 넓습니다. 일반적인 글쓰기의 경우에도 카카오톡 메시지를 쓰는 것과 소설을 쓰는 것은 천지 차이입니다. 그리고 영화 시나리오를 쓰는 것과 과학 기술 논문을 쓰는 것도 전혀 다른 차원의 일입니다. 마찬가지로 프로그래밍의 경우에도 어떤 종류의 프로그램을 코딩할 것이냐에 따라 전혀 다른 차원의 글쓰기가 됩니다. 만들려는 프로그램이 무엇이냐에 따라 프로그래머가 골라야 할 언어도 달라지고 사전에 갖춰야 할 지식의 범위도 달라집니다.

열정과 의지로 가능한 웹/앱 개발자

우리가 접하는 프로그램 중에 가장 흔한 것은 웹페이지입니다. 네이버, 다음, 구글, 페이스북과 같은 것이 다 웹페이지로 만들어져 있습니다. 웹사이트를 하나 구축하기 위해서는 2가지 측면에서의 개발이 필요합니다. 한 측면은 눈에 보이는 앞단이고, 다른 측면은 눈에 보이지 않게 뒤에서 돌아가는 뒷단입니다. 인터넷 쇼핑몰 페이지에 여러 가지 상품이 나열되어 있는 것은 앞단이고, 로그인을 해서 특정 상품을 장바구니에 담고 결제를 하는 것은 뒷단입니다. 앞단을 개발하는 개발자를 프론트엔드front end 개발자라고 부르고, 뒷단을 개발하는 개발자를 백엔드back end 개발자라고 부릅니다.

프론트엔드 개발자는 HTML, CSS, Javascript, XML, XHTML,

JSON, jQuery 같은 언어를 알아야 합니다. 물론 이렇게 많은 언어를 처음부터 다 알아야 한다는 뜻은 아니고, 필요에 따라 이 중에 몇 가지 언어만 구사할 줄 알면 족합니다. 그리고 앞단을 담당하다 보니 디자인 감각이 중요합니다. 요즘의 웹페이지들은 기능도 중요하지만 그에 못지않게 디자인도 중요합니다. 그리고 백엔드 개발자는 JAVA, C#(ASP.NET), PHP, JSP, VB script(ASP), 파이썬, 펄과 같은 언어를 알아야 합니다. 이들은 프론트엔드 개발자에 비해 데이터베이스, 웹서버, 네트워크에 대해 전반적으로 이해하고 있을 필요가 있습니다. 결론적으로 디자인 감각을 제외한다면 코딩을 배우는 것 자체는 프론트엔드 개발자의 진입 장벽이 백엔드 개발자에 비해서는 조금 더 낮다고 말할 수 있습니다.

우리가 접하는 프로그램 중에 그다음으로 흔한 것은 스마트폰용 모바일앱입니다. 스마트폰에 기본적으로 탑재되어 있는 통화앱, 카메라앱, 이메일앱 등도 다 모바일앱이고 우리가 앱스토어를 통해 추가적으로 설치하는 카카오톡, 라인과 같은 것들도 모바일앱입니다. 아이폰용 앱을 개발하는 iOS 개발자는 오브젝트 C나 스위프트 같은 언어를 알

아야 하고, iOS SDK와 같은 개발 도구와 iOS 프레임워크도 알아야 합니다. 안드로이드폰용 앱을 개발하는 안드로이드 개발자는 Java 언어를 알아야 하고, 이 밖에 안드로이드 스튜디오와 같은 개발도구와 안드로이드 프레임워크를 알아야 합니다.

이런 모바일앱 개발자는 웹 개발자가 알아야 할 지식 외에 추가적인 지식을 더 알아야 할 필요가 있습니다. 예를 들어, 전반적인 컴퓨터의 구조나 보안 관련 문제 그리고 운영체제OS 등에 대해 이해하고 있어야 합니다. 따라서 모바일앱 개발자의 진입 장벽이 웹 개발자에 비해서는 조금 더 높다고 말할 수 있습니다. 하지만 웹이나 앱이나 둘 다 특별한 경우를 제외하고는 높은 수준의 수학 지식과 과학 지식을 요구하지 않습니다. 따라서 열정과 의지만 있다면 누구나 평범한 개발자는 될 수 있습니다. 그리고 대부분의 사람들이 창업하는 아이템도 웹이나 앱입니다.

전문 지식이 필요한 전문 분야 개발자

웹이나 앱을 개발하는 것에 비해 조금 더 전문 지식이 필요한 분야도 있습니다. 예를 들어, 보안 프로그램이나 전자제품에 내장되는 임베디드Embedded 소프트웨어를 코딩하기 위해서는 운영체제나 하드웨어에 대해 깊이 있게 이해하고 있을 필요가 있습니다. 그리고 하드웨어를 직접 제어할 수 있는 C 언어나 어셈블리어도 사용할 줄 알아야 합니다. 또한, 빅데이터 분석 프로그램을 개발하기 위해서는 통계학, 수학, 데이터베이스에 대한 전문 지식이 필요하고, 통계나 수치연산에 특화된 R이나 파이썬(NumPy) 같은 언어도 다룰 줄 알아야 합니다. 따라서 독학이나 학원을 몇 달 다니는 것만으로는 이런 분야의 프로그래머가 되기 힘들 수도 있습니다. 코딩 자체가 어렵다기보다 사전에 알고 있어야 할 지식이 많기 때문입니다. 결론적으로 이런 전문 분야의 개발자가 되기 위한 진입 장벽은 웹 개발이나 앱 개발에 비해 상대적으로 높다고 말할 수 있습니다. 하지만 코딩을 처음 시작하는 사람들이 창업 아이템으로 선정하는 분야는 아니므로 크게 걱정할 필요는 없습니다.

코딩을 졸업한 소프트웨어 아키텍트

프로그래머로 분류되는 사람 중에 초기에는 활발히 코딩을 했지만 나중에는 전체적인 시스템 설계만 담당하는 사람들도 있습니다. 한마디로 코딩을 졸업하고 다른 사람들을 지도하는 역할을 하는 사람입니다. 이들은 '소프트웨어 아키텍트Software Architect'라고 불립니다. 최소 10년 이상의 업계 경력이 필요하고 다수의 프로그래머들을 이끌 수 있는 리더십도 있어야 합니다. 개발자라기보다는 기획자에 가깝다고 볼 수 있습니다. MS 회장인 빌 게이츠의 직함이 '최고 소프트웨어 아키텍트Chief Software Architect'인 것을 보면 이 직함이 어떤 의미인지 짐작할 수 있

Founder, Chairman and Chief
Software Architect, Microsoft
Bill Gates

을 겁니다. 이들은 소프트웨어 전체에 대한 밑그림을 설계하고 성공적
인 운영을 책임집니다. 만일 프로그래밍 업계에 계급이란 것이 존재한
다면 제일 낮은 계급을 코더라고 부르고, 그다음 계급을 프로그래머
라고 부르고, 그다음 계급을 소프트웨어 아키텍트라고 부를 것입니다.
이미 설명했듯이 코더나 프로그래머라고 불리는 사람 중에서도 웹 개
발자, 앱 개발자, 전문 분야의 개발자들이 있고, 각 분야마다 요구되는
언어나 능력들이 다 다릅니다.

코딩은 하지도 않는 알고리즘 개발자

마지막으로 프로그래머의 범주에 속하지만 예전이나 지금이나 특
별히 코딩을 하지 않는 사람들이 있습니다. 수학자나 과학자, 공학 계
열의 연구자들입니다. 이들은 알고리즘 자체를 연구합니다. 따라서
'알고리즘 개발자'라고 불립니다. 알고리즘 개발자는 효율적인 알고
리즘을 찾아내고 이를 수학적으로 증명하는 데 주력합니다. 그리고 자
신이 개발한 알고리즘을 논문으로 발표합니다. 그 알고리즘을 바탕으
로 실생활에 쓰이는 소프트웨어를 코딩하는 것은 다른 사람의 몫입니

다. 물론 알고리즘 개발자가 코딩을 못한다는 뜻이 아닙니다. 다만 코
딩이 주 업무는 아니란 뜻입니다. 알고리즘 개발자가 되기 위해서는
수학이나 과학을 잘하는 것이 중요하지 코딩을 잘하는 것이 중요하지
않습니다. 이들은 프로그래밍 분야에서 순서도를 그리는 역할을 담당
하고 있습니다. 진입 장벽은 높다고 말할 수 있는데 그 이유는 이미 설
명했듯이 코딩 실력 때문이 아니라 수학이나 과학 실력 때문입니다.

비트 세계의 기초과학

이 책의 목적은 독자 여러분을 프로그래머로 만들려는 것이 아닙니
다. 따라서 책을 읽은 후에 코딩을 시작하느냐 마느냐는 그다지 중요
하지 않습니다. 실제로 프로그래머가 되기 위해서는 1가지 이상의 언

어를 배워야 하고 그것으로 많은 '연습'을 해봐야 합니다. 책 1권을 읽는다고 저절로 프로그래머가 될 수 없다는 말입니다. 하지만 프로그래머가 알아야 할 기본 지식을 습득할 수는 있습니다. 이 책의 목적이 바로 독자 여러분으로 하여금 프로그래머로서의 '기본 지식'을 습득할 수 있게 하려는 것입니다. 스티브 잡스는 코딩이 논리력과 사고력을 길러주는 교양 과목이라고 생각했습니다. 코딩을 실용적이고 기술적인 측면에서만 접해야 할 것이 아니라는 이야기입니다.

이 책은 코딩에 관한 지식뿐만 아니라 디지털, 컴퓨터, 통신 등에 대한 전반적인 지식을 담고 있습니다. 실제로 현장에서 코딩을 하고 있는 사람 중에도 이런 기초 지식을 잘 모르는 사람이 있을 수 있습니다. 이런 사람들은 기초적인 과학 지식 없이 상급자가 시키는 대로 과학 실험을 하고 있는 사람들과 비슷합니다. 물론 오랫동안 코딩을 한 사람들은 여기서 설명하는 내용을 직접 또는 간접적인 체험을 통해 어느새인가 깨달아 알게 되었을 겁니다. 하지만 이 책은 오랜 세월 동안의 코딩 경험을 거치지 않고도 코딩에 필요한 가장 기본적인 지식들을 쌓게 해줄 것입니다.

코딩을 둘러싼 디지털, 컴퓨터, 통신 등에 관한 기초 지식이 필요한 이유는 현대 사회에서 컴퓨터와 무관하게 살 수 있는 사람이 아무도 없기 때문입니다. 요즘은 다들 주머니 속에 스마트폰이라는 컴퓨터를 넣고 다니는 시대입니다. 그리고 회사에서도 직접 또는 간접적으로 컴퓨터를 사용해서 업무를 처리하는 사람이 대부분입니다. 하지만 의외로 컴퓨터가 무엇인지를 제대로 이해하고 있는 사람은 드뭅니다. 코딩

을 모르면 컴퓨터를 제대로 이해할 수 없고 디지털 세계가 어떻게 작동하는지도 전혀 알 수 없습니다. 수학을 배우는 이유가 수학자가 되려는 것이 아니고, 과학을 배우는 이유가 과학자가 되려는 것이 아니듯이, 코딩을 배우는 이유가 반드시 프로그래머라는 직업인이 되려는 것은 아닙니다.

초·중·고등학교에서 물리나 화학, 지구과학, 생물 같은 과목을 배우지 않아도 살아가는 데 아무런 지장이 없다고 생각하는 어른들도 있을 겁니다. 하지만 원자와 분자를 알면 모든 물질이 무엇으로 만들어져 있는지를 알게 되고, 빛의 성질, 핵융합 반응 같은 것을 배우면 태양을 조금이라도 더 잘 이해하게 됩니다. 이와 같이 과학 지식은 인간이 속한 세상을 이해하는 폭을 넓혀주고 이 세상의 근본 뿌리를 들여다볼 수 있게 해줍니다. 마찬가지로, 디지털을 알면 사람들이 만들어 낸 비트 세계가 무엇으로 이루어졌는지를 알게 되고, 코딩을 알면 컴퓨터가 어떻게 동작하는지를 조금 더 확실히 알게 됩니다. 코딩에 관한 기초 지식을 갖추게 되면 인간이 창조해가는 비트 세계의 본질을 꿰뚫어 볼 수 있게 되고, 이 코딩이라는 렌즈를 통해 현대 사회를 더 깊이 있게 이해할 수 있게 됩니다.

원자의 세계와 비트의 세계는 사실 서로 동떨어진 세계가 아닙니다. 비트 세계는 원자 세계의 도움 없이 홀로 존재할 수 없습니다. 인간이 작성한 코드는 결국 물리적 형태를 띠고 있을 수밖에 없기 때문입니다. 코드는 허공에 둥둥 떠 있는 것이 아니라 전기나 자기 아니면 전파와 같은 형태로 존재합니다. 비트의 세계는 이런 식으로 원자의 세계와 관계를 맺습니다. 그리고 그 코드들은 전자회로 속 전자들의 흐름을 제어하고, 나아가 원자들을 움직여서 결국 프로그래머가 원했던 결과를 물리 세계에 만들어냅니다. 따라서 코딩은 원자의 세계와 비트의 세계를 이어주는 가교 역할을 합니다.

비트 세계는 점점 현실 세계를 닮아갈 것입니다. 코딩을 모른다는 것은 새로 만들어지고 있는 세상에 대한 과학 지식이 없는 것과 마찬가지입니다. 따라서 내가 코딩을 직접 하지는 않더라도 어떻게 코드가 만들어지고, 그 코드로 어떻게 컴퓨터가 동작하고, 그것이 세상에 어떤 영향을 미치는지를 아는 것은 대단히 중요합니다. 이 책을 통해 프로그래머로서의 기본 소양을 갖추게 된다면 지금까지와는 다른 관점에서 세상을 바라볼 수 있게 될 겁니다.

프로그래밍 언어는
나와 컴퓨터를 이어준다

프로그래밍 언어 이해하기

1. 발명된 인공언어

인위적으로 제작된 언어

저자인 프로그래머는 컴퓨터가 읽을 책을 저술할 때 프로그래밍 언어라는 독특한 언어를 사용합니다. 언어는 서로 다른 두 존재가 커뮤니케이션할 수 있도록 도와주는 도구입니다. 그래서 사람과 사람이 언어를 통해 소통하듯이, 컴퓨터에게 시킬 것이 있으면 컴퓨터가 이해하는 언어로 이야기해야 합니다.

이와 같이 컴퓨터가 알아듣는 언어를 '프로그래밍 언어'라고 부릅니다. 이에 반해 사람이 사용하는 언어는 저절로 생겨났기 때문에 '자연어'라고 부릅니다. 저절로 생겨났다는 말은 어느 한 사람이 혼자 만들어낸 것이 아니란 뜻입니다. 많은 사람이 사용하다 보니 자연스레 언어가 된 것이고, 지금도 사용하는 사람들에 의해 조금씩 사용법이나 의미가 지속적으로 변합니다. 자연어는 문법도 복잡하고, 예외도 많고, 화자의 의도를 파악하기 힘든 경우도 많이 있습니다. 이에 비해 프로그래밍 언어는 전문가가 특수 제작한 '인공언어'입니다. 다시 말해,

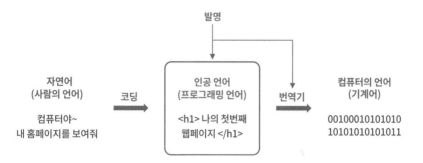

프로그래밍 언어는 누군가가 발명한 것입니다. 비록 발명자가 혼자가 아니라 여러 명일 수도 있지만 누군가 의도를 갖고 인위적으로 만들어 냈다는 사실은 분명합니다.

이 프로그래밍 언어는 인류 역사상 가장 위대한 발명 중 하나입니다. 이것이 21세기의 수많은 다른 발명품들을 탄생시키는 데 기여하고 있기 때문입니다. 프로그래밍 언어를 발명한 사람은 자신이 만든 언어를 다른 사람들도 쓰게 만들려고 적극적으로 홍보를 합니다. 인공언어는 자연어에 비해 문법도 단순하고, 예외도 거의 없고, 화자의 의도 파악이 어렵지도 않습니다. 애초에 기계가 이해하도록 디자인된 단순한 언어이기 때문입니다. 따라서 프로그래밍 언어는 이상한 나라에서 사용하는 말이 아닙니다. 인간이 컴퓨터에게 일을 시키기 위해 만든 '특수 제작 언어'입니다. 그리고 프로그램을 만들고 싶은 사람은 이 언어를 익혀야 코딩을 할 수가 있습니다.

우리가 매일 접하는 프로그램들은 모두 특정 프로그래밍 언어를 선택해서 그 언어로 글짓기를 해서 만들었습니다. 전 세계적으로 사용되는 프로그래밍 언어의 대부분은 '영어'를 기반으로 제작되어 있습니다. 그 이유는 프로그래밍 언어를 발명한 사람들 중 상당수가 미국, 영국, 캐나다, 호주와 같은 영어권 국가에 살고 있기 때문입니다. 또한 비영어권 국가에 살고 있는 사람들도 자국어를 사용하지 않고 영어 기반으로 프로그래밍 언어를 만들었습니다. 아마도 자신이 발명한 언어가 전 세계적으로 널리 쓰이길 원했기 때문입니다. 예를 들어, 파이썬이라는 언어는 네덜란드에서 개발됐지만 영어 기반이고, 일본에서 개발된 루비Ruby라는 언어도, 브라질에서 개발된 루아Lua라는 언어도 영어 기반입니다. 그래서 프로그래머가 영어를 잘한다면 프로그래밍 언어를 배우는 데 유리한 것이 사실입니다. 그 이유는 해당 프로그래밍 언어에 대한 설명 자료나 예제 자료가 대부분 영어로 작성되어 있기 때문입니다.

물론 프로그래밍 언어 자체에 사용되는 영어는 워낙 간단하니 영어 초보자라도 큰 지장은 없습니다. 그리고 영어가 아닌 독일어, 일본어, 중국어, 한국어 기반의 프로그래밍 언어도 분명히 존재합니다. 하지만 대부분 교육용이나 특정한 목적으로만 사용될 뿐 널리 사용되진 못하고 있습니다. 이와 같이 프로그래밍 언어의 대부분이 영어 기반으로 제작되어 있다는 점은 대단히 중요한 의미를 지닙니다.

프로그래밍 언어는 만국 공통어

인류는 오랜 세월 동안 서로 다른 언어를 유지하면서 지구 곳곳에 흩어져 살아왔습니다. 서로 교류를 하고 싶어도 언어의 장벽이 컸죠. 그래서 언어별로 따로따로 자신들만의 세계와 지식을 구축하며 살아왔습니다. 외국인 중에 한국어 문학 작품을 읽어본 사람은 거의 없습니다. 반대의 경우도 마찬가지고요. 최근 들어 영어가 국제 공용어로 부상하고 있긴 하지만, 영어를 '모국어'로 사용하는 인구는 전 세계 인구의 8퍼센트에 불과합니다. 다시 말해 92퍼센트의 사람들은 영어를 모국어가 아닌 '외국어'로 배우고 있다는 이야기입니다. 그런 측면에서 자연어로서는 영어가 국제 공용어라고 말하기 힘든 측면이 있습니다. 하지만 인공언어인 프로그래밍 언어에서만큼은 영어 기반 언어가 국제 공용어가 되었다고 해도 과언이 아닙니다. 교육용을 제외한다면 거의 99퍼센트가 영어 기반의 프로그래밍 언어로 되어 있으니까요.

인류 역사상 전 세계가 이토록 하나의 언어로 통합된 적은 없었습니다. 물론 프로그래밍 언어 자체는 다양하지만 그 다양한 언어가 영어를 기반으로 하고 있다는 의미에서 그렇습니다. 이것은 모든 인류의 지식이 프로그래밍 언어를 중심으로 한곳으로 모이고 있음을 의미합니다. 인류 역사에서 각기 다른 언어를 사용하는 민족들이 모여 하나의 작품을 함께 써내려간 경우는 없었습니다. 그래서 최근의 기술 발전 속도는 이전의 어떤 시대보다도 빠릅니다. 특정 기술을 구현하기 위해서 한국, 미국, 일본, 중국, 인도 등 다양한 나라의 인재들이 1가지 언어로 소통하고 있습니다. 바로 만국 공통어인 프로그래밍 언어를 통해서요.

2. 누가 내 말 좀 번역해줘!
―프로그래밍 언어의 역사

컴퓨터는 영어를 못 하잖아

컴퓨터는 어떻게 사람이 작성한 소스코드를 이해하는 걸까요? 프로그래머가 영어 기반의 프로그래밍 언어로 'int a, b, c;'와 같은 소스코드를 작성했다고 가정해보겠습니다. 하지만 컴퓨터는 이런 영어 기반의 소스코드를 그대로는 이해하지 못합니다. 컴퓨터는 '… 0100000111…'과 같은 숫자만 읽을 수 있는 기계니까요. 다시 말해 컴퓨터는 영어를 못 합니다. 따라서 중간에서 어떤 일이 벌어지는 것이 분명합니다. 그 어떤 일이란 다름 아닌 언어의 치환, 번역, 해석과 같은 것들입니다. 인간이 작성한 소스코드가 어떻게 컴퓨터가 이해하는 언

사람의 언어		프로그래밍 언어	
컴퓨터야~ 내가 원하는 OO을 해줘	코딩 →	int a, b, c; c = a + b;	읽기 →

어로 바뀌는지를 알아보기에 앞서서 인간의 언어끼리 번역하는 방법부터 간단히 살펴보겠습니다.

2016년에는 국내 작가 한강의 소설 『채식주의자』가 영국에서 맨부커 인터내셔널상을 수상하며 화제를 모았습니다. 그런데 더 화제가 됐던 것은 그 상을 공동 수상한 사람이었습니다. 그는 다름 아닌 '번역가' 데버러 스미스였습니다. 소설의 원작자만큼이나 번역가의 창작성과 예술성을 인정한 것입니다. 사실 한 언어로 작성된 문학작품을 다른 언어로 번역하는 것만큼 어려운 일도 없습니다. 그래서인지 최근에는 『채식주의자』마저 오역이 많다는 비판에 시달리고 있습니다. 인공지능이 가장 힘들어하는 일도 인간의 언어를 이해하는 일입니다.

"I like apple."

이 영어 문장을 한국어로 번역한다고 가정해보겠습니다. 영어를 처음 배우는 사람은 사전을 찾아서 한 단어 한 단어씩 한국어로 '치환'하려고 할 것입니다. 치환한 결과물은 다음과 같습니다.

"나 좋아해 사과." (치환 결과)

이보다 영어를 많이 배운 사람들은 영어를 자연스러운 한국어로 '번역'하려고 할 것입니다. 그리고 번역의 결과물은 다음과 같습니다.

"나는 사과를 좋아해." (번역 결과)

이보다 더 영어에 익숙한 사람은 앞뒤 문장을 살펴보고 문맥에 따른 '해석'을 시도할 것입니다. 만일 그 앞문장이 "Which electronic company do you like?(넌 어떤 전자 회사를 좋아해?)"였다면 "I like apple"을 어떻게 해석해야 할까요? 정답은 다음과 같습니다.

"나는 애플이란 회사를 좋아해." (해석 결과)

이와 같은 치환과 번역과 해석은 프로그래밍 언어 세계에서도 그대로 사용됩니다. 프로그래밍 언어는 1) 직접 소통되는 언어에서 2) 치환되는 언어로, 그리고 3) 번역되는 언어로, 마지막으로는 4) 해석되는 언어로 발전하고 있기 때문입니다.

사람과 컴퓨터가 어떻게 소통하는지를 이해하기 위해서는 양자가 사용하는 언어가 어떻게 번역되어왔는지를 간단히 훑어볼 필요가 있습니다. 코딩의 역사를 한마디로 요약하자면 '언어 발전의 역사' 내지 '언어 번역의 역사'라고 할 수 있습니다. 사람과 컴퓨터 사이를 이어주는 프로그래밍 언어는 처음에는 컴퓨터가 이해하기 쉬운 언어에서부터 출발해서 점점 더 사람이 이해하기 쉬운 언어로 발전해왔습니다. 즉, 사람에게 유리한 방향으로 발전해왔다는 겁니다. 누구나 쉽게 코딩할 수 있어야 하니까요.

물론 컴퓨터의 언어는 항상 그 자리에 있고 사람의 언어도 항상 그

컴퓨터의 언어
01010110100

프로그래밍 언어

사람의 언어
컴퓨터야~

자리에 있습니다. 아무리 컴퓨터 과학이 발전해도 컴퓨터가 사용하는 언어는 '…0100000111…'에서 한 치도 움직이지 않았습니다. 그리고 사람의 자연어 역시 그 애매모호함을 그대로 유지하고 있습니다. 다만 사람과 컴퓨터 사이에 존재하는 프로그래밍 언어만 조금씩 사람의 언어 쪽으로 가까워지고 있습니다. 지금부터는 그 언어 발전의 역사를 간략히 살펴보겠습니다. 컴퓨터를 이해하는 데 있어서 대단히 중요한 부분이니 찬찬히 읽어보시기 바랍니다.

직접 소통하기 위한 언어(1세대 언어-기계어)

컴퓨터는 오직 2가지 숫자(0과 1)만을 읽고 처리하고 저장하기 때문에 컴퓨터에게 어떤 일을 시키기 위해서는 0과 1만을 사용해서 명령해야 합니다. 실제로 초창기의 프로그래머들은 0과 1만을 써서 코딩했습니다. 처음에는 키보드나 모니터도 없었기 때문에 천공카드punched card에 구멍을 뚫는 것이 코딩이었습니다. 구멍이 뚫린 것은 1이고 구멍이 뚫리지 않은 것은 0을 의미했죠. 프로그래머가 OMR 카드 같은 것에 0과 1을 펜으로 표시하면, 대신 구멍을 뚫어주는 펀처puncher라는 직업도 생겨났습니다. 1970년대에는 이 직업이 유망 직종으로 알려져

너도 나도 학원에 이 전문 기술을 배우러 몰려가기도 했습니다.

예를 들어, '1 더하기 2'를 컴퓨터에게 시킨다고 가정해보겠습니다. 1은 2진수로 0001이고, 2는 2진수로 0010입니다. 컴퓨터는 이런 숫자들을 이해하는 데 아무런 문제가 없습니다. 그런데 '더하기'가 문제입니다. 컴퓨터는 '더하기'라는 글자를 알지 못하니까요. 그래서 0과 1을 이용해서 '더하기'를 대신할 것을 서로 약속해야 합니다. 예를 들어 앞으로 '111111'은 숫자가 아니라 '더하기'를 의미하는 것이라고 CPU와 미리 약속해두는 겁니다. 이런 약속은 CPU 안에 마이크로코드microcode로 미리 프로그램되어 있습니다. 그 후에 CPU에게 '0001 111111 0010'이라고 입력하면 CPU는 '0001'은 1이라는 숫자로, '111111'은 더하기라는 연산자로, '0010'은 2라는 숫자로 이해합니다. 다시 말해, '0001 111111 0010'을 '1+2'라고 바꾸어 이해합니다. 그에 따라 CPU는 '0011'이라는 계산 결과를 도출해낼 것이고, 이를 모니터에 '3'이라고 출력할 것입니다. CPU가 읽는 글자 중 '0001'과 '0010'은 연산 대상이 되는 숫자이지만, '111111'은 숫자가 아니라 명령어instruction입니다. 이런 명령어는 CPU가 연산 대상과 헷갈리지 않도록 미리 프로그램되어 있습니다.

```
1        (+)       2
0001    (더하기)   0010
0001    (111111)  0010
숫자    (연산자)   숫자
```

이와 같이 0과 1로만 이루어진 언어를 사용하면 기계 장치에 불과한 컴퓨터도 아무런 통역 없이 그 언어를 이해할 수 있었습니다. 그래서 0과 1로만 이루어진 언어를 기계어machine language, machine code라고 부릅니다. 또한 최초의 프로그래밍 언어이기 때문에 1세대 언어라고도 불립니다. 이 기계어를 사용하면 컴퓨터와 직접 소통할 수 있습니다. 프로그래머가 컴퓨터의 수준에 맞춰서 눈높이 코딩을 해주는 셈입니다.

그런데 문제는 이렇게 어려운 기계어가 기계(CPU)마다 다 다르다는 겁니다. 예를 들어, 인텔 CPU에서는 '111111'이 '더하기'를 의미했지만, 삼성 CPU에서는 '빼기'를 의미할 수도 있습니다. 그래서 인텔 CPU라는 기계가 읽을 수 있도록 코딩된 기계어를 삼성 CPU라는 기계도 읽을 수 있게 만들기 위해서는 새로 코딩을 해줘야 합니다. 기계어는 특정 기계만을 위한 전용 언어이기 때문입니다. 따라서 기계어를 사용하는 프로그래머는 기계(CPU)가 바뀔 때마다 다시 코딩을 해야 합니다. 이를 전문 용어로 이식 또는 포팅porting이라고 부릅니다. 현대에도 하드웨어를 직접 컨트롤하고자 하는 프로그래머들은 이런 언어를 사용할 줄 알아야 합니다. 주로 하드웨어 드라이버나, 인터페이스, 펌웨어 같은 것들을 코딩할 때 사용하죠. 그리고 해커들도 이런 언어를 다루는 데 능숙합니다. 그들은 컴퓨터 메모리에 저장된 0과 1을 들여다보면서 그 값을 직접 편집해서 원하는 것을 얻어내기도 하고, 때론 다른 사람의 비밀번호를 훔쳐내기도 합니다.

앨런 튜링이 고안한 튜링 머신도 결국 종이테이프에 적힌 0과 1을 읽어서 동작하는 기계였습니다. 그리고 그의 스승인 폰 노이만John von Neumann도 0과 1만으로 프로그래밍하는 것을 즐겼습니다. 수학 천재로 알려졌던 폰 노이만은 0과 1만 사용해서 '누구나' 코딩을 할 수 있다고 여겼습니다. 보통 사람에겐 어지러운 암호문처럼 보이는 숫자들이 그에게는 명확하게 해석되고 이해되었나 봅니다. 하지만 이런 일은 평범한 사람들에게는 도무지 엄두가 안 나는 일이었습니다. 0과 1만으로 쓰인 기계어 코드를 쉽게 이해하는 사람은 거의 없으니까요.

치환되는 언어(2세대 언어-어셈블리어)

기계어에 질린 사람들은 0과 1보다 좀 더 인간의 언어에 가까운 것이 필요하다고 느꼈습니다. 그래서 탄생한 것이 바로 어셈블리어assembly language입니다. 예를 들어, '더하기'를 의미하는 '111111'을 이제부터 'ADD'나 'PLUS'라고 부르기로 약속하는 겁니다. 이와 같이 '111111'과 'ADD'를 짝지어두면 프로그래머는 '0001 ADD 0010'과 같이 코딩할 수 있습니다. '더하기'가 기계어로 무엇인지 외우고 다닐 필요가 없어진 거죠. 'ADD'라고 쓰면 '111111'로 치환될 테니까요. 어셈블리어로 코딩하는 것은 "I like apple"이라는 영어 대신에 한국어로 "나 좋아해 사과"라고 말하는 것과 비슷합니다. 모든 단어가 일대

일로 치환될 것을 염두에 두고 말한다는 점에서요.

폰 노이만은 이런 획기적인 어셈블리어를 개발하는 것에 찬성하기는커녕 극렬히 반대했습니다. 귀중한 컴퓨터 자원을 이런 사소한 일에 낭비할 수 없다는 이유로 말이죠. 하지만 폰 노이만을 제외한 대부분의 사람들은 어셈블리어를 개발하는 데 찬성했습니다. 컴퓨터가 만들어진 초기에는 이를 운영하는 데 들어가는 비용과 시간이 어마어마했다고 합니다. 최초의 컴퓨터로 알려진 에니악ENIAC은 가로 9미터, 세로 15미터에 그 무게가 30톤에 달하는 거대 기계였습니다. 이 에니악을 돌리면 해당 지역의 전기가 모두 나간다는 이야기가 돌 정도였습니다. 그러니 폰 노이만의 반대가 그 당시엔 지나친 것이 아니었을 수도 있습니다.

이와 같이 탄생한 어셈블리어는 0과 1로 이루어진 기계어를 사람이 읽을 수 있는 글자(보통은 영어)와 짝지어두었습니다. 그래서 사람이 이해하기가 한결 편해졌죠. 가령 '10001101 1001011010 1001011011'이라는 기계어가, B라는 저장 공간(레지스터)+에 들어 있는 값을 A라는 저장 공간에 집어넣으라는 명령어라고 가정해보겠습

+ 레지스터register는 CPU 내부 메모리 안에 있는 작은 공간을 가리킵니다.

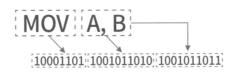

니다. 어셈블리어가 개발된 이후에는 이런 기계어 대신에 'MOV A, B'라고 코딩할 수 있게 되었습니다. MOV는 10001101과 미리 짝지어져 있고 A, B도 각각 1001011010, 1001011011과 짝지어져 있으니까요. 'MOV A, B'라는 문장을 보면 B를 A에 옮겨(MOV) 적으라는 의미가 직감되기도 합니다. 따라서 어셈블리어는 사람이 글을 통해 컴퓨터에게 명령하는 일을 한결 쉽게 만들어줬습니다. 이 어셈블리어는 1세대 언어인 기계어 다음에 탄생했기 때문에 2세대 언어라고 불립니다.

한동안 사람들은 이런 어셈블리어를 신이 나서 배웠습니다. 0과 1로 이루어진 기계어보다는 훨씬 이해하기 쉬웠으니까요. 그러나 얼마 지나지 않아 이마저도 점점 어렵고 복잡하게 느껴지기 시작했습니다. 간단한 명령 하나만 하려고 해도 여러 줄의 어셈블리어를 써내려가야만 했으니까요. 어셈블리어 자체가 기계어와 일대일 대응관계로 만들어졌기 때문에 겉모습만 인간의 언어와 닮았을 뿐 그 속성은 사실 기계어에 가깝습니다. 어셈블리어는 기계어로 단순히 '치환'되는 언어일 뿐이니까요. 군이 이야기하자면 어셈블리어는 사람이 기계어를 암기하는 것을 도왔을 뿐입니다. 그래서 어셈블리어를 사용하는 프로그래머는 모든 명령을 기계어로 말하듯이 한 단계 한 단계 풀어서 코딩해야만 했습니다. 가령 'f=(g+h)-(i+j)'를 계산하고 싶을 때, 기계에게

$$f=(g+h)-(i+j);$$

add t0, g, h
add t1, i, j
sub f, t0, t1

는 이렇게 한꺼번에 이야기하면 안 됩니다. 다음과 같이 3단계로 풀어서 이야기해야만 했습니다.

1) (g+h)를 계산해서 t0에 집어넣고,
2) (i+j)를 계산해서 t1에 넣은 후,
3) (t0-t1)을 계산해서 f에 넣어라

그리고 어셈블리어는 기계어와 마찬가지로 기계(CPU)가 바뀔 때마다 새로 코딩을 해줘야 한다는 문제점을 그대로 안고 있습니다. 기계어와 어셈블리어는 겉모습만 다를 뿐 그 실체가 동일했으니까요.

번역되는 언어(3세대 언어-고급 언어)

벨연구소의 연구원이던 켄 톰슨Kenneth Lane Thompson은 어셈블리어를 사용해서 PDP-7이라는 컴퓨터에서 돌아갈 운영체제인 유닉스UNIX를 코딩하고 있었습니다. 그런데 한창 코딩을 하던 도중에 컴퓨터가 PDP-11이라는 최신 기종으로 업그레이드되는 불상사가 벌어집니다. PDP-7을 대상으로 작성하던 어셈블리어 코드를 PDP-11을 대상으로 다시 작성해야 하는 귀찮은 상황이 발생한 거죠. 기계가 바뀔 때마다 새 기계에 맞춰서 어셈블리어 코딩을 다시 해야 한다는 사실은 여간 불편한 것이 아니었습니다. 이러한 문제로 고심하던 중 동료였던 데니스 리치Dennis Ritchie는 결국 C 언어를 개발하기로 결정합니다. 어셈블리어로 코딩하는 것에 참을성의 한계를 느낀 거죠.

이 C 언어는 기계(CPU)마다 새로 코딩할 필요가 없는 언어였습니다. 그 이유는 '번역기'라는 것이 중간에 존재해서, 그 번역기가 C 언어 코드를 기계어 코드로 번역하도록 개발되었기 때문입니다. 즉, 데니스 리치가 C 언어와 그것을 기계어로 바꿔줄 번역기를 함께 개발한 것입니다. 그리고 리치는 톰슨과 함께 자신이 개발한 C 언어를 사용해서 유닉스를 만들어냅니다. 결국 C 언어는 유닉스를 만들기 위해 탄생한 언어인 셈입니다. 이렇게 탄생한 C 언어와 유닉스는 이후의 컴퓨터 역사에 지대한 공헌을 하게 됩니다. C 언어로부터 C++, C#, objective-C, JAVA, JavaScript, PHP와 같은 수많은 파생 언어가 탄생했고, 유닉스로부터 리눅스, 안드로이드, macOS, iOS와 같은 수많은 운영체제가 만들어졌기 때문입니다. 오늘날 가장 인기 있는 프로그래밍 언어들, 그리고 안드로이드폰과 아이폰에서 사용되는 OS의 원형이 다 이때 만들어진 셈입니다.

C 언어와 같은 언어를 고급 언어라고 부릅니다. 고급 언어는 2세대 언어인 어셈블리어 다음에 등장했기 때문에 3세대 언어라고도 불립니다. 고급 언어에서의 '고급'은 품질이 좋다는 뜻이 아닙니다. 프로그래밍 언어의 세계에서 '저급'은 기계어에 가깝다는 뜻이고, '고급'은 인간의 언어에 가깝다는 뜻입니다. 즉, 고급 언어는 기계어나 어셈블리

어에 비해 인간의 언어와 한층 더 유사합니다. 하지만 아무리 고급 언어라 해도 사람의 언어와 같을 수는 없습니다. 기계는 모호한 말을 알아듣지 못하니까요. 결국 고급 언어란 사람과 컴퓨터가 동시에 이해할 수 있도록 정교하게 설계된 인공언어를 말합니다. 더 정확히 표현하자면 고급 언어는 기계어로 완벽하게 번역되도록 설계된 언어입니다.

코딩이 힘든 이유는 이런 인공적인 언어의 문법을 배워야 하기 때문입니다. 이 고급 언어는 컴퓨터가 직접 이해하는 기계어와는 많이 다릅니다. 어셈블리어와는 달리 고급 언어와 기계어 사이에 일대일 대응 관계는 존재하지 않습니다. 그래서 고급 언어를 기계어로 번역해줄 번역기가 중요한 역할을 담당합니다. C 언어라는 고급 언어로 만들어진 유닉스는 이 번역기 덕분에 기계(CPU)가 바뀌어도, 즉 컴퓨터가 업그레이드되어도 다시 코딩할 필요가 없어졌습니다.

순차 번역과 전문 번역

번역기는 크게 두 종류가 있습니다. 첫 번째는 한 문장씩 순차적으로 번역하는 기계이고, 두 번째는 전체를 한꺼번에 번역하는 기계입니다. 한 문장씩 여러 번 번역하는 번역기를 '인터프리터interpreter', 전체

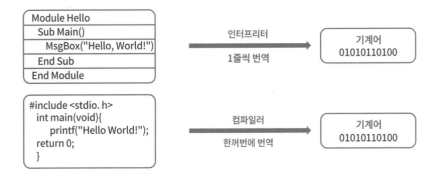

를 한꺼번에 번역하는 번역기를 '컴파일러compiler+'라고 부릅니다.

인터프리터로 번역되는 언어는 베이직BASIC이나 자바스크립트 JavaScript, 펄Perl과 같은 것들입니다. 인터프리터는 소스코드 중 일부에 오류가 포함되어 있더라도 개의치 않고 일단 첫 문장부터 번역하기 시작합니다. 그러다 오류가 있는 문장을 만나면 그곳에서 멈춥니다. 그러면 프로그래머는 재빨리 그 문장만 고치고 다시 번역을 재개시키면 됩니다. 이런 오류를 '버그++'라고 부르고 그 버그를 고치는 것을 '디버깅'이라고 합니다.

반면에 컴파일러로 번역되는 언어는 C, C++, C#과 같은 것들입니다. 컴파일러는 소스코드 전체 중 단 한 곳에만 오류가 있어도 번역 전체를 중단해버립니다. 그리고 그 오류를 프로그래머가 수정할 것을 요

+ 컴파일러라는 단어를 처음 사용한 것은 그레이스 호퍼라는 여성인데, 이 여성은 1952년에 세계 최초의 컴파일러를 만들었습니다.

++ 사실 '버그'라는 단어도 컴파일러를 최초로 개발한 그레이스 호퍼가 붙인 명칭입니다. 그녀는 컴퓨터가 오작동을 일으키는 이유를 조사하다가 죽은 나방이 끼어 있는 것을 발견하고 벌레를 뜻하는 'bug'라는 단어를 사용했습니다.

CHAPTER 2

고급언어 printf("Hello World")	→	번역기 어휘 분석, 구분 분석, 의미 분석	→	기계어 01010110100

구합니다. 자신은 무슨 말인지 모르겠으니 다시 쓰라는 거죠. 프로그래머가 10만 줄의 코드를 썼어도 1줄만 에러가 있으면 그 프로그램은 시작도 해볼 수 없습니다. 그 버그를 잡지 못한다면요. 물론 컴파일러는 왜 자신이 번역을 멈췄는지에 대한 에러 메시지를 친절하게 띄워줍니다. 그러면 프로그래머는 그 메시지를 보면서 오류 수정 작업에 들어가야 합니다. 마침내 모든 오류가 수정되었을 때, 컴파일러는 번역 성공 메시지를 내보냅니다.

번역기는 사람이 작성한 고급 언어를 컴퓨터가 이해하는 기계어로 번역해주는 프로그램(소프트웨어)을 말합니다. 이 번역은 단순히 단어 대 단어 단위로 '치환'하는 수준을 넘어섭니다. 고급 언어로 작성된 소스코드를 어휘 분석, 구문 분석, 의미 분석이라는 과정을 거쳐 기계어 코드로 '번역'합니다.

자연어 번역과 달리, 고급 언어를 기계어로 번역하는 일은 그리 어려운 일이 아닙니다. 1950년대부터 등장한 번역기들은 이 업무를 능숙하게 해내고 있습니다. 고급 언어 자체가 인간의 언어에 비해 훨씬 명확하게 설계된 언어이기 때문에 가능한 것입니다. 번역기는 프로그래머가 쓴 원문의 의미를 조금도 훼손하지 않고 기계어로 번역합니다. 직역을 잘한다고 볼 수 있죠. 사실 의역도 곧잘 한다고 볼 수 있습니다. 원문을 개선해서 기계가 더 잘 이해할 수 있게 만들어주니까요.

기계어보다 낮은 언어

1세대 언어인 기계어보다 더 낮은 수준의 언어도 있을까요? CPU 안에는 마이크로코드가 프로그래밍되어 있습니다. 이 마이크로코드는 기계어를 하드웨어를 제어하는 명령어로 다시 번역해줍니다. 기계어도 마이크로코드에 비하면 고급 언어인 셈입니다. 기계어가 번역되면 결국 트랜지스터transistor와 같은 전자회로를 제어하게 됩니다. 그리고 트랜지스터는 축전기(커패시터capacitor)에 전하를 충전시키거나 충전시키지 않는 방식으로 비트를 저장하고 읽어내고 또 계산합니다. 결국 사람이 컴퓨터에게 내리는 명령은 고급 언어로 표현되고, 고급 언어는 기계어로 번역되고, 기계어는 하드웨어를 제어하는 명령어로 번역되어, 마침내 트랜지스터 안을 돌아다니는 전자electron를 조종하는 데 이르게 됩니다.

윗 단계의 언어를 그 밑 단계의 언어로 누군가 번역해준다면 더 이상 밑 단계의 언어는 배울 필요가 없어집니다. C 언어로 코딩하면서 이 코드가 기계어로 제대로 번역될지를 걱정하는 프로그래머는 거의 없습니다. 어셈블리어나 기계어로 코딩하면서 이 코드가 트랜지스터를 제대로 제어할지를 걱정하지도 않습니다. 그런 일은 번역기가 알아서 처리할 문제이니까요. 일단 상층 언어의 세계로 올라왔으면 하층 언어의 세계는 신경 쓰지 않아도 좋습니다.

| 기계어
01010110100 | 번역 → | 하드웨어
제어명령 | 제어 → | |

해석되는 언어(n세대 언어-자연어)

3세대 언어인 고급 언어보다 더 높은 수준의 언어도 있을까요? 물론 있을 수 있습니다. 인류는 그런 언어들을 개발하려고 지금도 부단히 노력 중입니다. 인간이 대충 말해도 누군가가 그것을 해석해서 그 의도를 컴퓨터에게 전달해준다면, 인간은 더 이상 프로그래밍 언어를 배우기 위해 고생할 필요가 없을 겁니다. 사람이 프로그래밍 언어를 배우는 이유는 결국 기계에게 무언가를 시키기 위해서이니까요. 앞서 설명했듯이 프로그래밍 언어는 기계와 직접 소통 가능한 기계어(1세대 언어)에서, 기계어로 치환 가능한 어셈블리어(2세대 언어)를 거쳐, 기계어로 번역 가능한 고급 언어(3세대 언어)로 발전해왔습니다. 코딩의 역사가 곧 언어 발전의 역사라고도 말할 수 있습니다. 최근에는 코딩에 문외한인 일반인들도 프로그램을 쉽게 만들 수 있게 도와주는 로코드, 노코드 도구들도 빠른 속도로 보급되고 있습니다. 머지않은 미래에는 인간의 자연어를 인공지능이 기계어로 '해석'해주는 시대로 접어들게 될 것입니다.

인공지능의 주요한 기능 중 하나가 바로 인간의 언어(자연어)를 기계가 알아들을 수 있도록 맥락에 맞게 해석해주는 것입니다. 한강의 소설 『채식주의자』를 데버러 스미스만큼이나 훌륭하게 번역할 수 있다면 그 인공지능은 인간 수준으로 발전했다고 볼 수 있을 겁니다. 사람이 "신나는 음악 틀어줘"라고 명령하면 인공지능이 그 명령을 해석해서 기계어로 바꾸어야 합니다. 최신 댄스곡을 하나 틀었는데 "그거 말고"라고 명령하면 재빨리 다른 풍의 댄스곡으로 바꾸기 위한 기계

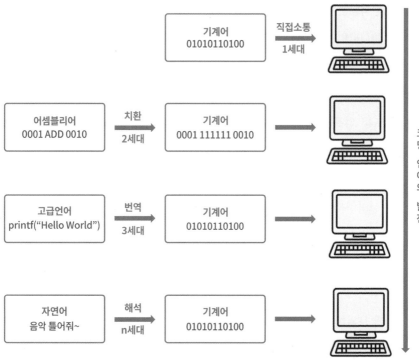

어를 만들어내야 합니다. 화자의 목소리가 어떤지, 이전 명령은 무엇이었는지, 어떤 상황에서 말하고 있는지 등을 종합해서 상위 레벨의 언어를 하위 레벨의 언어로 해석해내는 것입니다.

상위 언어가 통하는 세상에서는 음악 1곡을 플레이하기 위해 코딩을 배울 필요가 없습니다. 이미 3세대 언어보다 높은 수준의 언어가 기계와 의사소통하기 위해 사용되고 있는 셈입니다. 4세대 언어와 5세대 언어를 거쳐 언젠가는 인간의 자연어를 알아듣는 기계가 등장할 수도 있겠죠. 그때가 되면 인간의 자연어는 해석 소프트웨어를 거쳐 0과

내일 날씨 어떨까?

아침 8시에 알람 설정해

브루노 마스의
음악 틀어줘

테이블에 스푼이
몇 개야?

쇼핑목록에
젤라토 추가해

위키피디아:
스티브 잡스

추수감사절이
언제지?

파티음악 틀어줘

이번 주말
LA 날씨 어떨까?

할 일 목록에
호텔 예약 써놔

1로 해석 및 번역될 것이고, 컴퓨터와 인간은 자유롭게 소통하게 될

것입니다.

3. 배워야 할 언어가 왜 이렇게 많아?
—프로그래밍 언어의 종류

고급 언어(3세대 언어)로 분류되는 프로그래밍 언어는 왜 여러 가지가 있을까요? 자연어가 많은 것만도 머리 아픈데 컴퓨터와 소통하려고 개발한 인공언어까지 여러 가지가 있을 필요가 있을까요? 그 이유는 프로그래밍 언어가 개인의 발명품이기 때문입니다. 각자 원하는 대로 언어를 만들어 쓸 수 있는데, 1가지 언어만 사용하라고 누군가가 강제할 수도 없는 노릇입니다. 그리고 프로그래밍 언어를 개발하는 사람마다 이전 언어의 단점을 보완하고 장점을 이어가는 방식으로 새로운 언어들을 만들어내고 있습니다.

7,000여 개의 자연어

자연어와 관련된 공식적인 통계자료를 제공하고 있는 에스놀로그에 따르면, 2017년 현재 지구상에서 사용되고 있는 자연어의 개수는

Area	Living languages		Number of speakers	
	Count	Percent	Total	Percent
Africa	2,144	30.2	887,310,542	13.4
Americas	1,061	14.9	50,704,628	0.8
Asia	2,294	323	3,981,523,335	59.9
Europe	287	4.0	1,716,625,664	25.8
Pacific	1,313	18.5	6,873,346	0.1
Totals	7,099	100.0	6,643,037,515	100.0

7,099개입니다.[+] 세계인의 80퍼센트는 이 중 단 92개의 언어를 모국어로 사용하고 있습니다. 그리고 5,000만 명 이상이 모국어로 사용하는 언어는 23개에 불과하죠. 세계 언어의 약 3분의 1은 소멸 중이거나 소멸될 위기에 처해 있습니다. 그러니 7,000여 개의 언어 중 많이 사용되는 언어는 몇십 개뿐이라고도 말할 수 있습니다.

가장 많은 사람들이 사용하는 언어를 순서대로 나열하면, 중국어, 스페인어, 영어, 힌두어, 아랍어 순입니다. 뒤를 이어 일본어가 9위이고 한국어가 12위입니다. 대한민국이 면적으로는 252개국 중 109위에 불과하지만, 언어로는 7,000여 개 언어 중 12위를 차지합니다. 남한뿐만 아니라 북한과 중국 그리고 러시아까지 합쳐서 7,720만 명이 사용한다고 하니 세계적인 언어라 할 수 있습니다. 심지어 독일어나 프랑스어를 쓰는 사람이 한국어 사용자보다 적습니다. 그래서 전 세계 어디를 여행 가도 한국어가 쓰여 있는 것을 심심치 않게 볼 수 있습니다.

[+] https://www.ethnologue.com/statistics

700여 개의 프로그래밍 언어

그렇다면 프로그래밍 언어는 과연 몇 개나 될까요? 공식적인 통계는 찾기 힘들지만 적어도 700개는 넘는 것으로 알려져 있습니다. 프로그래밍 언어 역시 자연어처럼 소멸 중이거나 소멸될 위기에 처한 언어들이 있습니다. 하지만 자연어와 달리 지금도 누군가는 신생 언어들을 끊임없이 개발해서 보급하고 있습니다. 위키피디아는 대표적인 프로그래밍 언어 700여 개를 알파벳순, 카테고리순, 연대기순으로 나열하고 각각의 언어에 대한 자세한 설명을 제공하고 있습니다.[+] 물론 이 중에서 많은 프로그래머들에 의해 애용되는 언어는 손에 꼽힐 겁니다. 컴퓨터 엔지니어나 정보통신 기술자들에 의해 세계적인 권위를 인정받고 있는 IEEE[++]는 2016년도 상위 10개 프로그래밍 언어를 발표했습니다.[+++] 물론 프로그래밍 언어에 대한 인기 순위나 이용자 수 등은 조사 기관에 따라 크게 달라지기도 합니다. IEEE에 따르면 여전히 C 언어가 1위를 차지하고 있고, 그 뒤를 자바나 파이썬, C++ 등이 뒤쫓고 있습니다. 프로그래밍 세계에선 C 언어가 중국어나 영어에 버금가는 위상을 차지하고 있는 셈입니다.

1가지 언어에 익숙한 프로그래머가 다른 언어를 배우는 것은 쉬울까요? 사람마다 개인차가 있겠지만 결코 쉽지는 않다고 말을 합니다.

[+] https://en.wikipedia.org/wiki/List_of_programming_languages

[++] Institute of Electrical and Electronics Engineers의 약자입니다. 'I' 다음에 'E'가 3개 있으니 보통 '아이 트리플 이'라고 발음합니다.

[+++] http://spectrumieee.org/computing/software/the-2016-top-programming-languages

Language Rank	Types	Spectrum Ranking
1. C		100.0
2. Java		98.1
3. Python		98.0
4. C++		95.9
5. R		87.9
6. C#		86.7
7. PHP		82.8
8. JavaScript		82.2
9. Ruby		74.5
10. Go		71.9

물론 한국인이 영어를 배우거나 중국어를 배우는 것보다는 훨씬 쉽습니다. 하지만 프로그래밍 언어마다 장점과 단점이 다르고 쓰임새가 다르고 특성이 다르기 때문에, 어느 하나의 프로그래밍 언어에 익숙해지기까지는 꽤 오랜 시간이 걸립니다. 그래서 개발자들도 나이가 들수록 새로운 프로그래밍 언어 배우기를 꺼립니다. 프로그래머라는 직업이 힘든 이유 중 하나는 늘 새로운 것을 배워야 한다는 점일 겁니다. 그러니 바벨탑의 저주는 가상 세계를 건설하는 일에서도 계속되고 있는 셈입니다. 지금부터는 프로그래밍 언어마다 생김새가 얼마나 다른지, 각 언어의 주요 쓰임새는 무엇인지, 특성은 어떤지를 간단히 살펴보겠습니다.

Hello World 컬렉션

코딩과 관련된 책에서 가장 흔하게 등장하는 프로그램은 바로 "Hello World"를 모니터에 출력하는 것입니다. 사실 이 Hello World 프로그램은 전 세계 대부분의 사람들이 코딩 공부를 처음 시작할 때 접하게 되는 예제입니다. 어떤 언어에 대한 교재든 첫 예제로 Hello World 프로그램을 코딩하는 경우가 많습니다. 그러니 전 세계에서 가장 유명한 프로그램이라 해도 과언이 아닙니다. 이 프로그램이 유명한 이유는 C 언어의 창시자인 데니스 리치가 자신이 직접 집필한 C 언어 교재 『The C Programming language』에서 이것을 예제로 사용했기 때문입니다. 다른 언어는 여러 가지 교재들이 경쟁을 하고 있지만 유독 C 언어에서는 이 교재가 바이블과 같은 위치를 점하고 있습니다.

이 프로그램의 유명세로 인해 Hello World 컬렉션 웹사이트[+]가 만들어졌습니다. 이 웹사이트는 무려 562가지 언어로 코딩한 Hello World 프로그램의 소스코드를 소개하고 있습니다. 이곳을 방문해보면 지구상에 존재하는 자연어가 다양한 것만큼 프로그래밍 언어도 다양하다는 것을 느낄 수 있습니다. 그뿐만 아니라 아주 소수의 프로그래머들만 사용하는 희귀 언어들도 구경할 수 있습니다. 마치 소수 민족만 사용하는 부족 언어처럼요. 이제부터는 "Hello World"를 출력하는 소스코드를 약 10여 개 언어를 통해 구경해볼 차례입니다. 다음의 설명들을 읽지 않고 넘어가도 이 책을 전체적으로 이해하는 데 큰 지장은 없습니다. 따라서 시간이 없는 독자의 경우에는 이하의 설명을 건너뛰셔도 좋습니다.

C 언어

C 언어는 B 언어 다음에 개발되었기 때문에 C라는 이름이 붙여졌습니다. B 언어는 벨연구소의 켄 톰슨이 만들었고, C 언어는 그의 동료인 데니스 리치가 만들었습니다. 이 둘은 힘을 합쳐 C 언어로 유닉스를 코딩함으로써 컴퓨터 역사에 큰 획을 긋게 됩니다. C 언어는 1970년대 초에 개발된 오래된 언어이지만 아직도 큰 인기를 누리고 있습니다. 얼마나 인기가 많으면 방언(사투리)이 존재할 정도입니다. 그래서 미국표준협회ANSI, American National Standards Institute에서 표준어를 제

[+] https://helloworldcollection.github.io/

정하기도 했죠.

장점은 고급 언어임에도 불구하고 어셈블리어나 기계어와 같이 하드웨어를 컨트롤할 수 있다는 점입니다. 그래서 어셈블리어에 가까운 고급 언어라는 말을 듣기도 합니다. C 언어가 어셈블리어와 고급 언어를 이어주는 다리 역할을 하기 때문에, 어셈블리어를 배우고 싶지 않은 사람은 C 언어만으로도 어느 정도 하드웨어를 다룰 수 있습니다. 해커들이 애용하는 언어이기도 하고요. 이런 것이 가능한 이유는 C 언어가 포인터로 메모리 주소를 마음대로 다룰 수 있기 때문입니다. 하지만 이 포인터를 배우기가 어렵기 때문에 C 언어를 포기하게 만드는 단점이 되기도 합니다. C 언어의 또 다른 단점은 윈도 애플리케이션을 만들기 위해서는 너무 많은 코드를 입력해야 한다는 것입니다. 이런 C 언어로 작성한 Hello World 프로그램의 소스코드는 다음과 같습니다.

```
#include <stdio. h>
int main(void){
printf("Hello World!");
return 0;
}
```

이 코드가 무엇을 의미하는지는 이 책의 다른 부분에서 설명하겠습니다. 이곳에서는 C 언어의 생김새를 관찰하는 것만으로 충분합니다. 이 코드가 너무 길다면 다음과 같이 짧게 말해버릴 수도 있습니다. 길게 말할 건지 짧게 말할 건지는 프로그래머의 취향에 따라 다릅니다.

이 소스코드를 실행시키면 컴퓨터는 모니터에 "Hello World"라는 글자를 출력합니다.

```
#include <stdio. h>
main(){
puts("Hello World!");
}
```

C++ 언어

C++ [+] 은 비야네 스트롭스트룹Bjarne Stroustrup이라는 컴퓨터 과학자가 C 언어를 바탕으로 만든 언어입니다. 보통 '객체지향'이라는 어려운 말로 C++을 설명합니다. 객체지향이란 간단히 말해 소스코드를 여러 부품(객체)으로 쪼개서 재활용하기 쉽게 만든 것입니다. 거대하고 복잡한 프로그램을 만들 때 전체적인 순서도를 먼저 그려놓고 순서대로 코딩하는 것은 매우 어려운 입니다. 오히려 부품 하나하나를 완성한 후에 그것들을 모아서 조립하는 편이 훨씬 쉽죠. 특히 윈도 애플리케이션에선 마우스로 클릭할 수 있는 모든 버튼이나 탭이 다 객체에 해당합니다. 다른 사람들이 이런 부품(객체)들을 코딩해둔 것을 그대로 가져다(복사해서) 쓸 필요가 커져갔고, 그래서 C++이 탄생했습니다. 하지만 C에 객체지향 개념을 억지로 끼워 넣어 만들었기 때문에 상당히 복잡하다는 평가를 받기도 합니다. 이런 C++ 언어로 작성한 Hello

---

[+] 미국에서는 'C plus plus'라고 읽고, 한국에서는 보통 '시쁠쁠'이라고 발음합니다.

World 프로그램의 소스코드는 다음과 같습니다.

```
#include <iostream. h>
main()
{
cout<< "Hello World!" <<endl;
return 0;
}
```

C# 언어

C#[+]은 마이크로소프트MS가 개발한 언어입니다. 개인 발명가가 아 닌 소프트웨어 전문 회사가 만든 언어죠. C 언어와 기본적인 특징을 공유할 뿐만 아니라, C++처럼 객체지향 프로그래밍도 할 수 있습니 다. 게다가 개발자들이 어려워하는 포인터 개념을 없앴고, 유저 인터 페이스UI를 설계하기도 아주 편리하게 만들었습니다. 한마디로 기존 언어의 장점을 모두 흡수하고 단점을 제거한 언어입니다. 그래서 현존 하는 언어 중 가장 우수하다는 평가를 받기도 합니다. 하지만 과학적 으로 우수한 언어가 반드시 1등을 하는 것은 아닙니다. 프로그래밍 세 계에서도 모국어를 바꾸기는 쉽지 않으니까요. C#은 사용자 수를 조 금씩 늘려가고 있습니다. C#으로 짠 Hello World 프로그램의 소스코 드는 다음과 같습니다.

[+] 보통 '시샵'이라고 발음합니다.

```
class HelloWorld
{
static void Main()
    {
System. Console. WriteLine("Hello World!");
    }
}
```

자바

자바는 썬마이크로시스템즈에서 개발한 객체지향언어인데, 지금은 오라클에 인수되었습니다. 자바는 C++과 달리 처음부터 객체지향언어로 개발되었고, 애초부터 포인터라는 어려운 개념은 포기해버렸습니다. C나 C++에서는 컴파일러가 전체 코드를 미리 기계어로 번역했지만, 자바에서는 자바가상머신JVM이 실시간 통역을 수행합니다. 이 부분이 자바의 장점도 만들어내고 단점도 만들어냅니다. C 언어보다 배우기 쉽고, 대중적인 언어이고, JVM 덕분에 어떤 컴퓨터에서도 똑같이 돌아간다는 점이 장점입니다. 게다가 가독성이 좋다, 즉 읽기 쉽다는 평가도 받습니다. 프로그래밍 언어 중에도 소설처럼 술술 읽히는 언어가 있고, 시처럼 어렵게 읽히는 언어가 있습니다. 단점은 JVM이 필요하다는 것, C보다 2~3배 느리다는 것, 시처럼 압축적이지 않고 소설처럼 길다는 것입니다.

```
class HelloWorld {
static public void main( String args[] ) {
```

```
System. out. println( "Hello World!" );
  }
}
```

자바스크립트 언어

자바스크립트는 HTML 문서에 들어가는 스크립트 언어입니다. 스크립트Script라는 단어가 들어간 언어는 보통 웹브라우저에 내장된 인터프리터에 의해 동작하는 간이언어입니다. 비주얼베이직스크립트VBScript, 펄Perl, PHP, 루비Ruby도 비슷한 언어들입니다. HTML이 웹페이지의 기본 구조를 담당하고, CSS가 디자인을 담당한다면, 자바스크립트는 그 안에서 동적으로 돌아가는 간단한 프로그램을 담당합니다. 놀라운 점은 이 자바스크립트가 자바와 아무 상관이 없다는 점입니다. 썬Sun이 자바의 상표권을 라이선싱 받아서 자바스크립트라고 이름 붙이는 바람에 많은 사람들을 헷갈리게 만들었습니다. 자바의 유명세에 편승하려고 한 거죠.

사실 '상표'라는 제도는 소비자의 오인과 혼동을 방지하기 위해 만들어졌지만, '상표권자'만 허락한다면 전혀 상관없는 사람들에게도 자신의 상표를 쓰게 할 수 있습니다. 대신에 '상표권자'는 로열티를 받아 경제적 이득을 취하게 되죠. 하지만 자신의 브랜드 가치가 하락하는 위험을 감수해야 될 수도 있습니다. 자바스크립트는 간이언어이기 때문에 자바보다 2배 정도 느립니다. 웬만한 홈페이지에서 '소스 보기'를 하면 이 언어로 만든 프로그램이 삽입되어 있기 때문에 일반 소비자에게는 친숙하게 느껴질 수 있습니다. 자바스크립트로 쓴 Hello

World 프로그램의 소스코드는 다음과 같습니다.

```
<html>
<body>
<script language="JavaScript" type="text/javascript">
document. write('Hello World');
</script>
</body>
</html>
```

R 언어

R 언어는 뉴질랜드 오클랜드대학에서 개발한 통계계산과 그래픽처리용 전문 언어입니다. 오픈소스이고 무료입니다. R에서 활용 가능한 다양한 패키지가 개발되어 있어, 프로그래머가 원하는 패키지를 다운로드해 각종 통계나 데이터를 처리할 수 있습니다. 통계학자들이 만든 언어라 통계 분야에서 가장 우수하다는 평가를 받습니다. 최근에 이슈가 되는 빅데이터를 다루기 위해 R 언어를 배우는 사람이 늘고 있습니다. 그리고 인공지능 개발에도 유리하기 때문에 기계학습machine learning 알고리즘을 구현할 때도 인기가 높습니다. R로 쓴 Hello World 프로그램의 소스코드는 다음과 같습니다.

```
cat("Hello world\n")
```

PHP 언어

PHP도 자바스크립트처럼 HTML 문서에 들어가는 스크립트 언어입니다. 소규모 웹페이지 제작 시 쉽고 빠르다는 장점 때문에 많이 사용되고 있습니다. 웹페이지 문서가 '*.htm'이나 '*.html'이 아니라 '*.php', '*.php3', '*.phtml'이라고 되어 있다면 이 PHP 스크립트가 삽입되어 있는 것입니다. 페이스북도 PHP나 PHP를 개량한 언어로 만들어져 있습니다. PHP로 만든 Hello World 프로그램의 소스코드는 다음과 같습니다.

```php
<?php
echo 'Hello World!';
?>
```

루비 언어

루비Ruby는 마쓰모토 유키히로라는 일본인에 의해 만들어진 언어입니다. 파이썬이나 펄과 유사하다는 평가를 받습니다. 대부분의 프로그래밍 언어에 대한 설명서는 영어로 쓰여 있는 것에 반해, 루비는 모든 설명서가 일본어로 되어 있어서 일본에서 큰 인기를 끌었습니다. 그리고 최근에는 그 인기가 유럽으로까지 확산되었습니다. 한국인도 세계인이 사용하는 프로그래밍 언어를 만들어 보급하는 날이 오길 고대해 봅니다. 루비는 객체지향언어임에도 불구하고 초보자들이 쉽게 배울 수 있습니다. 다만, 루비나 파이썬 모두 사용하기는 쉬운 언어이지만,

C보다는 동작속도가 훨씬 느립니다. 루비는 다음과 같이 1줄만 코딩하면 "Hello World"를 출력시킬 수 있습니다.

```
puts "Hello World!"
```

그리고 파이썬 역시 1줄만으로 "Hello World"를 출력시킬 수 있습니다.

```
print("Hello World")
```

GO 언어

GO는 구글이 개발한 언어입니다. 구글을 비롯해 다른 회사들도 조금씩 사용 빈도를 늘려가고 있습니다. 신생 언어인 만큼 아직 인지도가 그리 높진 않지만 장래성이 밝다고 평가받고 있습니다. GO로 만든 Hello World 프로그램의 소스코드는 다음과 같습니다.

```
package main
import "fmt"
func main() {
fmt. Printf("Hello World\n")
}
```

어셈블리어

마지막으로 언어의 다양성 측면에서 어셈블리어를 하나만 살펴 보겠습니다. 인텔에서 1980년에 만든 인텔 8051 CPU에서 "Hello World"를 출력시키기 위해서는 다음과 같은 코드를 작성해야 합니다. 물론 CPU가 바뀌면 어셈블리어 코드도 다시 작성해야 합니다. 그러 니 어셈블리어를 배우기는 매우 고달픕니다. 앞에서 설명한 고급 언어 중 하나를 선택해서 소스코드를 작성한 다음에 기계어로 번역할지, 처 음부터 어셈블리어로 작성할지는 프로그래머 마음입니다.

```
Org 0
mov dptr,#msg
mov R0,#30h
loop:
clr a
movc a,@a+dptr
jz end
mov @R0,a
inc R0
inc dptr
sjmp  loop
end:
jmp $
msg:
db 'Hello World",0
```

지금까지 약 10여 개 언어로 "Hello World"를 출력하는 프로그램을 만들어봤습니다. 대부분 알파벳을 사용하기 때문에 자연어를 배우는 것만큼 어렵지는 않습니다. 하지만 어떤 언어의 장점과 단점을 숙지하고 꽤 능숙하게 구사하기까지는 상당한 시간이 필요합니다. 그러니 자신의 모국어가 될 프로그래밍 언어를 신중하게 선택해야 합니다. 사용자 수가 얼마나 많은지, 앞으로 발전 가능성은 있는지, 내가 개발할 분야는 어디인지, 하드웨어(포인터)를 다룰 것인지, 객체지향언어를 구사할 것인지 등을 고려해야 합니다. 제2외국어로 중국어를 배울지 일본어를 배울지 독일어를 배울지 선택하는 것만큼 고민될 수도 있습니다. 하지만 일단 어느 하나의 언어에 익숙해지면 상대적으로 적은 노력으로 다른 언어를 또 배울 수 있습니다. 그러니 프로그래밍 언어가 너무 많다고 투덜대기보다는 일단 1가지 언어라도 골라서 시작해보는 것이 중요합니다.

4. 무엇을 어떤 순서로 써야 할까?

지금까지 프로그래밍 언어가 무엇인지, 그리고 이 언어가 어떻게 발전해왔으며 왜 다양한 언어가 존재하는지를 설명했습니다. 이제부터는 직접 코딩을 해볼 차례입니다. 그렇다면 무엇을 어떤 순서로 코딩해야 할까요? 코딩의 대상이 되는 것은 크게 3가지가 있습니다. 바로 상수와 변수와 함수입니다. 이게 다냐고요? 크게 보면 그렇습니다. 사실 우리가 살고 있는 우주도 상수와 변수와 함수로 정의되어 있습니다. 수학 시간에 함수 때문에 힘들었던 기억이 있는 사람들은 함수라는 단어 자체가 싫을 수도 있습니다. 하지만 함수는 우리가 사는 우주를 지배하고 있고, 수학의 세계에서도 가장 중요한 위상을 차지합니다. 그렇기 때문에 현실 세계를 반영한 비트의 세계도 상수와 변수와 함수들에 의해 정의될 수밖에 없습니다.

고정된 수를 정의하라

상수常數, constant number란 무엇일까요? 말 그대로 변하지 않는 수입니다. 이 우주에도 절대 변치 않는 것들이 있습니다. 그중 하나는 바로 빛의 속도입니다. 빛은 언제 어디서든 1초에 3억 미터를 날아갑니다. '언제 어디서든'이란 시간과 공간의 구애를 받지 않는다는 뜻입니다. 지구에서는 물론이고 안드로메다은하에서도 빛의 속도는 일정합니다. 그리고 날아가는 우주선 속에서도 빛의 속도는 일정합니다. 오히려 변하는 것은 시간과 공간입니다. 빛의 속도와 같이 항상 일정한 것을 우리는 상수라고 부릅니다.

코딩을 할 때도 이런 상수들을 먼저 정의해주어야 합니다. 예를 들어, 디지털카메라에서 촬영할 사진의 크기가 1000×500이고 사진의 크기를 이대로 고정시킬 것이라면 1000이나 500이 상수에 해당합니다. 우리 주변에 변하지 않는 상수는 또 무엇이 있을까요? 원주율 파이PI, π도 변하지 않고 고정된 값입니다. 우주 공간 어디에서도 이 값은 항상 일정하니까요. 저 멀리 다른 별에 간다고 파이 값이 3.2가 되지는 않습니다. 그렇다면 원주율 PI를 정의하는 것으로 코딩을 한번 시작해보겠습니다. 소스코드에 아래와 같이 적으면 원주율 PI는 3.14라는 값을 갖게 됩니다. 이 소스코드는 C 언어로 작성하겠습니다.

```
#define PI 3.14
```

변하는 수를 선언하라

다음으로 변수變數, variable number는 무엇일까요? 말 그대로 변하는 값입니다. 이 우주에선 대부분의 값이 변합니다. 그러니 상수보다는 변수가 훨씬 많죠. 현대물리학이 발견한 바에 따르면 지구에서 흘러가는 시간과 우주선에서 흘러가는 시간이 다릅니다. 그리고 중력이 큰 행성 주변에서는 공간 자체도 휘어져버립니다. 그러니 시간도 공간도 다 우주에서는 변수입니다. 그뿐만 아니라 우주의 반지름과 단면적도 계속 변하고 있습니다. 지금 이 순간에도 팽창 중이니까요.

그러면 원의 반지름을 뜻하는 변수 radius와 원의 면적을 뜻하는 변수 area를 선언해보겠습니다. 소스코드에 아래와 같이 적기만 하면, 변수 radius와 area가 선언됩니다. float는 실수實數라는 의미입니다. 이 선언문은 radius(반지름)와 area(면적)라고 불리며 실수floating point number를 보관할 수 있는 4바이트의 공간을 컴퓨터 메모리 안에 만듭니다.

```
float radius, area;
```

관계를 정의하라

이제는 함수function, 函數를 정의할 차례입니다. 초등학생 때 '마법 상자'를 통해서 함수를 배워본 적이 있을 겁니다. 그래서 함수의 '함'에 해당하는 한자漢字가 상자를 뜻하는 상자 함函입니다. 예를 들어, 어떤 마법 상자에 1을 집어넣으면 500이 나오고, 2를 집어넣으면 1,000이

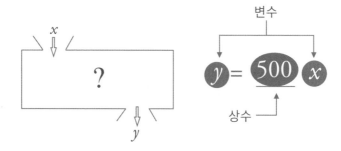

나온다고 가정해보겠습니다. 그렇다면 이 마법 상자의 정체는 무엇일까요? 바로 곱하기 500을 하는 마법 상자입니다. 상자에 집어넣었던 값인 1이나 2가 입력 변수 x이고, 상자에서 튀어나오는 값인 500이나 1,000이 출력 변수인 y입니다. 그리고 500은 상수입니다. 이 변수들 x, y와 상수 500 사이의 관계를 정의하는 함수는 $y=500x$가 됩니다.

이와 같이 함수는 변수와 변수, 그리고 변수와 상수 같은 것들이 서로 어떤 관계를 맺고 있는지를 정의한 것입니다. 우리가 알고 있는 대부분의 물리 공식이나 수학 공식이 다름 아닌 함수입니다. $F=ma$는 질량(m)이라는 변수와 힘(F)이라는 변수가 서로 비례관계에 있다는 것을 보여주는 함수입니다. 그리고 가속도(a)라는 변수와 힘(F)이라는 변수가 서로 비례함을 보여주기도 하죠. $E=mc^2$는 질량(m)이라는 변수에 상수인 빛의 속도 c를 두 번 곱한 것이 에너지(E)라는 변수에 해당한다는 함수입니다. 이렇듯이 상수와 변수와 함수는 우리가 살아가는 현실 세계를 정의해줍니다. 나아가 이들은 우리가 코딩하는 비트의 세계도 정의해줍니다.

프로그램 세계에서 함수는 서브루틴subroutine, 루틴routine, 메서드

method, 프로시저procedure와 같은 다양한 이름으로 불립니다. 이들은 전체 소스코드에서 특정 동작을 수행하는 일부 코드를 의미합니다. 이제 원의 넓이를 구하는 함수를 정의해보겠습니다. 학교에서 배운 대로 원의 넓이를 구하는 공식(함수)은 πr^2입니다. 그러니까 원의 넓이 area라는 변수는 앞서 정의한 상수 PI에 변수 radius를 두 번 곱한 것입니다. 소스코드에 아래와 같이 적으면 원의 넓이를 구하는 함수가 완성됩니다.

```
area = PI * radius * radius;
```

프로그래밍 예제(원의 넓이 구하기)

그러면 본격적으로 소스코드를 작성해볼까요? 우리가 만들 프로그램은 사용자로부터 원의 반지름을 입력받아서, 원의 넓이를 출력하는 것입니다. 그러니까 이 함수는 반지름이 입력 변수가 되고 원의 넓이가 출력 변수가 되는 마법 상자입니다. 다음과 같이 소스코드에 적겠습니다.

```
#include <stdio.h>
#define PI 3.14

int main() {
float radius, area;
```

```
printf("\n원의 반지름을 입력하세요:");
scanf("%f", &radius);

area = PI * radius * radius;
printf("\n원의 넓이: %f\n", area);

return 0;
}
```

조금 복잡해 보이죠? 지금부터는 소스코드를 1줄씩 설명해보겠습니다. 그리 어렵지 않으니 가벼운 마음으로 따라오시면 됩니다.

1) 외부 함수의 삽입

• #include 〈stdio.h〉: 〈stdio. h〉라는 파일을 이 소스코드에 '포함 include'시키겠다는 의미입니다. 이 #include 코드는 프로그래머들을 굉장히 편하게 해줍니다. 남이 코딩한 소스코드(상수, 변수, 함수)를 언제든지 편하게 가져다 쓰도록 해주기 때문입니다. 이번에 가져다 쓰려는 코드는 바로 〈stdio.h〉입니다. 이 〈stdio.h〉는 C 언어에서 표준 입출력 standard input/output을 다루는 함수들을 모아둔 라이브러리library입니다. 라이브러리란 말 그대로 도서관을 의미합니다. 프로그래머가 모든 책을 쓸 수는 없으니 도서관에서 〈stdio.h〉라는 책을 빌려다 쓰는 겁니다.

이 〈stdio.h〉라는 책 안에는 뒤에 나올 printf나 scanf 함수가 미리 코딩되어 있습니다. 이렇게 남이 코딩한 소스코드를 가져다 쓰는 방식으로 개발자들은 하나의 거대한 책을 공동 집필할 수 있습니다. C 언어

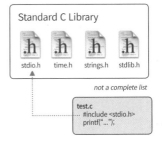

가 제공하는 도서관에는 ⟨time.h⟩나 ⟨strings.h⟩, ⟨stdlib.h⟩ 같은 책들도 있습니다. 그러니 언제든지 필요한 책을 가져다가 작성 중인 코드에 포함시키기만 하면 됩니다. 실제로 ⟨stdio.h⟩ 파일을 메모장으로 열어 보면 그 안에 printf 함수가 정의되어 있는 것을 확인할 수 있습니다.

2) 상수 정의

• #define PI 3.14: 이제부터 PI를 3.14라고 '정의define'할 테니, 앞으로 그냥 PI라고만 쓰면 3.14로 바꾸어 계산하라는 뜻입니다. 나중에라도 프로그램의 정확도를 높이고 싶으면 이 선언문에서 PI 값을 '3.14159265358979323846'이라고 다시 정의하면 됩니다. 만일 PI를 정의해서 쓰지 않고 3.14라는 값 자체를 소스코드 여기저기에 적어두었다면 어떻게 될까요? 예를 들어 area=3.14*radius*radius;와 같이 말이죠. 그렇다면 몇십만 줄의 소스코드에서 PI 값이 기재된 곳을 일일

이 찾아서 수정해주어야만 합니다. 어떤 곳에는 3.1415라고 적어두었다가 괜히 놓치는 경우마저 생길 것이고 결과적으로 프로그램의 정확도를 떨어뜨리게 됩니다.

3) 프로그램의 시작 지점 선언

· int main() { ⋯ return 0; }: 메인 함수를 나타냅니다. 모든 C 프로그램은 이 메인 함수부터 시작하도록 약속되어 있습니다. 그러니 CPU는 길고 긴 소스코드 안에서 main()이 어디 있는지를 찾아서 여기서부터 읽기 시작합니다.[+] 중괄호 { }는 메인 함수의 시작과 끝을 표시합니다. 따라서 중괄호 { } 안에 들어 있는 여러 가지 명령들을 읽어서 실행한 후에 C 프로그램의 실행을 마칩니다. main() 왼쪽에 적힌 int(정수, integer의 준말)는 정숫값을 반환return한다는 의미입니다. 그래서 소스코드 맨 밑에 return 0이라고 적혀 있습니다. 에러 코드 0(에러 없음)이라는 정숫값을 메인 함수에게 반환하고 프로그램이 끝난다는 의미죠.

4) 변수 선언

· float radius, area: radius(반지름)와 area(면적)라고 불리는 4바이트 공간을 컴퓨터 메모리 안에 만들고 그 안에다 실수를 하나씩 보관하겠다는 의미입니다.

[+] 이를 엔트리포인트entry point라고 부릅니다.

5) 외부 함수 호출

・ printf("\n원의 반지름을 입력하세요:"): 따옴표 안에 있는 문자를 모니터에 출력하라는 의미입니다. 이 printf 함수는 이미 설명했듯이 〈stdio.h〉 안에 다른 사람이 미리 코딩해두었습니다. \n은 다음 줄에 적으라는 의미로서, 컴퓨터가 엔터를 한 번 치도록 하는 것입니다. 따라서 CPU가 이 문장을 만나면 엔터를 한 번 친 후에 "원의 반지름을 입력하세요:"라는 문장을 모니터에 출력합니다.

6) 외부 함수 호출

・ scanf("%f", &radius): 키보드를 통해 입력된 실수(%f)를 radius라는 아까 만들어둔 변수에 집어넣으라는 의미입니다. 이 scanf 함수 역시 〈stdio.h〉 안에 다른 사람이 코딩해두었습니다. 그래서 사용자가 키보드를 통해 "2.0"이라는 숫자를 입력하고 엔터를 치면, CPU가 입력된 숫자인 2.0을 radius라는 변수에 집어넣습니다.

7) 함수 정의

・ area=PI*radius*radius: PI 곱하기 radius 값 곱하기 radius 값을 계산해서 area라는 아까 만들어둔 변수에 집어넣으라는 의미입니다. 그래서 CPU는 $3.14 \times 2.0 \times 2.0$인 "12.560000"을 변수 area에 집어넣습니다.

8) 외부 함수 호출

・ printf("\n원의 넓이: %f\n", area): area라는 변수에 들어 있는 실숫

값을 %f 자리에 출력하라는 의미입니다. 그래서 CPU는 엔터(\n)를 한 번 친 다음에 "원의 넓이:"라고 출력하고, 그 옆에 area에 들어 있는 값인 "12.560000"을 출력한 후 다시 엔터(\n)를 한 번 칩니다. 최종적으로 모니터에 출력된 화면은 위와 같습니다.

이 소스코드를 살펴보면, 1) 외부 함수의 삽입 2) 상수 정의 3) 프로그램의 시작 지점 4) 변수 선언 5) 외부 함수 호출 6) 외부 함수 호출 7) 함수 정의 8) 외부 함수 호출로 구성되어 있습니다.

이 중 1), 5), 6), 8)은 남이 코딩한 외부 함수를 가져다 쓰기 위한 코드입니다. 그리고 이 외부 함수에도 상수, 변수, 함수가 선언되어 있기는 마찬가지입니다. 또한 3) 프로그램의 시작 지점은 C 언어 특유의 형식적인 코드입니다. 그러니 우리가 순수하게 코딩한 부분은 2) 상수 정의, 4) 변수 선언, 7) 함수 정의라 할 수 있습니다.

정리하면 프로그램을 쓰는 순서는 다음과 같습니다. 상수들을 정의하고 변수들을 선언합니다. 물론 이 둘 간의 순서는 바뀔 수도 있습니

상수정의
Pi = 3.14
c = 3*10^{8}m/s

변수선언
int radius, area;
int E, m;

함수정의
area = Pi*(radius)^2;
E = m*c^2;

출력

다. 그리고 상수들와 변수들 사이의 관계를 정의하는 함수를 선언합니다. 경우에 따라 적절히 외부 함수를 삽입한 후에 외부 함수를 호출합니다. 내가 모든 함수를 코딩할 수는 없으니까요. 이미 설명했듯이 외부 함수 역시 상수와 변수 그리고 그들과의 관계에 대한 것입니다. 이렇게 작성된 소스코드를 CPU가 한 문장씩 읽어서 그대로 실행합니다. 그 결과물이 우리가 매일 접하는 PC 프로그램, 휴대폰에 설치되어 있는 각종 앱, 친구들과 게임방에서 즐기는 네트워크 게임, 전시장에서 체험하는 가상현실 공간입니다. 프로그램들은 모두 이와 같은 방식으로 쓰였습니다.

5. 컴퓨터는 순서대로 읽지 않는다

프로그램은 소설이 아니다

프로그램이란 무엇일까요? 프로그램이란 컴퓨터에게 시키고 싶은 일을 컴퓨터가 이해할 수 있는 언어로 적어놓은 책입니다. 그렇다면 컴퓨터는 이 책을 순서대로 읽을까요? 정답은 '아니요'입니다. 프로그램은 컴퓨터가 읽고 즐기라고 만든 소설책이 아니기 때문입니다. 그리고 컴퓨터에게 정보를 전달하려고 만든 교양서적도 아닙니다. 컴퓨터가 항상 순서대로만 책을 읽는다면 인간은 컴퓨터에게 시킬 일을 일일이 시간 순서대로 적어놓아야 할 것입니다. 만일 컴퓨터에게 10시간 동안 일을 시키기 위해서는 10시간 동안 읽을 분량을 코딩해야 할 겁니다. 하지만 프로그램은 인간이 하기 싫은 일을 기계가 대신 하도록 하기 위해 쓴 글입니다. 그러니 컴퓨터가 24시간 돌아가도록 만들기 위해서는 어떤 문장을 수도 없이 반복해서 읽도록 만들어야 합니다.

그리고 때론 어떤 문장을 읽지 않고 건너뛰도록 만들어야 합니다. 따라서 프로그램에는 중간중간에 특별한 독서 방법을 지시하는 문장이 들어 있습니다. 그래서 컴퓨터는 프로그램에 적힌 문장들을 순서대로 읽다가 때론 중간에 다른 곳으로 점프합니다. 어떤 문장은 반복해서 수백 번을 읽고, 또 어떤 문장은 단 한 번도 읽지 않습니다. 말하자면 컴퓨터가 발췌독이나 반복 읽기를 하는 겁니다. 지금부터 컴퓨터의 독서 방법을 바꾸는 조건문과 반복문을 살펴보겠습니다.

컴퓨터 역사상 조건문과 반복문을 처음으로 만들어낸 사람은 에이다 러브레이스Ada Lovelace란 여성으로 알려져 있습니다. 그녀는 영국의 대표적인 낭만파 시인인 조지 고든 바이런의 딸이었는데, 그녀의 어머니는 그녀가 아버지의 방탕함과 무절제함을 닮게 될까 봐 두려워했습니다. 그래서 어려서부터 문학과 같은 문과 분야의 학습을 철저히 배제시키고 수학이나 과학과 같은 이과 분야의 학습만 시켰습니다. 아버지의 천재성을 물려받아서인지 수학 분야에서도 뛰어난 재능을 발휘하던 그녀는 어느 날 찰스 배비지Charles Babbage가 설계한 해석기관에 대한 아이디어를 듣게 됩니다. 그 후 그녀는 아직 완성되지도 않은 해석기관이 읽을 수 있는 글을 쓰게 되는데, 그것이 세계 최초의 소스코드가 됩니다.

이 소스코드에서 에이다는 반복문, 조건문의 개념을 처음으로 도입하여 베르누이 수를 구하는 프로그램을 코딩했습니다. 아쉽게도 자신이 작성한 코드를 해석기관이 읽고 실행하는 것을 보지는 못했지만, 최초의 프로그래머인 그녀를 기념하기 위하여 Ada라는 이름의 프로그래밍 언어도 만들어졌습니다. 그리고 최근에는 에이다라는 이름의 암호화폐도 등장했습니다. 놀라운 것은 에이다가 조건문과 반복문을 조합해서 음악을 작곡하거나 그림을 그리는 일, 그리고 그 밖의 많은 일들을 코딩할 수 있다고 예견했다는 점입니다.

조건에 맞아야 읽는다

이제부터는 실제로 간단한 조건문을 코딩해볼 차례입니다. 우선 컴퓨터에서 텍스트 파일을 하나 만듭니다.[+] 파일 이름은 'number.c'로 하겠습니다. 확장자가 '*.txt'가 아니라 '*.c'인 이유는 텍스트 파일이긴 하지만 그 안에 C 언어가 들어 있기 때문입니다. 그리고 다음과 같은 C 언어 코드를 적어 넣습니다. 그 후 이 코드를 컴파일, 즉 번역[++]하면 'number.exe'라는 파일이 만들어집니다. 이 파일 안에는 0과 1로 구성된 기계어가 들어 있습니다. 이 파일을 실행시키면 컴퓨터가 'number.exe'라는 기계어로 된 책을 읽기 시작합니다.

```
#include <stdio.h>

int main()
{
    int b;
    printf("숫자를 입력하세요:");
    scanf("%d", &b);
```

[+] 윈도 OS 사용자라면 바탕화면에서 마우스 우클릭 후 '새로 만들기'에서 '텍스트 문서'를 고르면 됩니다. 또는 '메모장' 프로그램을 실행시켜도 됩니다.

[++] 인터넷 검색을 해보면 무료로 다운로드받을 수 있는 C 컴파일러가 많이 있습니다.

```
if (b < 0)
    printf("입력된 값은 음수입니다\n");
else if (b == 0)
    printf("입력된 값은 0입니다\n");
else
    printf("입력된 값은 양수입니다\n");
return 0;
}
```

지금부터 소스코드를 1줄씩 살펴보겠습니다.

· #include 〈stdio.h〉: 〈stdio.h〉라는 파일을 이 소스코드에 포함include 시키겠다는 의미이고, 〈stdio.h〉에는 뒤에 나올 printf나 scanf 함수가 미리 코딩되어 있습니다.

· int main(): 메인 함수를 나타냅니다. 모든 C 프로그램은 이 메인 함수부터 시작하도록 약속되어 있습니다.

· int b: b라고 불리는 정수 보관 공간을 컴퓨터 메모리 안에 만들고 그 안에다 정수를 하나 보관하겠다는 의미입니다.

· printf("숫자를 입력하세요:"): 컴퓨터는 〈stdio.h〉 파일에서 printf 함수를 찾아서 읽고 "숫자를 입력하세요:"라는 문장을 모니터에 출력 시킵니다.

· scanf("%d", &b): 컴퓨터는 〈stdio.h〉 파일에서 scanf 함수를 찾아서 읽고 사용자가 키보드로 입력한 숫자를 b라는 변수에 집어넣습니다.

· if(b<0) printf("입력된 값은 음수입니다\n"): 이제 if문을 읽을 차례인데 이것이 바로 '조건문'입니다. 만일 사용자가 "-3"을 입력했다

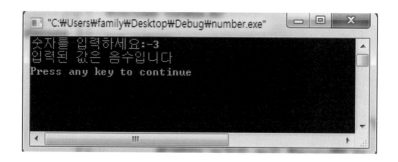

면 첫 번째 조건문인 if(b<0)을 만족하므로 컴퓨터는 그다음 문장인 printf("입력된 값은 음수입니다\n");를 읽고 모니터에 위와 같은 화면을 출력합니다.

그 밑에 적힌 두 번째 조건문 else if와 세 번째 조건문 else는 읽지 않고 건너뜁니다. 그리고 마지막으로 return 0을 읽고 독서를 마칩니다. 이렇게 컴퓨터가 건너뛰며 독서를 할 수 있는 이유는 조건문이 이런 읽기 방법을 지시하기 때문입니다. 조건문이 if만 있는 것은 아니지만 이 책에서는 if만 설명하겠습니다.

• else if (b==0) printf("입력된 값은 0입니다\n"): 만일 사용자가 0을 입력했다면 첫 번째 조건문 if (b<0)을 만족하지 못하므로 컴퓨터는 printf("입력된 값은 음수입니다\n");를 읽지 않고 건너뜁니다. 그리고 두 번째 조건문 else if (b==0)[+]을 읽습니다. 그 결과 두 번째 조건을 만족하므로 그다음 문장인 printf("입력된 값은 0입니다\n");을 읽고 모니터에 다음과 같은 화면을 출력합니다.

[+] 컴퓨터에서는 동일하다는 의미의 등호를 '=='으로 표현합니다. '='가 이미 오른쪽에 적힌 값을 왼쪽에 집어넣는 의미로 사용되고 있기 때문입니다.

그 밑에 적힌 세 번째 조건문 else는 읽지 않고 건너뛴 다음에 return 0을 읽고 독서를 마칩니다.

• else printf("입력된 값은 양수입니다\n"): 만일 사용자가 3을 입력했다면 첫 번째 조건문 if (b<0)과 두 번째 조건문 else if (b==0)을 만족하지 못하므로 그다음에 있는 문장들도 건너뜁니다. 그리고 세 번째 조건문 else 다음에 적힌 printf("입력된 값은 양수입니다\n");을 읽고 모니터에 다음과 같은 화면을 출력합니다.

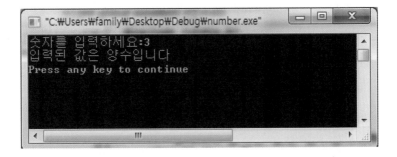

사용자가 3을 입력하는 바람에 컴퓨터가 많은 문장을 읽게 된 거죠.

반복해서 읽는다

조건문을 살펴보았으니 이번에는 반복문을 살펴볼 차례입니다. 컴퓨터가 화씨온도(°F)를 섭씨온도(°C)로 바꿔주는 코드를 6번 반복해서 읽도록 만들 예정입니다. 텍스트 파일을 만든 후 파일 이름을 'temperature.c'로 짓습니다. 그리고 다음과 같은 C 언어 코드를 적어 넣습니다. 그 후 이 코드를 컴파일, 즉 번역하면 'temperature.exe'라는 파일이 만들어집니다. 이 파일 안에는 0과 1로 구성된 기계어가 들어 있습니다. 그 후 이 파일을 실행시키면 컴퓨터가 'temperature.exe'라는 기계어로 된 책을 읽기 시작합니다.

```c
#include <stdio.h>

int main()
{
        int f, c;
        f = 0;
        while (f <= 50)
        {
                c = (f - 32) * 5 / 9;
         printf("화씨 %d 도 = 섭씨 %d 도\n", f, c);
                f = f + 10;
        }
        return 0;
}
```

컴퓨터는 우선 #include <stdio.h>, int main(), int f, c;, f=0;을 순서

대로 읽어나갑니다. 그 결과 f(화씨온도)와 c(섭씨온도)라고 불리는 정수 보관 공간이 만들어지고 f의 초깃값이 0으로 세팅됩니다.

이제 while문을 읽을 차례인데 이것이 바로 '반복문'입니다. 영어로 while은 '~인 동안'이라는 뜻을 갖습니다. 그래서 컴퓨터는 while 옆의 소괄호 ( ) 안에 적힌 조건이 만족되는 한 중괄호 { } 안에 적힌 문장을 반복해서 읽습니다. 일단 현재 f 값은 0이므로 while (f<=50)을 만족합니다. 그러니 중괄호 { } 에 있는 문장들을 1회독 할 차례입니다. 첫 번째 문장인 c = (f - 32) * 5 / 9;를 읽고, 계산 결과인 -17을 c라는 변수에 집어넣습니다. 그리고 다음 문장인 printf("화씨%d 도 = 섭씨%d 도\n", f, c);를 읽고 "화씨 0 도 = 섭씨-17 도"를 모니터에 출력합니다.[+]

그 후 다음 문장인 f=f+10;을 읽고 현재 f 값 0에 10을 더한 값인 10을 f라는 변수에 집어넣습니다. 그 결과 현재 f 값은 10으로 변하게 됩니다. 중괄호 { } 안에 있는 문장들을 전부 읽었으므로 다시 while (f<=50)을 읽습니다. 현재 f 값은 10이므로 이번에도 조건을 만족합니다. 그러니 중괄호 { } 안에 있는 문장들을 2회독 할 차례입니다. 중괄호 { } 안에 있는 문장들을 읽고 실행하니 "화씨 10 도 = 섭씨-12 도"라는 문장이 모니터에 출력되고 f 값은 20으로 변합니다. 이와 같이 3회독, 4회독, 5회독, 6회독을 하고 나니 어느새 f 값이 60이 되었습니다. 이제 while (f<=50)을 만족하지 못하므로 while문을 빠져나가 그 밑에 적힌 return 0을 읽고 독서를 마칩니다. 모니터에는 다음과 같은 화

[+] 왼쪽의 %d 자리에 f 값을 출력하고, 오른쪽의 %d 자리에 c 값을 출력합니다.

```
■ "C:\Users\family\Desktop\Debug\temperature.exe"                  ─ □ X
화씨 0 도 = 섭씨 -17 도
화씨 10 도 = 섭씨 -12 도
화씨 20 도 = 섭씨 -6 도
화씨 30 도 = 섭씨 -1 도
화씨 40 도 = 섭씨 4 도
화씨 50 도 = 섭씨 10 도
Press any key to continue
```

면이 출력될 겁니다.

지금까지 살펴본 바와 같이 컴퓨터가 프로그램이라는 책을 읽는 방법은 사람이 소설을 읽는 방법과 많이 다릅니다. 그 이유는 프로그래밍 언어가 컴퓨터와 의사소통을 하기 위해서가 아니라 컴퓨터에게 일을 시키기 위해 만들어졌기 때문입니다. 인간이 귀찮은 일을 반복하기 싫어서 컴퓨터를 만들었다면 컴퓨터가 특정 문장을 반복해서 읽도록 만들어야 합니다. 그리고 그 반복을 빠져나갈 조건도 설정해야 합니다. 인간은 이런 조건문과 반복문을 통해 컴퓨터에게 명령합니다. 그래서 컴퓨터가 아무 말 없이 24시간 365일 동안 프로그램이라는 책만 읽으며 돌아갈 수 있는 겁니다. 지금도 전 세계에 존재하는 수백억 대 이상의 컴퓨터들은 독서 삼매경에 빠져 있습니다. 책을 읽지 않고 멍하니 있는 컴퓨터는 단 1대도 없습니다.

6. 사건이 발생했다! 액션을 취하라!
─윈도 애플리케이션 코딩하기

영어로 '인터inter'는 사물과 사물 또는 사물과 인간 '사이'를 뜻합니다. 그리고 '페이스face'는 '면'을 뜻합니다. 두 단어가 합쳐진 '인터페이스interface'는 컴퓨터와 인간 사이를 이어주는 '경계면'을 뜻합니다. 사람은 이 인터페이스를 통해 컴퓨터에게 말을 걸고 컴퓨터도 이 인터페이스를 통해 응답합니다.

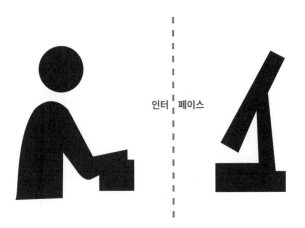

인터 페이스

명령어로 대화하기

영화 속 해커들은 대부분 흑백 화면에 명령어 인터페이스CLI, Command Line Interface[+]를 띄워놓고 번개 같은 속도로 명령어들을 입력합니다. 조금의 시간이 흐른 후엔 마침내 비밀 정보에 대한 접근이 허가되었다는 메시지가 뜨죠. 이 명령어 인터페이스에서는 흑백 화면에 프롬프트가 깜박이고 있고, 그곳에 해커가 명령어를 타이핑해서 컴퓨터와 대화합니다. 컴퓨터는 그 명령어에 대한 결과를 출력하고 해커는 또다시 명령어를 입력합니다. 아마도 영화 속에서는 좀 더 전문가적인 모습을 부각시키려고 이런 장면을 연출했을 겁니다. 실제로 해커들이 이런 명령어 인터페이스를 선호하기도 하고요.

그림으로 대화하기

하지만 2000년대 이후부터는 평범한 사용자들이 사용하는 프로그램 중에서 이런 명령어 인터페이스가 대부분 사라졌습니다. 이런 인터페이스들을 많은 사람들이 불편하게 느꼈기 때문입니다. 윈도 OS가 개인용 컴퓨터 시장을 장악한 이후로는 그래픽 유저 인터페이스GUI, Graphic User Interface를 채택한 윈도 애플리케이션이 주를 이루게 되었습니다. CLI를 채택한 DOS에서는 명령어를 타이핑해서 컴퓨터에게 명령했지만, GUI를 채택한 윈도에서는 마우스로 그림들을 선택해서 컴퓨

[+] 명령 프롬프트나 DOS창 또는 콘솔창이라고 불립니다. 윈도 OS 이용자의 경우, 검색창에서 'cmd'나 '명령 프롬프트'를 입력하면 이 CLI를 실행시켜볼 수 있습니다.

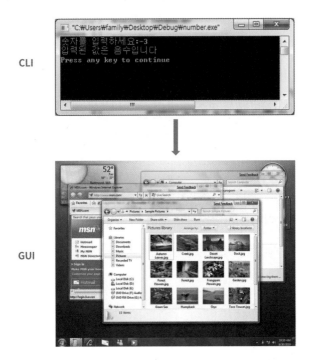

CLI

GUI

터에게 명령하게 되었습니다. 이런 GUI는 소비자에게 큰 호응을 얻어 현재 전 세계 개인용 컴퓨터의 90퍼센트가 윈도 OS를 쓰고 있습니다.

이런 현실에도 불구하고 아직까지 대다수의 코딩 관련 서적들이 명령어 인터페이스로 동작하는 프로그램들을 예제로 다루고 있습니다. 사실 이 책에서도 조금 전까지 그런 예제들을 사용했습니다. 기초적인 개념들부터 설명하려다 보니 윈도 애플리케이션을 코딩하는 방법에 대해서는 다루지 않고 넘어간 겁니다. 이제 아주 간단한 윈도 애플리케이션을 직접 코딩해보면서, 컴퓨터가 윈도 애플리케이션이라는 책을 읽는 방법을 살펴보도록 하겠습니다.

사건이 발생해야 펼쳐 읽는 책

GUI 기반의 윈도 애플리케이션을 만드는 방법은 CLI 기반의 콘솔 애플리케이션을 만드는 방법과 많이 다릅니다. 먼저 콘솔 애플리케이션 안에는 메인이 되는 함수가 반드시 존재합니다. 이 책의 다른 곳에서 설명한 C 언어 예제에서도 메인 함수가 있었습니다. 콘솔 애플리케이션이 실행되면 컴퓨터는 메인 함수의 첫 부분을 찾아 읽기 시작합니다. 그리고 메인 함수 안에 선언된 명령들을 순서대로 읽다가, 조건문을 만나면 건너뛰기도 하고 반복문을 만나면 반복해서 읽기도 합니다. 외부 함수를 호출하는 문장을 만나면 그 함수가 있는 곳으로 갔다가 다시 돌아오기도 합니다. 이런저런 경로를 거쳐 책 읽기를 하지만 결국 독서의 마지막은 메인 함수의 끝부분입니다. 결국 콘솔 애플리케이션에서는 책 읽기를 시작하는 지점과 끝내는 지점이 명확합니다.

이에 비해 윈도 애플리케이션에서는 책 읽기를 시작하는 지점과 끝내는 지점이 콘솔 애플리케이션에 비해 명확하지 않습니다. 그 이유는 윈도 애플리케이션이라는 책이 사건 발생에 따라 해당하는 부분을 그때그때 펼쳐 읽도록 설계되어 있기 때문입니다. 컴퓨터를 부팅하고 윈도만 덩그러니 떠 있는 상태에서 사용자가 아무런 입력도 하지 않으면 컴퓨터는 그 상태 그대로 멈춰 있습니다. 사용자가 어떤 사건을 발생시키기를 기다리고 있는 것입니다. 윈도 애플리케이션에서 발생하는 사건이란 마우스 버튼 클릭, 마우스 커서 이동, 키보드 입력 같은 것들입니다. 윈도 애플리케이션이 실행되면 컴퓨터는 어떤 사건이 발생하길 예의주시하며 기다립니다.

그러다 마침내 사건 A(마우스 클릭)가 발생하면 그때 할 일을 적어둔 페이지를 펼쳐 읽고 거기에 적힌 명령들을 실행합니다. 그리고 다시 다른 사건이 발생하기를 기다립니다. 그러다 사건 B(키보드 입력)가 발생하면 마찬가지로, 그때 할 일을 적어둔 페이지를 펼쳐 읽고 거기 적힌 명령들을 실행합니다. 이런 사건들을 전문 용어로 '이벤트event'라고 부르고, 윈도 애플리케이션을 '이벤트 구동형' 프로그램이라고 부릅니다. 이벤트에 따라 구동된다는 뜻이죠. 그리고 아무런 이벤트가 없으면 아무 동작도 하지 않습니다.

물론 이런 이벤트 정보를 윈도 애플리케이션으로 전달하는 것은 OS입니다. 윈도 애플리케이션은 마우스가 어떤 버튼을 클릭했는지, 어떤 메뉴를 선택했는지, 어디서부터 어디까지를 마우스로 드래그 했는지에 대한 사건(이벤트) 정보를 OS로부터 받은 후에 그 사건에 해당하는 페이지를 펼쳐 읽고 거기에 적힌 명령들을 실행합니다. 이에 반해 콘솔 애플리케이션은 명령 프롬프트를 통해 입력된 글자를 명령으로 인식해서 다음 동작을 수행합니다. 결국 명령을 인식하는 단계까지만 다를 뿐 그 이후의 동작은 비슷하다고도 볼 수 있습니다. 그래서 사건이 일어나는 단계까지 코딩하는 것을 도와줄 도구들이 많이 개발되었습니다.

이 책에서는 그런 도구들 중에 마이크로소프트에서 만든 비주얼 베이직Visual Basic이라는 도구를 사용해서 간단한 윈도 프로그램을 짜는 법을 설명하겠습니다. 비주얼 베이직은 말 그대로 베이직Basic이라는 프로그래밍 언어를 시각적Visual 개발 환경에서 쓸 수 있게 도와줍니다.

고속 개발 도구RAD, Rapid Application Development의 일종인데, 프로그래머가 쉽고 빠르게 코드를 써내려가도록 해주는 도구입니다.

프로그래밍 예제(윈도 애플리케이션 코딩하기)

흑백 콘솔창에 "Hello World"를 출력시키기 위해서는 C 언어로 여러 줄의 소스코드를 써내려가야만 합니다. 입출력과 관련된 라이브러리(stdio.h)를 포함시켜야 하고, 메인 함수를 선언해야죠. 그리고 기계어로 번역(컴파일)해서 실행 파일(0과 1)을 만든 후에 흑백 화면에 파일 이름을 타이핑하면 "Hello World"가 출력됩니다.

동일한 기능을 하는 프로그램을 윈도 애플리케이션으로 만들려면 어떻게 해야 할까요? 먼저 윈도(창)를 하나 코딩해야 합니다. 이 윈도는 우리가 매일 보는 바와 같이 최소화 버튼, 최대화 버튼, 닫기 버튼을 가지고 있어야 하고, 창의 위치 이동이나 크기 조절이 가능해야 하고 창의 제목도 있어야 합니다. 만일 이 모든 것들을 프로그래머가 일일이 코딩해야 한다면 여간 번거로운 일이 아닐 수 없습니다. 하지만 비주얼 베이직 같은 도구를 이용할 경우에는, 마치 파워포인트에서 그

```
#include <stdio.h>

int main( )
{
printf("Hello World");
return 0;
}
```

➡️

```
Hello   World
```

림을 그리듯이 손쉽게 하나의 윈도를 코딩할 수 있습니다. 그저 '새로 만들기'에서 '폼'을 선택해서 마우스로 윈도를 그리기만 하면 그 윈도에 관한 코드들이 자동으로 만들어집니다.

왼쪽 화면에 그려진 윈도에 대한 코드는 오른쪽 화면에 나타난 바와 같습니다. 예를 들어, 윈도의 제목(Caption)은 'Form1'이고, 높이(ClientHeight)는 '3030'이고, 너비(ClientWidth)는 '4560'이고, 좌측 상단 모서리의 위치(ClientLeft, ClientTop)는 '120, 450'이라는 코드가 '저절로' 작성됩니다. 그 후 왼쪽의 도구 모음에서 '버튼'을 선택해서 '폼' 위에 버튼을 그리면, 이 '버튼'에 관한 코드가 자동으로 작성됩니다. 즉, 버튼의 이름(Caption)은 'Command1'이고, 높이(Height)는 '495'이고, 너비(Width)는 '1215'이고, 좌측 상단 모서리의 위치(Left, Top)는 '1680, 1320'이라는 코드가 완성됩니다. 키보드로는 아직 1글자도 타이핑하지 않았지만 말이죠.

이렇게 마우스로 그림 그리는 동작만으로 버튼 달린 윈도에 관한 코딩은 모두 끝났습니다. 비주얼 베이직이라는 고속 개발 도구가 프로그래머가 타이핑할 일을 대신해줬기 때문이죠. 앞으로는 비주얼 베이직보다 더 간편한 로코드, 노코드 도구들도 빠르게 보급될 것입니다. 이런 도구들은 비주얼 베이직보다도 더 쉽게 프로그램을 개발할 수 있도록 도와줄 것입니다. 책을 사서 코딩을 공부하는 것은 소수의 전문가들이나 하는 일이 될지도 모릅니다. 하지만 잊지 말아야 할 점은 코드가 더 이상 필요 없어진 것은 아니라는 점입니다. 다만 로코드, 노코드 도구들이 프로그래머를 대신해서 상당한 분량의 코드를 대신 타이

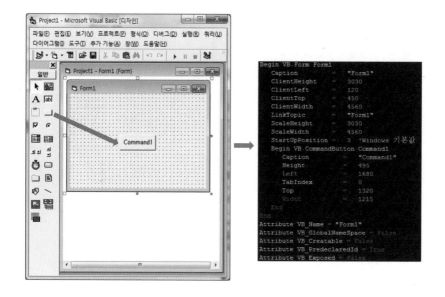

핑해줄 뿐입니다. 약한 인공지능의 일종이라고 볼 수도 있을 겁니다.

　이제 윈도가 뜬 상태에서 그 안의 버튼을 누르는 '사건'이 발생할 때 "Hello World"가 출력되도록 코딩할 겁니다. 폼 위에 놓인 버튼을 더블클릭 하면 그 버튼에 대해 어떤 사건(이벤트)이 발생했을 때 어떤 명령을 수행할 것인지를 적을 수 있는 편집창이 나타납니다. 예를 들어, 이 버튼이 클릭되는 사건이 발생할 경우에 실행될 루틴인 'Private Sub Command1_Click () (…) End Sub'[+]라는 코드가 저절로 작성되어 있습니다. 이제 프로그래머가 할 일은 (…) 안에 어떤 명령을 수행할 지를 적는 겁니다.

[+] Sub는 서브 프로시저의 약자로 Sub와 End Sub 사이에 있는 문장을 실행하고 종료하게 됩니다. Private는 이 폼에서만 사용할 뿐 다른 폼에서는 사용하지 않겠다는 뜻입니다.

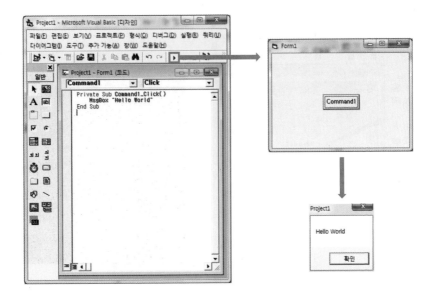

여기서는 오직 한 문장을 적어 넣도록 하겠습니다. 바로 'MsgBox "Hello World"'입니다. 이 코드는 메시지 박스를 띄워서 "Hello World"를 출력하라는 의미입니다. 이 한 문장을 작성한 후에 메뉴에 있는 플레이 버튼(작은 삼각형)을 클릭하면 "Command1" 버튼이 달린 윈도 창이 뜹니다. 그리고 사용자가 그 버튼을 클릭하면 "Hello World"가 쓰인 메시지 박스가 뜹니다. 프로그래머가 타이핑한 부분은 단 1줄 'MsgBox "Hello World"'에 불과합니다. 그러니 윈도 애플리케이션을 코딩한다 해도 실제 타이핑하는 양은 그리 많지 않습니다.

윈도 애플리케이션을 동작시키는 코드는 콘솔 애플리케이션에 비해 길 수밖에 없습니다. 윈도 창의 크기나 위치, 버튼의 크기나 위치 같은 것들을 일일이 코딩해줘야 하니까요. 하지만 비주얼 베이직 같은 고속 개발 도구는 윈도 창의 겉모습과 관련된 코드를 모두 '자동으로' 작성해줍니다. 그러니 프로그래머는 그림판에 그림을 그리듯 디자인만 하면 됩니다. 도구 모음에서 버튼이나 글상자, 콤보 박스, 선택 버튼 같은 객체들을 선택해서 '폼' 위에 그려 넣는 거죠. 이런 디자인 작업만으로 소스코드는 저절로 완성됩니다. 실제 타이핑할 부분은, '어떤 객체에 어떤 사건(이벤트)이 일어났을 때 어떤 처리를 해줄 것인가'입니다.

윈도 애플리케이션이 실행되고 있을 때, 마우스 클릭Click 사건이 발생하면 컴퓨터는 그 클릭 사건과 관련된 페이지를 펼쳐서 읽고, 마우스가 위로 이동하는 사건MouseMove이 발생하면 그 이동 사건과 관련된 페이지를 펼쳐서 읽습니다. OS는 이런 이벤트들을 감시하고 있다가 해당 사건이 발생하면 그 정보를 윈도 애플리케이션에게 넘겨줍니다. 그러니 프로그래머가 할 일은 원하는 이벤트를 고른 후 그 이벤트가 발생할 경우 처리할 일을 코딩하는 것입니다. 예를 들어, 'Command2' 버튼 위에서 마우스 버튼을 눌렀다가 뗄 때 'MouseUp'이라는 메시지가 출력되도록 코드를 작성해보겠습니다. 'Command1' 버튼 아래에 'Command2' 버튼을 그려 넣고, 'MouseUp' 이벤트를 선택한 후에 'MsgBox "Mouse Up"'이라고 써넣으면 그만입니다.

스마트폰 사용자는 사실 하루 종일 사건들을 발생시키고 있습니다. 웹브라우저 아이콘을 누른 후(사건 1), 웹페이지를 보며 화면을 좌우 스크롤(사건 2)하거나 상하 스크롤(사건 3)하다가 뒤로 가기 버튼을 누르기도 하고(사건 4), 갑자기 이어폰 잭을 꽂기도 합니다(사건 5). 사용

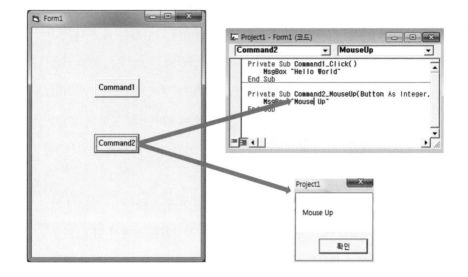

자의 모든 행동 하나하나는 스마트폰에게 이벤트를 발생시키고, 이런 이벤트가 발생할 때마다 스마트폰은 그 이벤트와 관련된 페이지를 펼쳐 읽습니다. 그리고 그 페이지에 적힌 명령들을 다 실행한 다음엔 사용자로부터 다음 이벤트가 입력되기를 기다립니다. 우리가 잠들어 있는 시간에도 스마트폰은 항상 스탠바이 상태입니다. 주인이 어떤 사건을 발생시킬지 모르니까요. 이와 같이 윈도 프로그램은 사건이 발생할 때마다 해당 페이지를 펼쳐서 읽는 책입니다.

7. 1권 말고 1페이지씩 주세요

1장의 읽을거리인 웹페이지

윈도 애플리케이션 중 하나인 웹브라우저는 자신만의 독특한 독서 방법을 가지고 있습니다. 그 독서 방법이란 여기저기를 기웃거리면서 여기서 1페이지 저기서 1페이지를 얻어 읽는 것입니다. 브라우저browser라는 단어 자체가 여기저기를 둘러보는 사람을 뜻합니다. 웹브라우저는 웹상에 흩어져 있는 수많은 도서관 중 한 곳을 골라 자신에게 일단 1페이지짜리 읽을거리를 보내달라고 요청합니다. 여기서 말하는 도서관은 구글, 네이버, 다음과 같은 웹사이트나 웹서버를 의미하고, 1페이지짜리 읽을거리는 개별 웹페이지를 의미합니다. 웹페이지는 말 그대로 웹서버로부터 받아온 1장의 페이지1 page입니다.

웹페이지는 그림과 글자만 가득한 문서일 때도 있고, 간단한 프로그램을 포함한 문서일 때도 있습니다. 웹페이지의 기본 골격은 HTML이라는 언어로 만들어져 있습니다. 그래서 웹페이지를 다른 말로 HTML 문서라고 부릅니다. HTML은 프로그래밍 언어라고 부르기에

는 다소 부족한 면이 있어 마크업 언어라고 불립니다. 이 웹페이지는
별도의 번역기(컴파일러)가 없어도 웹브라우저가 쉽게 해석(인터프리
트)할 수 있습니다. 실제로 다른 웹페이지를 만들어보며 웹프로그램에
대해 더 알아보도록 하겠습니다.

웹페이지 코딩하기

먼저 '메모장'을 열어 다음과 같은 소스코드를 입력합니다. 파일 이
름은 '웹페이지.htm'으로 하고 저장 버튼을 누릅니다. 확장자를 '*.txt'
가 아닌 '*.htm'이라고 한 이유는 웹브라우저가 이를 HTML 문서로
인식하도록 하기 위해서입니다. HTML에서는 명령어로 태그tag를 사
용하고 이를 홑화살괄호 〈 〉로 나타냅니다. 이하에서는 소스코드를 1
줄씩 분석해보겠습니다.

```
<html>
<head>
<title> 웹페이지의 제목 </title>
</head>
<body>
<h1> BODY에서 큰 제목 </h1>
<h2> BODY에서 중간 제목 </h2>
<h3> BODY에서 작은 제목 </h3>
<p> 웹페이지에서 보여줄 단락 </p>
</body>
</html>
```

- ⟨html⟩~⟨/html⟩: 제일 처음에 등장하는 ⟨html⟩은 HTML 문서가 시작됨을 나타내고, 맨 마지막에 등장하는 ⟨/html⟩은 HTML 문서가 끝남을 나타냅니다.
- ⟨head⟩~⟨/head⟩: ⟨head⟩와 ⟨/head⟩ 사이에 문서의 헤드 부분을 기재합니다.
- ⟨title⟩~⟨/title⟩: ⟨title⟩과 ⟨/title⟩ 사이에 문서의 제목을 적습니다.
- ⟨body⟩~⟨/body⟩: ⟨body⟩와 ⟨/body⟩ 사이에 문서의 본문을 적습니다.
- ⟨h1⟩~⟨/h1⟩: ⟨h1⟩과 ⟨/h1⟩ 사이에 문서의 큰 제목을 적습니다.
- ⟨h2⟩~⟨/h2⟩: ⟨h2⟩와 ⟨/h2⟩ 사이에 문서의 중간 제목을 적습니다.
- ⟨h3⟩~⟨/h3⟩: ⟨h3⟩와 ⟨/h3⟩ 사이에 문서의 작은 제목을 적습니다.
- ⟨p⟩~⟨/p⟩: ⟨p⟩와 ⟨/p⟩ 사이에 웹페이지에서 보여줄 단락을 적습니다.

그리고 '웹페이지.htm'을 더블클릭 합니다. 그러면 웹브라우저가 실행되면서 다음과 같이 방금 만든 웹페이지가 로딩될 겁니다. 웹브라우저가 HTML 문서에 사용된 명령어인 태그를 해석해서 화면에 출력한 결과죠. 물론 우리가 실제로 접하는 웹페이지들은 이보다 훨씬 복잡합니다. 그런 것들을 이와 같이 태그를 외워서 메모장에 쓰는 방식으로 코딩하기는 힘들 겁니다. 그래서 HTML 편집기 프로그램이 따로 개발되어 있습니다. 마이크로소프트 프론트페이지Microsoft FrontPage, 나모 웹에디터Namo WebEditor, 어도비 드림위버Adobe Dreamweaver 같은 것들입니다. 이런 편집기들을 활용하면 모든 태그를 다 외우지 않아도 꽤

복잡한 웹페이지들을 코딩해낼 수 있습니다. 그림 그리듯이 디자인을 하면 편집기가 자동으로 태그를 달아서 HTML 문서를 완성해주죠.

멈춰 있는 페이지

우리가 접하는 모든 웹페이지들은 소스코드가 공개되어 있습니다. 어떤 웹페이지를 보고 있든 웹브라우저에서 '소스 보기'[+]나 '개발자도구' 같은 메뉴를 선택하면 해당 페이지의 소스코드를 볼 수 있습니다. 웹페이지에는 텍스트만 들어 있지 않고, 그림이나 사진, 심지어 동영상도 들어 있습니다. 웹브라우저 주소창에 URL[++]을 직접 입력하거나 웹페이지에 표시된 링크를 클릭하면 해당 웹페이지를 갖고 있는 웹서

[+] MS에서 만든 익스플로러의 경우 마우스 우클릭 후 '소스 보기'를 선택하면 그림에서와 같이 소스코드를 볼 수 있습니다.

[++] Uniform Resource Locator의 약자로, 웹페이지의 주소를 의미합니다. 예를 들어 네이버 메인 페이지의 주소는 www.naver.com이고, 구글 메인 페이지의 주소는 www.google.com입니다.

버로 요청을 보냅니다. 서버server는 말 그대로 서비스service를 제공해주
는 프로그램을 의미합니다. 또는 그 프로그램이 돌고 있는 하드웨어를
의미하기도 합니다. 이에 반해 웹브라우저는 클라이언트client로서 동작
합니다. 클라이언트는 서비스를 받는 고객입니다. 서버는 클라이언트
의 요청에 응답할 의무가 있습니다. 요청을 받은 웹서버는 자신이 갖
고 있는 HTML 문서를 웹브라우저로 보내주고, 웹브라우저는 이 문
서에 적힌 태그들을 해석해서 화면에 출력합니다.

　이처럼 웹브라우저는 웹서버로 문서를 요청하고, 받아온 문서를 읽
어서 보여주는 것으로 자신의 역할을 끝내게 됩니다. 이런 관점에서
보면 웹브라우저는 문서 뷰어 프로그램에 지나지 않습니다. 어도비 애
크로뱃 리더Adobe Acrobat Reader나, 한글 뷰어, MS 워드 뷰어 같은 것들과

유사하죠. HTML 문서를 '열기' 해서 보여줄 뿐이니까요. 웹브라우저가 실행될 경우 컴퓨터는 끊임없이 무언가를 읽고 있을 필요가 없습니다. HTML 문서를 1페이지 받아와서 그 문서를 출력한 이후엔 아무일도 하지 않습니다. 이런 웹페이지는 멈춰 있는 페이지이기 때문에 정적 웹페이지라고 부릅니다. 정적 웹페이지도 자기 혼자 가끔 리프레시refresh 되긴 하지만 이 역시 리프레시 되는 순간에만 해당 문서를 다시 읽을 뿐입니다.

움직이는 페이지

이에 반해 움직이는 페이지, 즉 동적 웹페이지에는 조그만 프로그램들이 그 문서 안에서 돌아가고 있습니다. 이런 것들이 있어야 소비자가 쇼핑 페이지에서 물건을 고르기도 하고, 장바구니에 담아놓기도 하고 결제도 할 수 있죠. 이런 프로그램들은 일반적인 문서에서는 구현하기 힘든 기능들을 가능케 해줍니다. 클라이언트 측인 웹브라우저에서 돌아가는 프로그램도 있고, 서버 측인 웹서버에서 돌아가는 프로그램도 있습니다. 이런 프로그램들은 소스코드를 볼 수 없는 형태로 삽입되어 있는 경우가 많이 있습니다.

방금 만든 '웹페이지.htm'을 다시 메모장으로 열어 간단한 스크립트 코드를 삽입해보겠습니다.

```
<script type= "text/javascript">
```

```
        var dateT = new Date();
        dateTime = (dateT.getMonth() + 1)
        + '/' + (dateT.getDate())
        + ' ' + (dateT.getHours())
        + ':' + (dateT.getMinutes())
        + ':' + (dateT.getSeconds());
        alert(dateTime);
    </script>
```

이 스크립트 코드는 앞서 이야기한 자바스크립트라는 프로그래 밍 언어로 작성된 것입니다. 이 코드는 getMonth() 함수를 통해 월 月을, getDate() 함수를 통해 일日을, getHours() 함수를 통해 시時를, getMinutes() 함수를 통해 분分을, getSeconds() 함수를 통해 초秒를 구 한 후에, 메시지박스를 통해 현재의 '월/일 시:분:초'를 출력하도록 합 니다. 이 '웹페이지.htm'을 저장한 후, 이를 더블클릭 하면 웹브라우저 가 다음의 그림 오른쪽에서와 같이 '월/일 시:분:초'를 표시한 메시지 박스를 띄우는 것을 확인할 수 있습니다. 이런 기능은 분명 정적인 문 서에서는 구현할 수 없는 것이었습니다.

동적 웹페이지에는 이런 스크립트 코드만 삽입되는 것이 아닙니다. 동적 웹페이지는 웹서버로부터 자바 애플릿Java applet이나 액티브엑스 ActiveX와 같은 프로그램을 다운로드받아 실행시키기도 합니다. 하지만 웹서버로부터 정체불명의 프로그램을 다운로드받아 실행시키는 것은 무척 위험한 일입니다. 악의적인 사용자가 나쁜 프로그램을 보낼 수도 있으니까요. 그래서 최근에는 액티브엑스와 같은 프로그램을 없애야

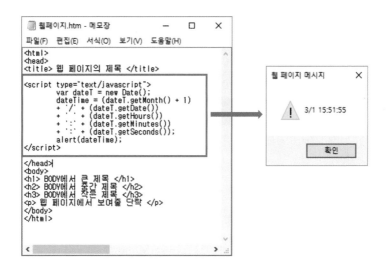

한다는 목소리가 높습니다. 웹브라우저는 말 그대로 여기저기를 기웃

거리며 1페이지짜리 책을 얻어 읽기 위한 수단이지, 두꺼운 1권의 책

을 다운로드받기 위한 수단이 아니기 때문입니다.

8. 말도 안 되는 문장들

주어와 동사의 논리적 관계를 머릿속으로 정확하게 계산해서 입으로 내뱉기는 상당히 힘듭니다. 심지어 정신을 집중해서 글을 쓸 때도 정확한 문법을 지키기가 여간 힘든 것이 아닙니다. 문법을 잘 지키면 자신이 하고 싶은 말을 상대방에게 이해시키기가 수월해집니다. 하지만 문법적으로 틀린 문장을 말하게 되면, 상대방 머릿속에는 해독기가 동작해야 합니다. 이것은 상대방을 상당히 피곤하게 만들 뿐만 아니라 많은 경우 오해를 불러일으키기도 합니다. 이런 비문들은 특히 번역 시에 심각한 문제를 일으킵니다. 한국어를 영어로 바꿀 때 한국어에서는 큰 문제가 없던 문장도 영어에서는 엉뚱한 문장으로 번역되는 경우가 흔하기 때문이죠.

번역을 못 하겠어(컴파일 에러)

자연어로 말할 때와 마찬가지로 고급 언어로 코딩할 때도 프로그래

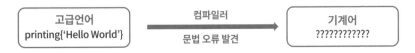

머들은 문법 오류를 자주 일으킵니다. 사람은 문법적으로 틀린 문장도 대충 이해해주지만 기계는 대충 이해해주는 법이 없습니다. 반드시 따지고 들지요. 그 이유를 좋게 표현하자면 컴파일러가 임의로 번역을 할 수가 없기 때문입니다. 원저자의 의도를 충분히 존중하기 위해 컴파일러는 번역 도중에 에러를 일으켜버립니다. 그리고 무슨 소리인지 모르겠다는 에러 메시지를 띄우면서 원저자가 원문을 다시 고칠 것을 요구합니다. 이를 컴파일 에러compile error라고 부릅니다.

다소 지겹지만 "Hello World"를 출력하는 프로그램을 C 언어로 다시 작성해보겠습니다. 컴파일러는 다음 코드를 0과 1로 구성된 기계어로 번역해낼 수 있을까요?

```
#include <stdio.h>
main()
{
        printf("Hello World")
}
```

정답은 '못 한다'입니다. 그렇다면 문법적으로 무엇이 틀렸을까요? 바로 'printf("Hello World")' 다음에 ';'이 빠졌습니다. 고작 ';' 하나만 빠져도 컴파일러는 번역을 멈춥니다. 물론 컴파일러도 ';'이 빠진 것

```
#include<stdio.h>

main()
{
    printf("Hello World")[]
}
```

기계어로 번역

```
syntax error : missing ';' before '}'
```

같다는 것을 눈치채긴 합니다. 하지만 자기 마음대로 ';'을 넣지는 않습니다. 번역기 주제에 원저자의 의도를 무시하고 번역할 수는 없으니까요. 그래서 컴파일러는 조심스럽게 ';'을 빠뜨린 것이 아닌지를 원저자에게 물어봅니다. "syntax error: missing ';' before '}'"라고요. '}' 앞에서 ';'이 빠진 문법 오류가 발생했다는 뜻입니다. 프로그래머는 이 컴파일 에러를 보고 재빨리 ';'을 넣은 후 번역기를 다시 돌리게 됩니다. 물론 조금 후에 번역 성공이라는 메시지를 보게 되겠죠.

이번에는 아래의 코드를 컴파일러가 기계어로 번역하도록 시켜보겠습니다. 과연 성공할 수 있을까요?

```
#include <stdio.h>
main()
{
    printf("Hello World");
```

이번에도 컴파일러는 번역을 못 하겠다는 메시지를 내보냅니다. 이

```
#include<stdio.h>

main()
{
    printf("Hello World");
[]
```

↓ 기계어로 번역

`unexpected end of file found`

번에는 문법적으로 무엇이 틀렸을까요? 바로 맨 마지막에 '}'이 빠졌습니다. 이번에도 컴파일러는 고작 '}'이 빠졌다는 이유만으로 번역 작업을 중간에 멈춥니다. 그리고 자신이 짐작하는 이유를 이야기하죠. "unexpected end of file found"라고요. 예상치 못하게 끝났다는 말입니다. 그러면 프로그래머는 이 컴파일 에러를 보고 재빨리 마지막에 '}'을 넣은 후 다시 번역기를 돌리게 됩니다. 이처럼 웬만한 문법적 오류는 컴파일 에러를 보고 쉽게 수정할 수 있습니다.

실행을 못 하겠어 (런타임 에러)

문법에만 맞게 말한다고 해서 오류가 없는 것은 아닙니다. "사는 게 뭘까요?"라고 물었을 때 "사는 게 사는 거죠"라고 대답한다면 이는 문법적으로만 틀리지 않았을 뿐 말이 되지 않는 소리입니다. 흔히들 '순환 논증의 오류'라고 하죠. 이런 대답은 다시 "사는 게 사는 거라는 게 무슨 말이죠?"라는 질문을 불러올 뿐입니다. 프로그래밍 세계에서는 이런 오류를 '무한 루프'라고 부릅니다. 이런 무한 루프에 빠질 만한 코드가 작성되더라도 번역기는 이를 눈치채지 못합니다.

번역기에게 너무 많은 것을 기대해서는 안 됩니다. 번역기는 그저 간단한 문법 오류를 체크해줄 뿐입니다. 논리적 오류에 대해선 프로그래머가 책임을 져야 합니다. 프로그래머는 프로그램이 배포되고 한참이 지난 후에야 이런 논리적 오류가 있음을 파악하기도 합니다. 컴퓨터는 프로그램 코드를 1줄, 1줄 읽다가 어느 순간 무한 루프에 빠질 문장들을 만나게 됩니다. 그때부터 컴퓨터는 그 문장들을 무한 반복해서 읽게 되고 결국 그곳에서 헤어 나오질 못합니다.

사실 물리적 세계에서 무한은 존재하지 않는 개념입니다. 무한은 오직 수학적 세계에서만 존재할 뿐입니다. 수학에서는 원주율 파이 값이 소수점 이하로 무한히 나아가지만 비트의 세계에서는 파이 값을 소수점 이하 어느 자리에선가 끊어서 사용할 수밖에 없습니다. 그리고 우리가 작성한 프로그램을 읽을 컴퓨터도 대단히 한정된 크기의 컴퓨팅 용량과 메모리를 가질 뿐입니다. 이런 한정된 자원의 컴퓨터가 무한 반복 읽기에 빠지게 되면 결국 전체 시스템을 망치게 됩니다.

지금부터 컴퓨터를 무한 루프에 빠지게 하는 간단한 소스코드를 작성해보겠습니다. 사용할 언어는 비주얼 베이직입니다.

비주얼 베이직에서는 윈도(창)를 폼Form이라고 부르고, 폼이 뜨는 것을 로딩Loading이라고 합니다. 보통 윈도 프로그램은 창이 뜨는 것으로부터 시작됩니다. 컴퓨터 사용자라면 자신의 컴퓨터에서 웹브라우저를 실행시키든, 엑셀을 실행시키든, 계산기를 실행시키든 가장 먼저

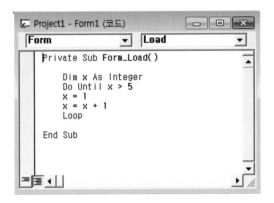

일어나는 사건이 윈도(창)가 뜨는 것이라는 것을 잘 알 것입니다. 따라서 비주얼 베이직 소스코드를 실행시키면 'Form_Load()'라는 사건(이벤트)이 가장 먼저 발생하게 되고, 컴퓨터는 Form_Load() 안에 적힌 코드들을 읽어서 실행합니다. 지금부터 소스코드를 1줄씩 설명해보겠습니다.

• Private Sub Form_Load()~End Sub: Private은 사적인 것을 의미하며 외부에서 접근할 수 없다는 뜻입니다. 반대는 Public으로서 외부 접근이 가능하다는 뜻인데, 일단 이 정도만 알아 넘어가도 좋습니다. Sub는 서브루틴을 의미합니다. 따라서 프로그램이 실행되어 윈도 창이 열리면 Form_Load()라는 서브루틴이 호출되어 Private Sub와 End Sub 사이의 코드가 실행됩니다.

• Dim x As Interger: Dim은 Dimension의 약자이고, Interger는 정수를 의미합니다. 따라서 x라는 이름의 정수 보관 공간을 만들어줍니다.

• Do Until x>5~Loop: x가 5보다 커지기 전까지 Do Until과 Loop

사이에 적힌 코드를 반복 실행하라는 뜻입니다.

- x=1: x에 1이라는 값을 넣습니다.
- x=x+1: 현재의 x 값 1에 1을 더한 2라는 값을 다시 x에 집어넣습니다.
- x>5 : 현재의 x 값은 2로서 여전히 x>5를 만족하지 못합니다.
- x=1: x에 다시 1을 넣습니다.
- x=x+1: x의 값이 다시 2로 변합니다.
- x>5: 현재의 x 값은 2로서 여전히 x>5를 만족하지 못합니다.

이와 같이 x의 값은 1이 되었다가 2가 되었다가를 무한 반복합니다. 아무리 반복해도 x가 5보다 커지는 일은 절대로 일어나지 않습니다. 실제로 이 코드를 실행시켜보면 어떻게 될까요?

다음의 캡처된 이미지와 같이 처음에는 윈도가 모니터에 로딩되는 듯이 보입니다. 하지만 윈도가 자신의 모습을 미처 드러낼 새도 없이 곧바로 프로그램은 무한 루프에 빠지고 맙니다. 그리고 얼마 지나지 않아 비주얼 베이직 소스코드를 실행하던 창에는 '(응답 없음)'이라는 글자가 나타납니다. 말 그대로 답이 없는 상태에 빠졌다는 뜻입니다. 이때 컴퓨터는 무엇을 하고 있을까요? 바로 x=1이라는 문장과 x=x+1 이라는 문장을 무한 반복하며 읽고 있습니다. 사실 우리는 하루에도 몇 번씩 '응답 없음'이라는 메시지와 마주칩니다. 이와 같이 무한 루프에 빠진 프로그램을 보게 되면 재빨리 작업 중이던 파일을 저장하고, 해당 프로그램을 강제 종료시켜야 합니다. 가만둬봐야 같은 문장을 반복해서 읽고 있을 뿐이니까요.

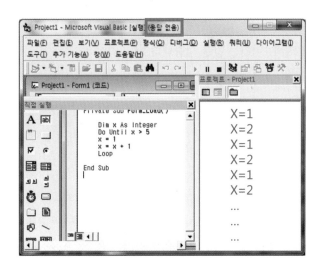

앞에서 언급한 예는 너무나 간단하여 무한 루프에 빠지도록 코딩한 프로그래머가 바보처럼 느껴질 수도 있습니다. 하지만 실제로 프로그램을 짜다 보면 전혀 예상치 못한 곳에서 무한 루프에 빠질 코드를 작성하게 될 수 있습니다. 그리고 요즘의 프로그램들은 다른 사람이 만든 프로그램과 통신할 일이 많이 있습니다. 내가 만든 프로그램이 A라는 메시지를 보내면 상대방 프로그램이 B라는 응답을 줘야 하는데, 아무리 기다려도 답이 없을 수 있습니다. 그 이유야 네트워크 장애일 수도 있고, 상대방 프로그램이 잘못 동작한 것일 수도 있습니다. 이유가 무엇이건 간에 프로그래머는 코딩을 할 때 모든 오류 상황에 대비해야 합니다. B라는 응답이 100퍼센트 올 것이라고 확신하는 것은 순진한 생각입니다.

경험 많은 프로그래머는 A라는 메시지를 보내고 몇 초를 기다린 후에 답이 없을 경우에는 다음 단계로 진행하도록 소스코드를 작성할 것입니다. 이와 같이 모든 오류 상황에 적절히 대비하지 못한 소스코드는 언제가 컴퓨터를 '응답 없음' 상황에 빠뜨릴 위험이 있습니다. B라는 응답을 영원히 기다리는 거죠. 이런 오류들은 컴파일러가 번역을 할 때는 발견되지 않습니다. 프로그램이 완성되고 그 프로그램이 배포되어 실행된 후에야 비로소 발견되기 때문에 이런 오류를 런타임 에러 runtime error라고 부릅니다.

나보다 계산을 못하네(계산 에러)

사실 컴퓨터는 간단한 계산조차 틀릴 때가 있습니다. 컴퓨터가 가장 잘하는 일이 계산인데 계산을 틀린다는 말이 이상하게 들릴 수도 있습니다. 예전에는 컴퓨터를 계산기와 동급으로 생각하던 시절도 있었습니다. 그 당시의 컴퓨터란 그저 계산이 빠른 기계를 의미했습니다. 물론 지금의 컴퓨터도 어떤 관점에서는 계산이 빠른 기계일 뿐입니다. 인공지능이 발달해서 컴퓨터가 제아무리 사람 흉내를 낸다 하더라도 그 지능의 실체는 빠른 계산기에 불과하다고도 평가할 수도 있습니다. 물론 그 인공지능은 사람의 뇌 속에서 벌어지는 일도 계산에 지나지 않는다고 반박할지도 모르지만요. 지능의 실체가 결국 계산에 불과한지에 대해서는 다른 차원에서의 논의가 필요합니다.

아무튼 계산기에 불과한 컴퓨터가 그 이름에 걸맞지 않게 종종 계산 오류를 일으킵니다. 이런 오류는 그 계산을 시킨 주체인 프로그래머가 2진수를 다루는 컴퓨터의 특성을 잘 이해하지 못한 데서 발생합니다. 컴퓨터는 소수점 이하를 정확하게 처리할 수 없는데 그걸 간과하는 거죠. 예를 들어, 1/3은 초등학생도 알고 있는 분수이지만 디지털 세계에서 이 분수는 0.33333333333333…으로 처리됩니다. 컴퓨터는 분수를 분수 그대로 다룰 수 없습니다.

컴퓨터의 메모리는 한계가 있기 때문에 이 0.33333333333333…을 어느 자리에선가는 반드시 반올림하거나 버림 해야 합니다. 하지만 이렇게 반올림이나 버림으로 인해 발생한 작은 오차도 누적되면 나중에 큰 오차가 되어버립니다. 다른 예를 들어 컴퓨터는 10진수의 소수점 이하 값을 2진수로 완벽하게 치환하지 못합니다. 예를 들어 10진수 0.1은 2진수로 0.0001100110011…이 되고 결국 어느 정도 자릿수에서 어림값으로 처리해야만 합니다. 물론 경험 많은 프로그래머는 이런 계산 오차를 줄이기 위해 소수를 정수로 바꾼 뒤에 계산하곤 합니다.

벌레 잡기(디버깅하기)

프로그래머가 쓴 글에 들어 있는 오류들을 '버그'라고 부릅니다. 예전에 컴퓨터가 오류를 일으켰는데, 그 원인이 컴퓨터 속에 들어간 벌레bug였기 때문에 이런 이름이 붙었다고 합니다. 그리고 버그를 잡는 행위를 '디버깅debugging'이라고 부릅니다. 물론 버그가 없도록 프로그램을 만들면 좋겠지만 버그 없는 프로그램을 만든다는 것은 불가능에 가깝습니다. "Hello World"를 출력하는 것처럼 간단한 프로그램이 아

니라면요. 이 책에서는 간단한 예제들로만 소스코드를 작성했지만 실제로 소프트웨어 회사에 근무하는 프로그래머가 작성해야 하는 글은 수만 줄이 넘는 경우가 허다합니다. 그리고 자신이 작성한 수만 줄의 코드에서 버그를 잡아내기란 여간 어려운 일이 아닙니다. 게다가 내가 작성한 코드는 동료가 작성한 코드와 합쳐집니다. 수십 명이 함께 작성한 코드에서 버그를 발견하기란 더 어렵겠죠?

우리 회사에서 만든 프로그램은 다른 회사에서 만든 프로그램들과 협업해서 동작합니다. 프로그램에 에러가 발생하면, 우리 회사 프로그램의 버그인지 아니면 다른 회사 프로그램의 버그인지부터 추적해야 합니다. 두 프로그램 다 혼자서는 아무 문제가 없는데 협업 과정에서 발생한 버그일 수도 있습니다. 그리고 이 프로그램들은 서로 다른 하드웨어 환경에서 돌아가고 서로 다른 OS에서 돌아갑니다. 사실 프로그램의 문제가 아니라 컴퓨터 하드웨어의 문제거나 OS의 문제일 수도 있습니다. 그러니 프로그램에 문제가 발생했다 해도 어느 코드에 버그가 숨어 있는지를 발견하기조차 쉽지 않습니다.

개인용 PC는 아침에 컴퓨터를 켰다가 저녁에 컴퓨터를 끕니다. 그리고 컴퓨터를 사용하는 도중에 에러가 나거나 속도가 느려지면 중간에 컴퓨터를 재부팅시키기도 합니다. 이런 개인적 환경에서는 어떤 프로그램에 버그가 발생했다 해도 컴퓨터만 재부팅시키면 문제가 해결되는 경우가 흔합니다. 하지만 내 휴대폰의 통신 요금을 계산하는 통신사 서버를 마음대로 껐다 켰다 할 수 있을까요? 전국에 분배될 전력을 컨트롤하는 전력 서버를 재부팅할 수 있을까요? 내 계좌를 관리하는 은행 서버를 중간에 멈춰도 될까요? 이처럼 컴퓨터가 24시간 365일을 끊김 없이 돌아가야 하는 환경에서는 버그를 고치기도 쉽지 않습니다. 그래서 이런 서버들은 대부분 주말 자정 넘어서나 연휴 기간에 버그 패치 및 업데이트를 합니다.

프로그래머들은 버그를 추적하기 위해 프로그램이 끊임없이 '로그 파일'을 기록하도록 코딩하기도 합니다. 이 로그 파일은 일종의 항공기 블랙박스와 같은 역할을 합니다. 함수 1을 호출한 후에는 함수 1이 호출되었다는 사실과 그 시각을 기록한 로그를 남기고 함수 2를 호출한 후에는 역시 함수 2가 호출되었다는 사실과 그 시각을 기록한 로그를 남기는 거죠. 이렇게 지속적으로 로그를 남겨두면 나중에 프로그램이 멈췄을 때, 해당 로그 파일을 열어서 CPU가 어떤 프로그램 코드를 읽다가 멈췄는지를 알아낼 수 있습니다. 물론 마지막 로그를 남긴 코드의 근처일 겁니다. 그때는 재빨리 소스코드를 열어 해당 코드의 근처로 가서 디버깅을 시작하면 됩니다.

iOS 11.2
Apple Inc.
430.7 MB

iOS 11.2 introduces Apple Pay Cash to send, request and receive money from friends and family with Apple Pay. This update also includes bug fixes and improvements.

For information on the security content of Apple software updates, please visit this website:

때론 소스코드를 작성하는 데 걸린 시간보다 더 많은 시간이 디버깅에 소요됩니다. 이런 디버깅 과정을 거치고서도 버그들을 다 잡아내지 못한 채 프로그램을 출시할 때가 허다합니다. 그래서 우리가 매일 쓰는 프로그램들도 다 어느 정도의 버그를 포함하고 있습니다. 그 이유는 사람이 작성한 글이기 때문입니다. 오류가 없는 글은 없는 거죠. 그래서 애플과 같은 세계적인 회사도 자신의 소프트웨어에 버그가 있었음을 고백하는 데 주저함이 없습니다. 마치 당연하다는 듯이 자신의 이전 버전 소프트웨어에 버그가 있었으니 새로운 소프트웨어로 업데이트하라고 요구하죠. 물론 새로운 소프트웨어도 새로운 버그를 포함하고 있겠지만요. 그러니 '버그 없는 프로그램은 없다'라고 생각하는 편이 좋습니다. 그리고 이런 버그는 프로그래머가 글을 잘못 쓴 데서 비롯됩니다.

9. 독자들의 찬사를 받는 명문장
―올바른 프로그래밍

프로그래머가 가장 힘들어하는 일

프로그래머가 가장 힘들어하는 일은 무엇일까요? 코딩을 해보지 않았거나 코딩에 대한 경험이 적은 사람들은 코딩 자체가 어렵게 느껴질 겁니다. 그래서 새로운 프로그래밍 언어를 배운다든가, 어려운 알고리즘을 착안해낸다든가, 버그를 잡아내는 일을 가장 힘든 일로 예상할 겁니다. 하지만 최근 설문 조사에 따르면 이런 예상들과 달리 프로그래머들이 힘들어하는 일은 따로 있었습니다.

그것은 바로 '이름 짓기'입니다. 실제로 어느 소셜 네트워크 서비스[+]에 응답한 4,522명의 프로그래머들 중 49퍼센트가 '이름 짓기'가 가장 힘들다고 답변했습니다. 최초의 인간인 아담이 한 일도 이름 짓기였다는데, 이 '이름 짓기'는 가상 세계의 조물주가 된 프로그래머에게도 역시 '일'인가 봅니다. 이름 짓는 것이 뭐가 대수냐고요? 수만 줄의 코드

[+]   www.quora.com

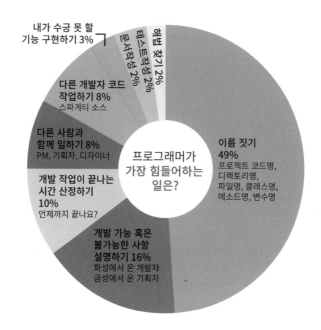

내가 수긍 못 할
기능 구현하기 3%

해법 찾기 2%

테스트 작성 2%
문서 작성 2%

다른 개발자 코드
작업하기 8%
스파게티 소스

다른 사람과
함께 일하기 8%
PM, 기획자, 디자이너

개발 작업이 끝나는
시간 산정하기
10%
언제까지 끝나요?

프로그래머가
가장 힘들어하는
일은?

이름 짓기
49%
프로젝트 코드명,
디렉토리명,
파일명, 클래스명,
메소드명, 변수명

개발 가능 혹은
불가능한 사항
설명하기 16%
화성에서 온 개발자
금성에서 온 기획자

를 써내려가야 하는 프로그래머는 자신이 만든 변수, 프로시저, 함수, 클래스, 객체마다 전부 이름을 붙여야 합니다. 그런데 아무렇게나 이름을 붙일 수 없다는 것이 문제입니다. 변수명을 a부터 z까지 순서대로 붙인다면, 나중에 자기 자신도 그 변수가 무엇을 의미하는지 알아내기 힘들 겁니다.

이름 짓기

이름을 잘 짓는 것이 얼마나 중요한지를 체험해보기 위해 함수를 하나 코딩해보겠습니다. 이 함수는 바이트^B 값을 입력받아 그것을 메

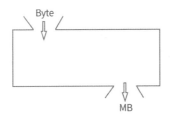

가바이트MB 값으로 변환해서 출력하는 것입니다. 바이트가 무엇인지 메가바이트가 무엇인지는 이 책의 다른 곳에서 자세히 설명하겠습니다. 일단 메가바이트는 바이트를 1,024로 두 번 나눈 값이라는 것 정도만 알고 넘어가면 됩니다. 이와 같이 입력값을 받아서 미리 정해진 계산을 한 후 출력값을 내보내는 것을 함수라고 합니다. 이번 코딩에서 사용할 언어는 자바스크립트이고, 이 자바스크립트는 앞서 말했듯 HTML로 만든 웹페이지에서 주로 사용되는 언어입니다.

함수 이름은 일단 convert라고 짓겠습니다. 값을 변환해주는 함수니까 이만하면 완전히 나쁜 이름은 아닙니다. 이 함수는 메가바이트로 변환될 바이트 값을 입력받아야 합니다. 함수 이름인 convert 옆에 ($i)라고 적으면 이 $i에 입력받은 값이 들어갑니다. 입력받은 값을 1,024로 두 번 나누어야 하니 임시로 사용할 변수가 3개 정도 필요합니다. 일단 임시로 사용할 변수들은 x, y, z라고 부르겠습니다. 그리고 정수, 실수, 문자열 아무것이나 저장할 수 있는 var형type으로 선언하겠습니다. 코딩된 모습은 다음과 같습니다.

```
function convert($i)
{
    var x = $i;
    var y = x / 1024;
    var z = y / 1024;
    return z.toFixed(2) + 'MB';
}
```

만일 사용자가 3,000,000바이트를 메가바이트로 변환하고 싶으면 convert(3000000)이라고 호출하면 됩니다. 함수가 호출^{call}된다는 것은 그 함수를 불러서 사용한다는 뜻인데, 이 호출 결과로서 메가바이트 값이 나와야 합니다. 소스코드를 1줄씩 살펴보면 그 의미는 다음과 같습니다.

- convert(3000000): $i에 3000000이라는 숫자가 들어갑니다. 3000000은 메가바이트로 변환할 바이트 값입니다.
- var x=$i: x 변수에 $i 값인 3000000이 들어갑니다.
- var y=x/1024: y 변수에 x 변수에 들어간 값 3000000을 1024로 나눈 값이 들어갑니다.
- var z=y/1024: z 변수에 y 변수에 들어간 값 (3000000/1024) 를 다시 1024로 나눈 값이 들어갑니다. 결과적으로 z 변수에는 (3000000/1024/1024)인 2.8610229492가 들어갑니다.
- z.tofixed(2): z 변수에 들어 있는 값을 소수점 둘째 자리에서 반올림합니다. z 변수에 들어 있는 값 2.8610229492는 2.86이 됩니다.
- return z.toFixed(2)+'MB': 2.86에 MB라는 글자를 붙인 값을 반

환return합니다.

결과적으로 convert(3000000)을 호출하면, 2.86MB라는 값을 얻게 됩니다. 워낙 간단한 함수이다 보니 사용하는 데 큰 지장은 없어 보입니다. 실제로 호출을 해봐도 원하는 결과가 정확하게 나오고요. 하지만 실제로 코딩을 하다 보면 바이트를 킬로바이트KB로 변환할 함수도 필요하고, 바이트를 비트bit로 변환할 함수도 필요하고, 바이트를 기가바이트로 변환할 함수도 필요합니다.

이와 같이 함수가 필요할 때마다 바이트를 킬로바이트로 변환할 함수는 convert2, 바이트를 비트로 변환할 함수는 convert3, 바이트를 기가바이트로 변환할 함수는 convert4라고 이름 지으면 될까요? 이런 식으로 아무런 규칙 없이 함수 이름을 짓는다면 자기 자신도 며칠 후면 convert2 함수가 어떤 기능을 하고 convert3 함수가 어떤 기능을 하는지 까먹을 겁니다. 물론 함수를 호출할 때마다 원래 함수가 코딩된 자리를 찾아가서 그 소스코드를 유심히 들여다본다면 그 의미를 파악할 수 있겠지만, 이것은 굉장한 시간 낭비입니다.

그렇다면 convert라는 함수 이름보다 좋은 이름은 무엇일까요? 정답은 없지만 ByteToMB가 어떨까요? 함수이름만 봐도 Byte를 MB로 바꿔준다To는 의미가 직감되지 않나요? 이렇게 이름을 지어두면 나중에 함수를 호출하다가 헷갈릴 일은 없을 겁니다. 바이트를 킬로바이트로 변환할 함수의 이름은 convert2보다 ByteToKB, 바이트를 비트로 변환할 함수는 convert3보다 ByteToBit, 바이트를 기가바이트로 변환할 함수는 convert4보다 ByteToGB가 좋은 이름입니다.

함수 이름뿐만 아니라 변수 이름도 마찬가지입니다. x, y, z라는 변수명보다는 byte, kb, mb라는 이름이 더 좋습니다. 변수 이름만 봐도 바이트 값이 들어 있는지, 킬로바이트 값이 들어 있는지, 메가바이트 값이 들어 있는지를 직감할 수 있으니까요. 이와 같이 좀 더 좋은 함수명, 변수명을 사용해서 작성한 소스코드는 다음과 같습니다.

```
function ByteToMB($num)
{
    var byte = $num;
    var kb = byte / 1024;
    var mb = kb / 1024;
    return mb.toFixed(2) + 'MB';
}
```

대비를 위해 두 함수를 다시 비교해보면 다음과 같습니다.

```
function convert($i)
{
    var x = $i;
    var y = x / 1024;
    var z = y / 1024;
    return z. toFixed(2)+'MB';
}
```

```
function ByteToMB($num)
{
    var byte = $num;
    var kb = byte / 1024;
    var mb = kb / 1024;
    return mb. toFixed(2)+'MB';
}
```

어떤 프로그래머는 convert 함수나 ByteToMB 함수나 어차피 동일한 결과를 내놓으니 거기서 거기 아니냐고 생각할지도 모릅니다. 하지만 코딩은 다른 사람들과의 공동 글짓기임을 항상 기억해야 합니다. 따라서 늘 타인을 배려해서 이름을 지어야 합니다. 만일 다른 프로그래머가 내가 작성한 convert 함수에 관한 소스코드를 본다면 반응이 어떨까요? 일단은 convert가 무엇을 무엇으로 변환한다는 것인지, x, y, z는 무엇을 의미하는지 짐작이 되지 않을 겁니다. 그러니 잠시 시간을 내서 그 소스코드의 의미를 분석해보겠죠. 그리고 잠시 후에 convert 함수의 의미를 알아챈 프로그래머는 아마도 이 함수의 작성자와는 같이 일하고 싶지 않다고 속으로 생각할 겁니다. 성질이 급한 상급자 프로그래머는 왜 이름을 함부로 짓느냐고 화를 낼지도 모릅니다.

주석 달기

아무리 이름 짓기를 잘해도 소스코드는 여전히 해독이 어려울 때가 있습니다. 그럴 땐 주석을 곁들여서 독자가 이해하기 쉽게 도울 수 있습니다. 프로그래밍 언어마다 주석을 다는 법은 다릅니다. C, C++, C#, 자바, 자바스크립트의 경우에 1줄 주석은 //, 여러 줄 주석은 /* … */을 사용합니다. HTML의 경우에 주석은 〈! …〉입니다. 컴파일러나 인터프리터가 소스코드를 번역하다가 주석에 해당하는 기호를 만나면 그 부분은 건너뛰고 나머지만 기계어로 번역합니다. 따라서 주석은 사람이 보라고 달아둔 것이지 기계가 보라고 달아둔 것이 아닙니다. 다음과 같이 ByteToMB 함수에 주석을 달아보았습니다. 별로 어려운 코드가 아니라 굳이 주석을 달 필요는 없지만, 설명이 필요한 부분에는 반드시 주석을 달아 남들이 알아보기 쉽게 해야 합니다.

```
/* 바이트(Byte)를 메가바이트(MB)로 변환해서 출력하는 함수입니다. 작성 일
시: 2017/06/01 작성자: OOO */
function ByteToMB($num) // $num은 변환할 Byte 값
{
    var byte = $num;  // $num 값 ==> byte
    var kb = byte / 1024;  // byte / 1024 ==> kilobyte
    var mb = kb / 1024;  // kilobyte / 1024 ==> megabyte
    return mb.toFixed(2) + 'MB';  // tofixed(n)은 소수점 n째 자리에서 반올림함
}
```

독자 배려하기

프로그래머가 쓴 글의 독자는 누구일까요? 1차적으로는 컴퓨터라고 할 수 있습니다. 그래서 초기에 프로그래머들은 자신이 쓴 코드가 기계어로 잘 번역되는지, 그 기계어를 컴퓨터가 아무 문제 없이 이해하는지만 신경 썼습니다. 원래 소스코드 자체가 기계어로 번역될 것을 전제로 한 것이기 때문에 기계만 알아듣는다면 1차적인 목표는 달성한 셈입니다. 게다가 컴퓨터는 멋진 변수명에 그다지 관심이 없습니다.

하지만 얼마 지나지 않아 문제가 발생합니다. 얼마 전에 작성한 소스코드를 고치려는데, 자신이 쓴 문장을 자신도 못 알아보는 겁니다. 실제로 코드를 작성한 지 불과 며칠만 지나도 이 함수가 어떤 기능을 하는지, 이 변수가 무엇을 의미하는지 한참을 생각해야만 할 때가 많

이 있습니다. 바로 2차 독자인 자기 자신을 염두에 두지 않았기 때문입니다.

마지막으로 배려해야 할 대상은 바로 3차 독자인 다른 프로그래머입니다. 비록 문학 작품을 쓰는 것은 아니지만 프로그래밍도 어디까지나 글짓기이기 때문입니다. 따라서 항상 남들을 배려해야 좋은 글을 쓸 수 있습니다. 소설이나 시는 저자가 1명일 때가 많습니다. 설령 공동 저자라 해도 파트를 나누어서 작성한 후에 합친 것이지 하나의 문장을 여러 명이 손대는 경우는 거의 없습니다. 하지만 프로그래밍은 대부분이 공동 글짓기 작업입니다. 자기 혼자 쓰려고 개인용 프로그램을 개발한 것이 아니라면요. 설령 개인용 프로그램을 만들 때도 그중 일부는 남이 쓴 코드를 가져다 이용할 경우가 많습니다. 그러니 이름 짓기를 엉망으로 해둔다면 남들로부터 비난을 받거나 공동 프로젝트에서 배제될 것입니다. 실제로 프로그래머들이 가장 힘들어하는 일 중 하나가 다른 사람의 코드를 보는 것입니다. 이해하기 어려운 프로그램은 논리가 복잡해서라기보다 프로그래머가 글을 못 썼기 때문일 경우가 많습니다.

과거에 하드웨어가 귀하던 시절에는 컴퓨터의 연산 횟수를 1번이라도 줄이고 더 적은 메모리를 사용하는 것이 중요했습니다. 그리고 그런 글이 더 멋진 프로그램이라고 칭찬도 받았습니다. 2차 독자나 3차 독자인 인간보다 1차 독자인 기계를 더 배려한 거죠. 하지만 시간이 지남에 따라 하드웨어는 엄청난 발전을 이룩했습니다. 소프트웨어가 하드웨어를 못 따라간다는 말까지 나올 정도였으니까요.

이제는 기계보다 사람을 더 배려해야 하는 시대가 되었습니다. 사람의 노동력이 가장 귀한 시대가 된 것입니다. 그래서 시처럼 응축된 글보다는 조금 길더라도 소설처럼 술술 읽히는 글이 좋은 코드입니다. 그리고 컴퓨터가 몇 번 연산을 더 하더라도, 메모리를 몇 개 더 사용하더라도 가독성이 좋은 문장이 좋은 코드입니다. 독자를 배려한 글쓰기는 일반적인 글에서뿐만 아니라 코딩에서도 중요합니다.

CHAPTER 3

코딩은
만물의 근본이다

세상 만물 이해하기

1. 내 주변에는 어떤 것들이
코딩으로 만들어졌을까?

저자인 프로그래머가 쓴 주요 작품들 중에는 어떤 것이 있을까요? 제일 처음 떠오르는 것은 물론 '소프트웨어'일 겁니다. 소프트웨어가 저자의 대표작임은 누구도 부인할 수 없습니다. 하지만 소프트웨어만 코딩으로 만들어졌을까요? 사실 코딩으로 만들어진 것들은 이보다 훨씬 더 많습니다. 지금부터는 저자의 주요작품들을 감상해볼 차례입니다. 시작하기에 앞서서 일단 세상에 존재하는 것들부터 나열해보겠습니다. 그리고 그중에서 코딩으로 만들어진 것들을 골라 순서대로 살펴볼 예정입니다.

지능이 만들어내는 3가지

우리가 살고 있는 우주에는 어떤 것들이 존재하고 있을까요? 크게 분류하자면 '무생물'과 '생물'이 존재합니다. 우리가 흔히 아는 물, 바위, 지구, 별, 공기와 같은 것들이 무생물이고, 박테리아, 꽃, 강아지, 사람과 같은 것들이 생물입니다. 둘 다 원자로 이루어진 것은 똑같은데 왜 하나는 무생물이라고 부르고 하나는 생물이라고 부를까요? 무생물과 생물 사이에는 결정적인 차이점이 있습니다. 바로 소스코드의 유무입니다. 돌멩이와 같은 무생물에는 그 내부에 '소스코드'가 없는 데 반해, 나무와 같은 생물에는 그 내부에 소스코드가 들어 있습니다. 즉, 원자와 분자가 일정한 형태로 뭉쳐져 있지만 그 안에 소스코드가 없는 것을 무생물, 반면에 소스코드가 있는 것을 생물이라고 부릅니다. 이 소스코드는 카피 앤 페이스트(복사하기 및 붙여넣기)를 가능케 합니다. 그래서 돌멩이는 복사해서 2개로 만들 수 없지만, 나무는 번식을 통해 2그루로 만들 수 있습니다.

이런 생물 중에 나무나 풀과 같은 식물에게는 '지능'이 있다고 말하지 않지만, 바퀴벌레, 강아지, 원숭이, 사람 같은 동물에게는 '지능'이 있다고 말합니다. 특별히 사람에게는 더 고상한 말로 '영혼'이 있다고

소스코드 없음

소스코드 있음

표현하기도 합니다. 이런 지능은 주변에 존재하는 사물들을 이용해서 무언가를 만들어냅니다. 지능이 만들어내는 것은 크게 3가지가 있습니다.

첫 번째는 책상, 의자, 망치와 같은 '하드웨어'입니다. 이것들은 이미 존재하는 무생물(무기물)을 깎거나 다듬어서 만듭니다. 불과 100년 전까지만 해도 인류가 만들어낸 것들은 모두 여기에 속했습니다. 이것들은 내부에 소스코드가 없기 때문에 복사가 불가능합니다. 한 번 책상을 만들었어도 이와 비슷한 책상을 만들기 위해서는 깎고 다듬는 과정을 다시 반복해야 한다는 말입니다. 그리고 먼저 만든 책상과 나중에 만든 책상은 그 설계 도면이 동일할지라도 100퍼센트 동일하지는 않습니다. 나무의 결이 다르고 길이나 높이와 같은 치수가 미묘하게 다릅니다. 세상에 100퍼센트 동일한 하드웨어는 존재할 수 없습니다. 그 안에 소스코드가 없기 때문입니다.

두 번째는 컴퓨터, 스마트폰, 전자회로와 같은 '반≠하드웨어'입니다. 이것들은 책상, 의자, 망치와는 조금 다른 속성을 가지고 있습니다. 이런 것들은 사실 내부에 소스코드를 가지고 있습니다. 다시 말해, 전자제품들은 소스코드가 없는 하드웨어와 소스코드가 있는 소프트웨어가 결합된 제품입니다. 그런데 왜 하드웨어라고 부를까요? 그 이유는 우리가 만질 수 있기 때문입니다. 비록 그 내부에 소프트웨어가 들어 있다 할지라도 우리가 만질 수 있는 형태로 되어 있다면 우리는 그것을 하드웨어라고 부릅니다. 이처럼 하드웨어에 내장된 소프트웨어는 쉽게 지우거나 변경할 수 없기 때문에 하드웨어와 한 몸으로 취급

하드웨어
(소스코드 없음)

반하드웨어+반소프트웨어
(소스코드 포함)

소프트웨어
(소스코드 자체)

됩니다.

　이와 같이 하드웨어와 한 몸을 이루는 소프트웨어를 펌웨어firmware 라고 부릅니다. 말 그대로 딱딱한 소프트웨어입니다. 하드웨어보다는 부드럽고 소프트웨어보다는 딱딱한 것을 의미합니다. 만일 컴퓨터 마더보드에 장착할 램RAM을 2개 구입했다면 이 2개가 하드웨어적 특성이 100퍼센트 동일하진 않다는 것을 이해해야 합니다. 램이 카피 앤 페이스트로 만든 것이 아니라 깎고 붙이고 녹이는 물리·화학적 공정들로 만들어졌기 때문입니다. 물론 그 안에 저장된 소프트웨어(펌웨어)는 100퍼센트 동일합니다. 이것은 카피 앤 페이스트 되었을 테니까요. 그러니 이 두 번째 유형의 하드웨어는 '완전 하드웨어'와 '완전 소프트웨어'의 중간 정도에 위치합니다.

　세 번째는 순수한 '소프트웨어'입니다. 소프트웨어는 프로그램, 애플리케이션, 앱과 같은 이름으로도 불립니다. 애플리케이션application은 그 단어의 뜻대로 응용 소프트웨어를 지칭하고, 앱은 애플리케이션의 줄임말입니다. 앞에서 줄곧 설명한 바와 같이 소프트웨어는 사람이 프로그래밍 언어를 사용해서 소스코드를 작성해서 만든 것들입니다.

코딩된 세상에 내가 살고 있다

앞에서 설명한 바와 같이 지능은 총 3가지의 물건을 만들어냈습니다. 순수 하드웨어, 순수 소프트웨어, 그리고 그 둘의 결합인 전자제품입니다. 인류는 컴퓨터라고 불리는 전자제품과 그것을 동작하게 만드는 소프트웨어를 통해 지금까지 만들던 것보다 한층 수준이 높고 특별해 보이기까지 하는 2개의 발명품을 만들어냈습니다. 하나는 '인공지능'이고 다른 하나는 '가상현실'입니다. 인공지능이 특별한 이유는 생물에게만 존재한다고 여겨지던 추상적인 것을 하드웨어와 소프트웨어의 결합으로 만들어냈기 때문입니다. 신 또는 자연이 지능을 창조했다면, 이 지능으로 인간은 자신의 지능과 닮은 인공지능을 창조해냈습니다. 그리고 가상현실이 특별한 이유는 이것이 인류가 만들어낸 또 다른 우주이기 때문입니다. 이미 존재하던 우주에 속한 인간이 그 안에 또 다른 우주를 만들어낸 셈입니다. 마치 프랙탈 구조처럼요. 가상현실은 우주 속 우주입니다.

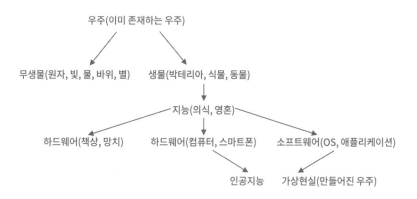

지금까지 살펴본 바와 같이 이 우주에 존재하는 것들을 총망라하여 정리하면 왼쪽 아래의 그림과 같습니다. 우주에는 생물과 무생물이 존재하고, 생물에게는 지능이 있으며, 지능은 하드웨어와 소프트웨어를 만들어냈고, 이것들의 결정체가 인공지능과 가상현실입니다. 그렇다면 이것들 중에 코딩으로 만들어진 것들은 무엇일까요? 일단 제일 밑에서부터 검토해보자면 가상현실은 당연히 코딩으로 만들어졌습니다. 이것은 이미 소프트웨어 형태로 구현되어 있으니 누구도 부인하지 못할 겁니다. 그렇다면 전자제품과 같은 하드웨어는 어떨까요? 전자제품의 반은 소프트웨어이니 50퍼센트는 코딩되었다고 말할 수 있을 겁니다.

그렇다면 지능은 어떨까요? 인공지능 역시 이미 코딩으로 만들어지고 있습니다. 아직 어설픈 수준이긴 하지만 점차 발전하고 있는 것은 확실합니다. 다음으로 생물은 어떨까요? 나중에 설명하겠지만 생물은 디지털 언어로 코딩되어 있습니다. 이렇게 정리하고 나면 코딩되지 않은 것은 사실 하드웨어밖에 없습니다. 하지만 하드웨어 역시 어떤 의미에서는 코딩되었다고 말할 수 있습니다. 수학의 언어로 말이죠. 이에 대해서는 나중에 더 자세히 설명하겠습니다. 정리하자면, 이 우주에 존재하는 모든 것은 사실 다 코딩되었다고 말할 수 있습니다. 그만큼 코딩과 내가 사는 세상은 밀접한 관계가 있습니다. 아니, 밀접한 정도가 아니라 코딩된 세상에 내가 살고 있습니다. 정말로 그러한지에 대해서 지금부터 순서대로 살펴보겠습니다.

2. 내가 살고 있는 현실이 매트릭스는 아닐까?

모니터를 뚫고 나온 가상현실

저자의 주요 작품 중 제일 처음으로 살펴볼 것은 바로 가상현실입니다. 최근 언론이나 실생활에서 가장 화두가 되고 있는 것 중 하나입니다. 가상현실은 지금까지 체험해온 '모니터에 갇힌 세상'보단 훨씬 실감나는 경험을 우리에게 제공합니다. 가상현실 체험기기를 착용하면, 실제로 콘서트장에 온 것 같기도 하고 비행기를 타고 하늘을 나는 기분도 납니다. 360도 어디를 둘러보건 실제 그곳에 있는 듯한 착각이 들 정도이니까요. 이런 가상현실은 무엇으로 만들어졌을까요?

가상현실에서 제일 중요한 영상(시각 데이터)은 미리 촬영된 360도 파노라마 영상이나 이미지를 편집해서 이를 디지털 숫자인 0과 1로 변환해서 만듭니다. 그리고 소리(청각 데이터)나 냄새(후각 데이터), 맛(미각 데이터), 진동(촉각 데이터) 같은 것들도 모두 0과 1로 구성된 디지털 숫자로 변환됩니다. 하지만 디지털 숫자로 변환된 영상, 소리, 냄새, 맛, 진동 같은 '감각 데이터'만 있다고 가상현실이 완성되지는 않

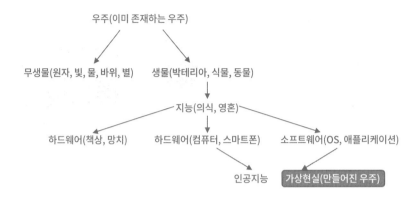

우주(이미 존재하는 우주)

무생물(원자, 빛, 물, 바위, 별)   생물(박테리아, 식물, 동물)

지능(의식, 영혼)

하드웨어(책상, 망치)   하드웨어(컴퓨터, 스마트폰)   소프트웨어(OS, 애플리케이션)

인공지능   가상현실(만들어진 우주)

습니다. 체험자가 가상현실 기기를 착용하고 시선을 변경하거나 걷거나 자세를 바꿀 때마다 체험하는 감각 데이터들이 바뀌어야 합니다. 가령 체험자가 고개를 들면 하늘을 촬영한 영상 데이터를 출력하고, 꽃에 다가가면 꽃향기가 나는 후각 데이터를 출력하고, 벽에 부딪히면 모터 진동을 통해 충격을 주는 촉각 데이터를 출력해야 합니다.

이와 같이 내가 체험하는 감각 데이터를 시시각각 바꿔주는 소스코드는 개발자가 프로그래밍 언어를 사용해서 코딩해야 합니다. 물론 이 소스코드는 0과 1로 구성된 실행 파일 형태의 프로그램으로 변환될 것입니다. 결국 가상현실은 개발자가 작성한 소스코드와 개발자가 제작한 감각 데이터로 구성되어 있습니다. 그리고 이것들은 전부 0과 1로만 구성된 디지털 언어로 변환된 후 가상현실 기기에 입력됩니다. 그리고 가상현실 기기는 입력된 0과 1을 연산해서 이를 모니터, 스피커, 그리고 모터로 출력합니다. 물론 냄새 출력기나 맛 출력기가 있다면, 그 출력기들로도 해당 데이터를 내보낼 겁니다.

소스코드
(인공언어)
+
영상(시각)　변환　디지털언어　　　　　연산
소리(청각)　번역　00100010101010　입력　　　출력
냄새(후각)　　　10101010101011
맛(미각)
진동(촉각)
...

그러니 가상현실이 제아무리 실감나게 다가온다 해도 이것이 '0'과 '1'의 조합으로 만들어졌다는 사실은 동일합니다. 단지 모니터로 2D 영상을 출력할 때보다 0과 1의 개수가 늘어났을 뿐입니다. 이것을 보통 데이터양이 늘어났다고 이야기합니다. 보다 많은 0과 1이 사용될수록 보다 실감나는 가상현실이 됩니다. 사람들이 수십 년 전부터 이용해온 '전화'도 사실 일종의 가상현실입니다. 스마트폰의 마이크로 입력된 목소리는 실시간으로 0과 1로 변환됩니다. 이 0과 1들은 빛을 타고 공간 속을 날아가서 상대방 스마트폰으로 들어갑니다. 그리고 다시 목소리로 변해 스피커로 출력됩니다. 사람들은 멀리 떨어진 사람과 목소리를 주고받는다고 생각하지만 실제로는 숫자를 주고받고 있을 뿐입니다.

뇌에서 출력한 영상을 보다

아직까지 우리가 살고 있는 '물리적 현실'은 가상현실과 구별됩니다. 물리적 현실은 우리가 태어날 때부터 존재하던 세상이고, 가상현실은 사람들이 코딩으로 만들어낸 세상이니까요. 가상현실은 물리적 현실에 비해 조잡하게 느껴지기 때문에 아직까지는 가상현실을 실제 현실로 착각하는 사람들이 없습니다. 그것은 원자로 만든 세계가 비트로 만든 세계에 비해 훨씬 많은 양의 데이터를 우리에게 제공하기 때문입니다. TV를 통해 스포츠 중계방송을 볼 때보다 경기장에서 직접 스포츠 경기를 관람할 때 우리 뇌로 더 많은 양의 데이터가 들어옵니다. 가상현실 체험기기를 착용하고 관광지를 둘러볼 때보다 실제 관광지를 여행할 때 우리 뇌로 더 많은 양의 데이터가 들어옵니다. 하지만 가상현실이 제공하는 데이터양을 물리적 현실이 제공하는 데이터양만큼 늘린다면 어떻게 될까요? 그때부터는 사람들이 가상현실과 실제 현실을 분간하기 힘들어질 겁니다.

현실을 본다는 것은 사실 눈으로 들어오는 시각 신호, 즉 전기신호를 뇌가 '해석'하는 것입니다. 뇌가 컴퓨터도 아닌데 무슨 전기신호를 해석하냐고요? 사실 뇌는 일종의 생물학적 컴퓨터, 그것도 디지털 방식으로 동작하는 컴퓨터입니다. 뉴런neuron은 자신에게 도달한 신호를 온On이 되면서 다음 뉴런에게 전달하거나, 오프Off가 되면서 전달하지 않습니다. 그래서 뉴런은 디지털적으로 신호를 전달하는 소자에 비유되기도 합니다. 빛이 망막세포에 닿으면 화학반응이 일어나서 전기신호를 일으키고, 이 전기신호는 뇌세포로 전달되는 과정에서 디지털 데이터로 변환됩니다. 그리고 이 디지털 데이터가 뇌세포에 전달되면 우리는 무언가를 '보았다'라고 생각합니다. 우리가 본 것은 실제 존재하는 물체 그대로가 아닙니다. 그것은 뇌가 재해석해서 출력한 영상입니

영상
(시각) 변환 디지털 데이터
00100010101010
10101010101011 시신경으로
입력 연산 뇌가 해석한
영상 우리가 보는
영상

다. 그러니 동일한 풍경을 보아도 각자의 뇌에서 동작하는 생물학적 컴퓨터가 조금씩은 다른 영상을 출력해낼 것입니다.

숫자로 만들어지는 감각들

18세기의 철학자 임마누엘 칸트Immanuel Kant는 그의 저서 『순수이성 비판』에서 인간이 지닌 이성을 비판했습니다. 그는 우리 이성이 사물의 본질을 제대로 인식할 수 없다고 생각했습니다. 그 이유는 우리 감각이 경험하는 것이 '현상現象, phenomenon'일 뿐 '물자체物自體, Ding an sich' 가 아니기 때문입니다. 그는 현상과 물자체를 뚜렷이 구별하려고 애썼습니다. 우리 뇌가 출력하는 영상은 칸트가 주장한 현상에 해당하고, 우리의 감각과 무관하게 존재하는 실재는 칸트의 물자체에 해당합니다. 실제로 우리는 사물을 있는 그대로 감각할 수 없습니다.

최근에는 시력을 상실한 장애인에게 전기신호를 만들어서 시신경에 입력해주는 기술이 등장했습니다. 이러한 인공 망막 기술은 이미 실용화 단계에 와 있습니다. 시력을 잃은 환자가 특수 제작된 안경을 쓰면 안경에 부착된 카메라가 영상을 촬영해서 0과 1로 구성된 디지털 데이터를 만들어냅니다. 그리고 이 디지털 데이터를 손상된 망막을

영상(시각)
소리(청각)
냄새(후각) → 변환 → 디지털 데이터 → 입력 → 연산 → 뇌가 해석한 감각 → 매트릭스
맛(미각)   00100010101010
진동(촉각)   10101010101011

건너뛰고 그 뒤에 있는 시신경에 직접 입력해줍니다. 그러면 뇌가 그 디지털 데이터를 해석해서 영상을 출력합니다. 생물학적 뇌의 특정 영역이 디지털 컴퓨터의 마더보드에 꼽혀 있는 그래픽카드 역할을 하고 있는 것입니다. 그래서 사람이 눈을 감은 상태에 있더라도 뇌에 적절한 숫자만 입력해주면 그는 무엇인가를 '본다'라고 착각합니다. 아니, 실제로 본 것입니다. 비록 물자체가 아니라 현상이지만요.

손으로 들어오는 감각 신호나 귀로 들어오는 청각 신호 역시 뇌가 해석하는 것입니다. 손이 없거나 귀가 없더라도 적절한 디지털 데이터를 만들어서 뇌세포로 입력하면 우리는 '만진다' 또는 '듣는다'라고 착각합니다. 본래 인간이 경험하는 세상이란 것이 결국 뇌가 디지털 데이터를 해석한 세상이기 때문입니다. 그러니 어떤 사람의 뇌에 잘 배열된 0과 1을 집어넣는 것만으로도 그가 무언가를 경험하게 만들 수 있습니다. 영화 〈매트릭스〉는 이런 사실을 기반으로 만들어졌습니다. 초인공지능이 사람의 뇌에 디지털 데이터를 집어넣어서 사람들이 마치 현실을 살아가고 있는 것처럼 착각하게 만든다는 것이 영화의 기본 배경입니다.

우리는 컴퓨터 시뮬레이션 속에 살고 있다

이런 영화적 상상에서 한발 더 나아가서, 옥스퍼드대학교 교수이자 철학자인 닉 보스트롬Nick Bostrom은 아예 인류가 컴퓨터 시뮬레이션 속에서 살고 있을 가능성을 주장했습니다. 이것을 모의현실가설simulation hypothesis이라고 부르는데, 모의현실은 진정한 현실과 구별할 수 없다는 점에서 가상현실과 구별됩니다. 다시 말해, 가상현실이 점점 정교해져서 진짜 현실과 구별할 수 없게 되면 그것을 모의현실이라고 부르는 것입니다. 모의현실가설을 주장하는 사람들은 자신이 진짜로 매트릭스 속에 살고 있다고 생각합니다. 이런 정신 나간 사람처럼 보이는 자들 중에는 꽤나 유명한 사람도 있습니다. 바로 전기차 업체 테슬라의 CEO이자 영화 〈아이언맨〉의 실제 모델로 알려진 일론 머스크Elon Musk입니다. 그는 자신이 정교한 컴퓨터 시뮬레이션 속에 살고 있는 것으로 믿고 있다고 밝혀 사람들에게 충격을 주었습니다.

사실 이런 모의현실가설은 인류 역사에서 새롭게 등장한 것이 아닙니다. 18세기의 칸트도 그랬고, 17세기의 대표적인 철학자이자 '의심의 대가'인 데카르트René Descartes는 자신이 경험하는 모든 상황들이 실제가 아닐 수도 있다고 생각했습니다. 데카르트는 악령이 자신의 경험을 조작하는 것은 아닐까 의심했습니다. 인간이 감각하는 모든 것들이 거짓일 수 있기 때문입니다. 그리고 더 과거로 거슬러 올라가면 플라톤의 이데아론이나 장자의 호접몽 역시 이런 모의현실가설들과 어느 정도 맥을 같이합니다. 데카르트가 의심했던 '악령'은 21세기가 되어 '초인공지능'으로 둔갑했습니다.

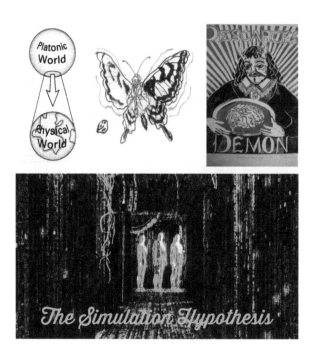

우리는 코딩을 통해 가상현실을 점점 더 정교하게 만들어가고 있습니다. 그래서 MMORPGMassively Multiplayer Online Role-Playing Game(대규모 다중 사용자 온라인 롤플레잉 게임)와 같은 온라인 게임들에 빠져서 헤어나오지 못하는 사람들도 점점 늘고 있습니다. 0과 1로 이루어진 비트의 세계가 주는 즐거움에 흠뻑 빠진 거죠. 미국의 게임 업체 린든랩은 2003년에 〈세컨드 라이프second life〉라는 인터넷 기반의 가상 세계를 출범시켰습니다. 한국에서는 그다지 성공하지 못했지만 미국에서는 이 가상 세계 안에서 제2의 삶을 살고자 하는 사람이 점차 늘어났습니다.

린든랩은 이 가상 세계의 운영 방식을 매우 자유도가 높은 방식으로 결정했습니다. 그래서 인간 생활에서 벌어지는 대부분의 일을 이곳에서 할 수 있게 했습니다. 예를 들어, 자동차를 타고 드라이브를 하거나, 세계 곳곳을 여행하거나, 자신과 취향이 맞는 사람을 만나 대화를 하고 파티를 할 수 있습니다. 또한, 자신만의 제품을 만들어서 다른 사람에게 판매하거나, 토지를 사서 집을 짓거나, 회사를 세울 수도 있습니다. 하지만 인종 차별적 행위나 상대방을 괴롭히는 행위, 폭행 및 음란 행위 등은 금지입니다. 코딩으로 만들어진 가상현실과 실제 현실을 구별하지 못하게 될 날이 실제로 올까요?

3. 하드웨어를 코딩한다고?

두 번째로 살펴볼 것은 전자제품과 같은 반▶하드웨어입니다. 앞서 설명했듯이 전자제품은 절반의 하드웨어와 절반의 소프트웨어가 결합된 것입니다. 절반에 해당하는 진짜 하드웨어가 어떻게 코딩되었는지는 다른 곳에서 설명할 것입니다. 그러니 여기에서는 나머지 절반에 해당하는 부분에 대해서만 중점적으로 설명하겠습니다.

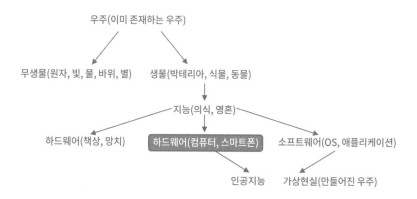

Apple iPhone 4 - Front
- Skyworks SKY77541 GSM/GRPS Front End Module
- Triquint TQM666092 Power Amp
- Skyworks SKY77452 W-CDMA FEM
- Triquint TQM676091 Power Amp
- Apple 338S0626 Infineon GSM/W-CDMA Transceiver
- Skyworks SKY77459 Tx-Rx FEM for Quad-Band GSM / GPRS / EDGE
- Apple AGD1 STMicro 3-axis digital gyroscope
- Apple A4 Processor
- Broadcom BCM4329FKUBG 802.11n with Bluetooth 2.1 + EDR and FM receiver
- Broadcom BCM4750IUB8 single-chip GPS receiver

전자제품을 구성하는 칩들

스마트폰을 뜯어서 그 내부를 들여다보면 기판 위에 각종 칩chip들
이 배치되어 있는 것을 볼 수 있습니다. 칩은 다수의 트랜지스터를 포
함하고 있어 메모리나 집적회로IC로서 기능하는 작은 조각을 말합니
다. 모든 전자제품이 이런 칩들의 조합으로 구성되어 있습니다. CPU
나 메모리도 칩으로 통칭되기도 합니다. 예를 들어, 애플에서 만든 아
이폰4를 한번 뜯어보겠습니다. 대부분 다른 회사에서 만든 칩들이거
나 애플에서 주문 제작한 칩들이 잔뜩 들어 있습니다. 앞면부터 살
펴보자면, 노란색 표시된 부분은 CPU, 빨간색 표시된 부분은 GSM/
GRPS 칩, 녹색 표시된 부분은 CDMA 칩, 보라색 표시된 부분은 와이
파이와 블루투스 칩, 회색 표시된 부분은 GPS 칩입니다. 각 칩들은 고
유의 기능을 갖고 있습니다.

뒷면을 살펴보자면, 파란색 표시된 부분은 플래시메모리, 빨간색

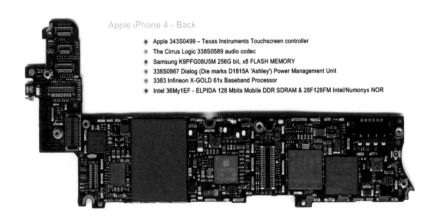

Apple iPhone 4 - Back

- Apple 343S0499 – Texas Instruments Touchscreen controller
- The Cirrus Logic 338S0589 audio codec
- Samsung K9PFG08U5M 256G bit, x8 FLASH MEMORY
- 338S0867 Dialog (Die marks D1815A 'Ashley') Power Management Unit
- 3383 Infineon X-GOLD 61x Baseband Processor
- Intel 36My1EF - ELPIDA 128 Mbits Mobile DDR SDRAM & 28F128FM Intel/Numonyx NOR

표시된 부분은 터치스크린 칩, 하늘색 표시된 부분은 오디오 코덱 칩, 녹색 표시된 부분은 전력 관리 칩, 갈색 표시된 부분은 베이스밴드 프로세서 칩, 보라색 표시된 부분은 RAM입니다.

이처럼 스마트폰 기판에 배치된 각종 칩들 안에도 소스코드가 들어 있습니다. 그렇다면 소프트웨어와 하드웨어를 구별하는 기준은 무엇일까요? 양자를 엄밀히 구별하긴 힘들 수도 있지만, 보통 소스코드를 얼마나 쉽게 수정할 수 있느냐가 그 분류 기준이 됩니다.

칩 안에 박힌 소스코드

하드웨어를 구성하는 각종 칩들은 보통 공장에서 만들어질 때 소스코드가 영구히 새겨지는 형태로 제작됩니다. 마치 소프트웨어가 화석처럼 굳어져 있다고 생각하면 쉽습니다. 이렇게 굳어진 소스코드를 펌

소스코드   소스코드
수정이 어려움   수정이 쉬움

하드웨어   펌웨어   소프트웨어

웨어firmware라고 부릅니다. 이미 설명했듯이 펌firm은 하드웨어보다는 부드럽고 소프트웨어보다는 딱딱하다는 뜻입니다. 로레벨low level 펌웨어[+]는 소스코드를 읽을 수는 있지만 수정할 순 없습니다. 하이레벨high level 펌웨어[++]는 소스코드를 읽을 수도 있고 수정도 할 수 있으나 일반적인 소프트웨어만큼 수정이 쉽지는 않습니다. 이에 반해, 우리가 앱스토어나 구글플레이 등에서 다운로드받는 각종 앱들은 보통 플래시 메모리에 저장되는데, 언제든지 쉽게 지우거나 수정할 수 있습니다. 이처럼 수정이 쉬운 것들은 소프트웨어라고 불립니다.

정리하자면 전자제품에 들어가는 CPU, 메모리, 각종 칩들과 같은 하드웨어들은 모두 그 안에 소스코드를 포함하고 있습니다. 그러니 이런 하드웨어들도 다 코딩으로 만들어졌다고 말할 수 있습니다. 다만 그 소스코드를 쉽게 수정할 수 없는 형태로 만들어졌기 때문에 하드웨어라고 부르는 것입니다. 흔히들 애플은 소프트웨어 회사이고, 삼성은 하드웨어 회사라고 알고 있습니다. 하지만 하드웨어 회사인 삼성의 개

[+] 읽기만 할 수 있는 것을 ROM(Read Only Memory)이라고 부르고, 한 번만 기록 가능한 것을 PROM(Programmable ROM)이라고 부릅니다. 보통 하이레벨 펌웨어보다는 가격이 저렴합니다.

[++] EPROM(Erasable Programmable ROM), EEPROM(electrically erasable programmable ROM), 플래시메모리, 플래시롬 등이 있습니다. 보통 로레벨 펌웨어보다는 비쌉니다.

발자들도 애플의 개발자들과 마찬가지로 코딩이 주 업무입니다. 다만 그 코딩의 결과물이 쉽게 수정될 수 없는 형태로 배포되면 하드웨어라고 불리고, 쉽게 수정할 수 있는 형태로 배포되면 소프트웨어라고 불릴 뿐입니다.

하드웨어 개발자나 소프트웨어 개발자나 다 프로그래머이긴 마찬가지입니다. 하드웨어 개발자는 기계어, 어셈블리어, C 언어와 같은 프로그래밍 언어를 주로 사용할 것이고, 소프트웨어 개발자는 그 밖의 고급 언어들을 주로 사용할 것입니다. 연구 개발직에 종사하면서 코딩을 피해서 자신의 업무를 찾기는 점점 어려워질 것입니다. 하드웨어조차 코딩으로 만들어지는 세상에 살고 있기 때문입니다.

4. 나의 뇌를 코딩할 수 있을까?

세 번째로 살펴볼 것은 바로 '지능'입니다. 정확히 말하자면 사람의 지능이 아닌 '인공지능'이 어떻게 코딩되었는지를 살펴볼 것입니다. 이 인공지능의 코딩법을 잘 살펴보면 인간이 지닌 실제 지능이 어떻게 작동하는지, 그리고 어떤 방식으로 형성되었는지를 미루어 짐작해볼 수 있습니다.

의식과 분리된 지능

지능은 '의식'이나 '영혼'과 유사한 것으로 간주되기도 합니다. 하지만 의식이나 영혼, 마음, 자아, 자유의지와 같은 것들은 지능과는 좀 다른 개념입니다. 지능이 생물학적 용어라면, 마음은 철학적 용어, 영혼은 종교적 용어라고 볼 수 있습니다. 그리고 마음은 의식과 무의식을 포괄합니다. 의식이나 영혼, 마음, 자아 등이 존재하는 것은 분명하지만 그 존재를 증명해내기란 대단히 힘듭니다. 따라서 이 책에서 지능이

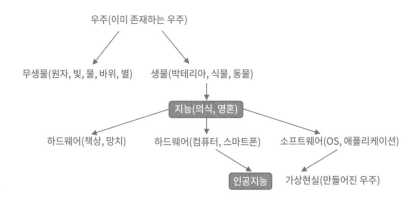

라고 부르는 것은 의식이나 영혼과 다른 차원의 그 무엇, 순수하게 생물학적이고 계산적인 개념을 일컫습니다. 어떤 학자들은 인공지능이 개발된 이후로 지능과 의식이 분리되었다고 설명합니다. 인공지능의 탄생 이전까지는 지능과 의식을 구별하지 않아도 무방했지만, 지금은 지능과 의식을 구별해야만 하는 시대가 되었습니다. 그 이유는 현재 개발된 약한 인공지능들이 의식 없는 지능에 해당하기 때문입니다.

이와 같이 의식과 같은 철학적 개념들을 제거한다면, 인공지능이 거의 모든 분야에서 자연지능을 추월할 것은 확실합니다. 전자지능은 생물학적 지능보다 계산 속도도 훨씬 빠르고 메모리 용량도 거의 무제한에 가깝기 때문입니다. 이미 바둑이나 빅데이터 분석 같은 영역에서는 인공지능이 자연지능을 앞질렀습니다. 비록 의식 없는 지능이라고 폄하할 순 있겠지만, 의식을 제거하고 남은 지능은 순수한 소프트웨어 그 자체이자 정교한 계산 알고리즘입니다. 존재하지만 만질 수 없는 것, 하드웨어에 의존적인 것, 하지만 하드웨어와 독립적인 것, 알고리즘에 따른 계산 결과를 출력하는 것. 이런 특징들이 바로 지능과 소프트웨어의 공통점입니다.

소프트웨어 기반의 기계가 인간과 같은 감정을 지닐 수 있는지에 대해서는 아직도 수많은 논쟁이 있습니다. 어떤 사람들은 기계도 감정을 가질 수 있고 언젠가는 자의식을 갖게 될 것이라고 말합니다. 또 어떤 사람들은 기계가 가진 지능은 인간의 지능과는 전혀 다른 종류의 것이라고 이야기합니다. 기계가 감정을 가진 척, 권리를 침해당한 척할 순 있겠지만 그것은 결국 인간을 흉내 낸 것에 불과하고, 계산을 잘하는 컴퓨터 그 이상의 것은 아니라는 겁니다. 이런 논쟁은 의식과 지능의 경계가 모호하기 때문에 발생합니다. 그 경계가 모호한 이유는 현대과학이 의식이 무엇인지, 마음이 무엇인지, 감정이 무엇인지를 정확히 밝혀내지 못했기 때문입니다.

사실 사람의 뇌에서 벌어지는 일들 중에 어떤 것이 지능에 의한 것이고 어떤 것이 의식에 의한 것인지를 명확히 나눌 기준은 없습니다. 만일 우리 뇌에서 수행되는 뉴런 간의 신호 전달 행위가 생물학적으로 기록된 알고리즘이 실행된 결과라면, 어떤 알고리즘이 지능을 관할하고 어떤 알고리즘이 의식을 관할하는지 나누기 힘들 겁니다. 결국 인간 스스로 인간의 의식이나 감정을 이해하지 못하는 한, 기계에게 그와 비슷한 것을 만들어주기는 불가능할 수밖에 없습니다.

지능은 계산하는 알고리즘일까?

사실 인공지능이란 인간 뇌에서 벌어지는 일들 중 '계산'에 해당하는 것, 그것도 인간이 이해하고 있는 계산 분야만을 극도로 발달시킨 것입니다. 물론 감정이나 의식 같은 것들도 다 알고리즘의 계산 결과일 뿐이라고 생각해볼 수 있지만, 감정이나 의식을 만들어내는 알고리즘을 설계하려면 그것에 대한 이해가 선행되어야 합니다. 영화 〈매트릭스〉에서 인간들은 초인공지능이 만들어낸 가상현실을 살아가지만, 어떤 인간들은 자꾸 이것이 가상현실이라는 것을 눈치챕니다. 그 이유는 초인공지능이 인간의 '의식' 세계는 완벽하게 시뮬레이션했지만, '무의식'의 세계는 제대로 시뮬레이션하지 못했기 때문입니다. 결국 인간의 무의식을 이해하지 못한다면, 인간의 자아, 감정, 마음과 같은 것들을 제대로 흉내 낼 수 없을 것입니다.

인공지능이 화두가 되고 있는 것만큼이나 인공지능에 대한 오해도 널리 퍼져가고 있습니다. 2017년 뉴스에서는 페이스북에서 개발 중인 인공지능이 자기들끼리 고유의 언어를 만들어서 인간을 따돌리고 대화하기 시작했다는 기사가 난 적이 있었습니다. 사람들은 인공지능이 생각보다 빨리 발전하고 있다는 사실에 오싹함을 느꼈습니다. 하지만 얼마 지나지 않아 다른 언론에서는 해당 기사가 근거가 없는 이른바 낚시성 기사라고 평가했습니다. 요즘에는 언론마다 앞다투어 인공지능이 인간의 일자리를 언제 어떤 영역에서 빼앗아갈 것인지에 대한 분석 기사를 내놓고 있습니다. 그리고 학자들은 저마다 인공지능이 언제 인간 지능을 추월해서 인류를 지배하는 단계로까지 나아갈지에 대한 견해들을 내놓고 있습니다. 인공지능에 대해 잘 모르는 일반인들은 이런 추측성 기사나 전문가들의 견해에 휘둘릴 수밖에 없습니다. MIT 인공지능연구소 초대 소장을 지낸 로드니 브룩스Rodney Brooks는 "AI가 인류에게 위협적이라고 주장하는 사람들의 공통점은 그들이 AI 분야에서 직접 일해보지 않았다는 것"이라고 말했습니다. 인공지능에 대해서 자신만의 판단이나 견해를 내놓기 위해서는 인공지능이 어떤 원리로 코딩되는지를 이해할 필요가 있습니다. 그러면 해당 기사가 오보인지 아닌지, 해당 전문가의 견해가 믿을 만한지 아닌지를 알아챌 수 있을 겁니다.

원자로 만들어진 자연지능

인간이 지닌 자연지능은 어떻게 만들어졌을까요? 기원전부터 인류는 정신이 어떻게 탄생했는가를 두고 고민해왔습니다. 기원전 3세기에 에피쿠로스학파는 인간의 정신을 포함한 이 세상 모든 것들이 '원자들' 간의 상호작용으로 생겨났다고 주장했습니다. 그들은 "세상에 일어나는 모든 것들은 원자들이 아무런 계획이나 목적 없이 충돌하고 되튀며, 서로 부착함으로 인해 나타나는 것들이다"라고 했죠. 과학이 발달한 지금은 더 나은 대답을 찾았을까요? 현대 과학자들도 인간 정신이 '신경세포(뉴런)'들 간의 상호작용으로 생겨났다고 이야기합니다. 2,000년이 넘는 세월 동안 단지 '원자'라는 단어가 '신경세포'라는 단어로 대체되었을 뿐입니다.

과학은 눈부시게 발전했지만 '정신이 어떻게 탄생했는가'에 대한 답변은 기원전에 비해 크게 달라진 것이 없어 보입니다. 미국 콜롬비아대학교의 신경과학자 라파엘 유스테Rafael Yuste 박사는 "머릿속에 마법 같은 것은 없습니다. 뉴런의 발화fire가 있을 뿐입니다"라고 말했습니다. 초고해상도 현미경으로 머릿속을 관찰해봤자 원자들의 움직임 외엔 발견되는 것이 없습니다. 고작 '물질'에 불과한 뇌가 어떻게 고차원적인 '의식'을 낳았을까요? 아니, '원자'가 도대체 어떻게 나의 생각을 만들어낼까요?

사람에게 의식이 있고, 지능이 있는 것은 누구도 부정할 수 없습니다. 그리고 이런 것들이 뇌에서 생겨났다는 것도 알고 있습니다. 뇌를 외부에서 들여다보면 신경세포들 사이로 원자가 바쁘게 돌아다닙니다. 뉴런들이 뿜어내는 화학물질이죠. 오늘날 컴퓨터를 분해해서 그 속을 들여다봐도 전자들이 빠르게 움직이는 현상밖에 관찰할 수 없습니다. 하지만 컴퓨터 속 전자들이 아무 생각 없이 돌아다니는 것이 아니라는 것쯤은 누구나 알고 있습니다. 왜냐면 인간이 그 컴퓨터를 설계했고, 컴퓨터 속 전자회로를 제어하는 소프트웨어는 인간의 언어로 코딩되었으니까요. 비록 그 소프트웨어의 소스코드가 눈앞에 보이진 않지만 컴퓨터 메모리 속에 존재하는 것은 분명합니다. 그리고 컴퓨터는 분명 소스코드에 적힌 명령에 따라 연산을 수행하고 있고, 트랜지스터 속 전자들은 지시받은 대로 부지런히 움직이고 있습니다. 컴퓨터 속을 어지럽게 돌아다니는 전자들이 사실 인간의 언어로 코딩된 프로그램의 정교한 명령을 따르고 있는 것입니다.

비트로 만들어진 인공지능

다시 처음 질문으로 돌아가면, 어떻게 원자들 간의 상호작용으로 정신이 생겨났을까요? 우리 머릿속을 헤집고 다니는 원자들도 어떤 소스코드의 명령을 따르는 것일까요? 그 해답을 찾기 위해 이제부터는 인공지능이 어떻게 코딩되는지를 살펴볼 차례입니다. 이미 우리 주변에는 인간과 대화가 가능한 프로그램들이 많이 있습니다. 이른바 챗봇chatbot, 채팅하는 로봇이란 뜻입니다. 이 챗봇은 '프로그래밍 언어'로 코딩되었는데, 사람에게 농담을 걸어오기도 하고, 사람이 하는 질문에 제법 그럴듯한 답변을 내놓기도 합니다. 초기에는 사람들이 질문하고 답변한 것들을 데이터베이스에 미리 저장해두었다가, 질문이 들어오면 저장된 답변들 중에 가장 적절한 것을 골라서 보여주는 수준으로 코딩되었습니다. 그럴싸하게 보일 수도 있지만, 아직 인간과 같은 수준의 대화를 한다고는 볼 수 없습니다. 최근 아마존, KT, SKT, 네이버, 카카오와 같은 IT 회사들이 경쟁적으로 출시하고 있는 인공지능 스피커도 챗봇에 약간의 추가 기능을 결합한 제품입니다. 약한 인공지능의 한 예입니다.

이보다 앞선 1950년대에 앨런 튜링Alan Turing은 독일군의 암호를 해독하기 위해 인류 최초의 컴퓨터를 만들었습니다. 그는 자신이 만든 거대한 기계를 바라보며 언젠가 이 기계가 지능을 가지게 될 것이라고 예견했습니다. 육중한 몸체를 지닌 컴퓨터의 선조를 바라보며 인간의 뇌와 비교했다는 사실은 놀랍기만 합니다. 컴퓨터 기술의 발전을 지나치게 과대평가한 것일까요, 아니면 인간 뇌를 과소평가한 것일까요?

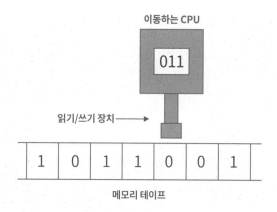

이동하는 CPU

011

읽기/쓰기 장치 ——→

1	0	1	1	0	0	1

메모리 테이프

튜링은 자신이 구상한 기계를 '이산 상태 기계discrete state machine'라고 불렀습니다. 이산discrete은 불연속적이라는 뜻이죠. 즉, 0과 1을 읽어 들이고 0과 1을 쓰는 '디지털' 기계를 의미합니다. 튜링은 이런 이산 상태 기계가 아날로그를 흉내 낼 수 있으며, 이산성은 그 어떤 단점도 지니지 않는다고 생각했습니다. 나아가 그는 인간 뇌도 이산 상태 기계로 간주되어야 한다고 생각했습니다.

어떻게 고귀한 인간의 뇌를 고작 0과 1이라는 2가지 상태를 나타내는 기계로 간주할 수 있을까요? 튜링의 생각은 너무 과한 것이었을까요? 사실 그의 생각은 그다지 무리한 것이 아니었습니다. 이는 인간 뇌에 들어 있는 신경세포인 뉴런의 신호 전달 방식 역시 디지털적이기 때문입니다. 뉴런은 사실 자신에 대한 자극이 일정 수준 이하일 때는 아무 일도 안 하다가(상태 0), 일정 수준을 넘어가면 화학물질을 발포시키는(상태 1) 세포입니다. 즉, 상태 0과 상태 1을 왔다 갔다 하는 세포인 셈입니다. 그러니 뉴런이 디지털 소자로 간주될 수 있는 것입니

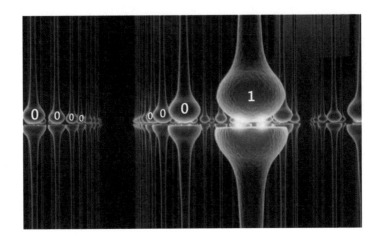

다. 그래서 튜링은 인간 정신의 활동을 이산 상태 기계로 모형화하려 했습니다.

튜링의 이런 파격적인 발상은 사실 그리 독창적인 것도 아니었습니다. 인류 최초로 생각해낸 것은 더더욱 아니었고요. 그보다 앞서 그의 스승이었던 폰 노이만 역시 자신에게 시간만 충분히 주어진다면 기계로 인간의 뇌를 만들 수 있다고 생각했습니다. 그리고 디지털 컴퓨터의 근간이 되는 2진법 체계를 발명한 라이프니츠도 이미 17세기에 "모든 이성적 진리를 일종의 계산으로 귀착시킬 수 있다"라고 말했습니다. 이와 같이 '0'과 '1'로 모든 것을 만들어낼 수 있다는 서양 사상은, 역사적으로는 '음(0)'과 '양(1)'으로 우주 만물이 만들어진다는 동양 사상으로까지 거슬러 올라갑니다.

튜링은 1950년에 철학 저널 《마인드Mind》에 발표한 「Computing Machinery and Intelligence」에서 기계가 지능을 가졌다고 간주할 수 있는 조건을 언급했습니다. 오늘날 '튜링 테스트Turing test'라고 불리는 것입니다. 간단히 말하면 기계가 얼마나 사람처럼 말할 수 있는지를 검사하는 것입니다. 튜링은 이 테스트를 '이미테이션 게임imitation game'이라고도 불렀습니다. 이산 상태 기계가 인간 정신을 얼마나 잘 '흉내imitation' 내는지를 측정하는 게임이니까요. 이 테스트에선 질문자가 커튼 너머의 컴퓨터와 인간에게 질문을 하고 컴퓨터와 인간은 답변을 합니다. 컴퓨터가 내놓은 답변과 인간이 내놓은 답변 중 어느 것이 인간의 것인지 구별할 수 없다면, 그 컴퓨터는 이 테스트를 통과한 것입니다. 그리고 튜링 테스트를 통과한 기계는 인간과 같이 지능을 가진 존재로 보아야 한다고 주장했습니다. 이런 방식의 테스트가 절대적인 기준이 될 수 있을까요? 찬성하는 사람도 많지만 비판적인 철학자들도 여전히 많습니다. 아무리 말을 잘한다 해도 컴퓨터는 계산 잘하는 기계에 불과한 것 아닐까요?

디지털 기계가 인간 정신을 모방할 수 있다는 사실이 다소 충격적으로 느껴질 수도 있습니다. 모든 사물을 낱낱이 분해해서 가장 낮은 차원으로 내려가보면 높은 차원에서 벌어지는 일을 이해하기 힘든 법입니다. 컴퓨터 속 트랜지스터에서 움직이는 '전자들의 세상'을 바라보고 있노라면 그보다 높은 차원에서 CPU를 조종하고 있는 '기계어 세상'을 상상하기 힘듭니다. 1차원 세상을 살아가는 존재가 2차원 세상을 이해하려는 것과 비슷할 수도 있습니다. 이런 트랜지스터들로 이루어진 하드웨어 세상에서 한 단계 점프하여 0과 1로 구성된 기계어 세상으로 올라간다 해도 그보다 위에 존재하는 세상을 알아내기는 힘

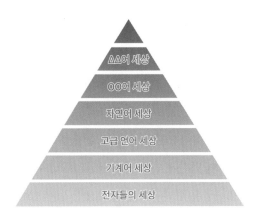

듭니다. 하지만 기계어 세상 위에는 그 기계어들을 만들어낸 '고급 언어 세상'이 존재합니다.

　그리고 고급 언어로 프로그래밍되고 있는 세상 위로는 인간들이 살아가는 '자연어 세상'이 있습니다. 이 자연어 세상 위로는 어떤 언어로 이루어진 세상이 있을까요? 언어의 차원이 올라가거나 내려가면 아래의 세상과 위의 세상은 하늘과 땅 차이입니다. 그러니 뉴런 1개가 자극을 못 견뎌 화학물질을 발포하는 것도 이보다 높은 차원에서 바라봐야 합니다. 원자가 어떻게 생각을 만들어냈는지를 고민하지 말고 그보다 높은 무엇이 있는지를 밝혀내야 합니다. 특히 뇌와 같이 복잡한 체계를 이해하기 위해서는 낮은 차원으로 내려가지 말고 높은 차원에서 바라보도록 노력해야 합니다. 뉴런이 모여 신공지능神工知能을 만들었듯이, 비트가 모여 인공지능人工知能을 만들어냅니다.

"우리의 신경망을 따라 우리가 AI를 만들고"

2016년 한국에서는 구글 딥마인드DeepMind에서 개발한 인공지능 알파고AlphaGo와 프로 바둑기사 이세돌 9단과의 대결이 있었습니다. 예상과 달리 알파고가 승리를 하자 많은 언론들이 알파고를 설계한 데미스 하사비스Demis Hassabis를 취재하기 시작했고 인공지능에 대한 관심도 뜨거워졌습니다. "알파고에게 왜 로봇팔을 만들어주지 않았느냐"라는 질문에 그는 "바둑을 잘 두게 하는 것보다 바둑판에 얌전하게 바둑알을 내려놓는 것이 현재로서는 더 어렵다"라고 대답했습니다. 알파고를 어떻게 가르쳤냐는 질문에는 "바둑 기보를 보고 대부분 스스로 학습한 것이 맞다"라고 대답했습니다. 한 언론사에서는 이 대결을 두고 "하사비스가 가라사대 우리의 신경망을 따라 우리의 모양대로 우리가 알파고를 만들고"와 같이 성경 창세기를 살짝 바꿔서 인용한 기사를 게재하기도 했습니다.

신문 기사 내용처럼 인공지능을 만들기 위해서는 우선 인간의 신경망을 따라 인공 신경망을 코딩해야 합니다. 지능을 만드는 다른 방법을 인간은 알지 못합니다. 따라서 인간의 뇌를 철저히 흉내 내서 인간 뇌와 최대한 비슷한 결과를 내는 것을 목표로 해야 합니다. 우선 뇌 기능을 구현할 하드웨어가 필요합니다. 뇌의 연산 능력은 1초에 10^{16}개의 명령을 처리하는 것으로 추산되고, 기억 용량은 10^{13}(10조)비트 정도로 추산됩니다. 따라서 인간 뇌 기능을 시뮬레이션할 하드웨어를 만드는 것은 현재 기술 수준에서도 크게 어렵지 않습니다. 그러니 하드웨어에 대한 걱정은 잠시 접어두어도 좋습니다. 이제부터 고민할 일은 두뇌 신경망을 어떻게 소프트웨어로 시뮬레이션할 것인지입니다.

신경세포(뉴런)는 다른 신경세포 하나 또는 둘 이상에서 오는 전기 신호를 받아서 자신의 전기신호를 내보낼지 말지를 결정합니다. 뉴런의 관심 사항은 자극을 견디다 화학물질을 발포fire할지 말지입니다. 뇌는 이런 신경세포들이 연결된 네트워크이며, 신경세포들의 연결 상태가 바로 뇌에 저장된 정보입니다. 컴퓨터는 정보를 메모리의 특정 위치에 저장하지만, 뇌의 신경세포에는 정보를 저장하는 공간이 따로 없습니다. 신경세포 간의 연결 강도가 기억을 담당합니다. 1번 신경세포가 2번 신경세포와 연결되었는지, 연결되었다면 어느 정도의 강도로 연결되었는지에 대한 정보들을 모아 놓은 것이 바로 뇌입니다.

물론 실제 신경세포는 이보다 더 복잡하지만 AI 개발자들은 이를 단순화시켜 모방하고 있습니다. 어느 한 신경세포의 주변에는 자신에게 신호를 입력할 복수의 입력 세포와, 자신의 신호를 출력할 복수의 출력 세포가 있습니다. 실제 뇌에는 1,000억(10^{11}) 개의 신경세포가 있습니다. 우리 은하에 존재하는 것으로 알려진 별의 개수와 비슷합니다. 우리 뇌가 우리 은하계이고, 뉴런 하나하나가 별이라고 상상해도 좋습니다. 그리고 각 신경세포는 주변에 있는 1,000개(10^3)의 신경세포와 연결되어 있습니다. 결국 뇌란 1,000억 개 곱하기 1,000개인 100조($10^{14}=10^{11} \times 10^3$) 개의 연결입니다. 이를 커넥텀Connectome이라 부르죠. 그러니 어떤 신경세포가 어떤 신경세포들과 연결되어 있고, 각 연결 강도가 얼마인지만 알아내면 전체 뇌를 시뮬레이션할 수 있습니다.

이런 사실을 바탕으로 인간의 뇌를 컴퓨터에 '업로드'할 수 있다는

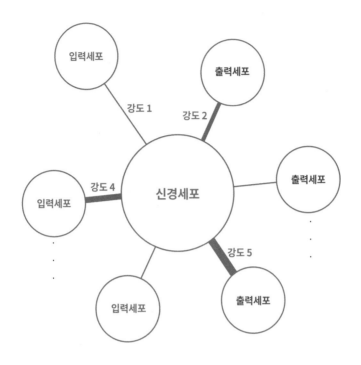

발상이 생겨났고, 영화 〈트랜센던스〉, 드라마 〈블랙 미러: 화이트 크리스마스〉와 같은 작품들이 만들어졌습니다. 철학자 김재인 교수는 『인공지능의 시대, 인간을 다시 묻다』에서 인간이 마음이 무엇인지 이해하지 못하고 있기 때문에 프로그래머가 코딩을 통해 초인공지능을 만들 수는 없다고 주장했습니다. 다만 그도 뇌의 커넥텀을 복제하는 방식으로는 초인공지능이 만들어질 가능성이 있다고 언급했습니다. 즉, 인간이 마음의 동작 원리를 이해하지 못한다 해도 뇌를 스캔해서 그 정보를 업로드한다면 인간과 같은 지능이 컴퓨터상에서 만들어질 수 있다고 본 것입니다.

컴퓨터에서는 신경세포를 노드node라고 부릅니다. 그리고 인공 신경망은 이런 노드들을 연결하는 네트워크를 말합니다. 그러니 인공 신경망을 설계한다는 것은 결국 뇌 신경망을 모방하는 겁니다. 설계할 내용은 노드를 총 몇 개로 할 것인지(신경세포 수를 몇 개로 할 것인지), 노드들을 몇 개의 층으로 나눌 것인지(하나의 신경세포가 주변 신경세포 몇 개와 연결되게 할 것인지), 각 노드들 간의 연결 강도는 어느 정도로 할 것인지(신경세포와 신경세포 간의 길이나 결합 강도를 어느 정도로 할 것인지)와 같은 것들입니다. 처음부터 인간 뇌와 동일하게 시뮬레이션할 수는 없습니다. 1,000억 개의 노드는 너무 많은 데다가, 각 노드를 주변 1,000개의 노드와 연결하는 것도 너무 복잡합니다. 우선은 가장 간단한 신경망을 코딩하는 것부터 설명을 시작해보겠습니다. 보통 인공 신경망은 고급 언어로 코딩됩니다.

처음 코딩할 인공 신경망은 '단층' 신경망입니다. 단층 신경망에서는 입력층의 입력 노드(입력 신경세포)와 출력층의 출력 노드(출력 신경세포)가 곧바로 연결되어 있습니다. 다음 그림에서는 노드가 총 5개인데, 이 중 입력 노드가 3개(1번, 2번, 3번), 출력 노드가 2개(4번, 5번)입니다. 뇌세포 수가 5개일 리는 없지만 이 정도 수준에서부터 출발해보겠습니다.

1~3번 입력 노드들은 각각 4~5번 출력 노드와 연결되어 있습니다. 입력 노드와 출력 노드가 연결되는 강도는 '가중치weight'라는 숫자로 나타낼 겁니다. 신경세포 간의 연결 강도를 인공 신경망에서는 가중치라고 부릅니다. 예를 들어, 1번 노드는 4번 노드와는 '0.5'라는 가중

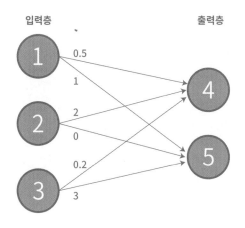

입력층   출력층

치로, 5번 노드와는 '1'이라는 가중치로 연결되어 있습니다. 1번 노드는 4번 노드에 비해 5번 노드와 2배 강하게 연결되어 있다는 의미입니다. 2번 노드는 4번 노드와는 '2'라는 가중치로, 5번 노드와는 '0'라는 가중치로 연결되어 있습니다. 2번 노드와 5번 노드는 연결이 끊겼다는 의미입니다. 3번 노드는 4번 노드와는 '0.2'라는 가중치로, 5번 노드와는 '3'이라는 가중치로 연결되어 있습니다. 이와 같은 방식으로 모든 노드들을 연결하고, 각 노드 간을 잇는 가중치를 결정하면 하나의 단층 신경망이 완성됩니다. 너무 간단한 신경망이죠?

1번 노드에 1, 2번 노드에 2, 3번 노드에 3이 입력된다고 가정해보겠습니다. 4번 노드는 1~3번 노드들로부터 들어오는 값에 가중치를 곱한 후에 그 값들을 더한 가중합을 출력합니다. 그러니 4번 노드가 출력하는 값은 $(1×0.5)+(2×2)+(3×0.2)$인 '5.1'입니다. 같은 방식으로 5번 노드가 출력하는 값은 $(1×1)+(2×0)+(3×3)$인 '10'입니다.

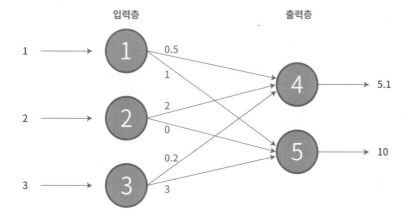

결국 출력 노드인 4~5번 노드가 출력값을 결정하기 위해서 곱하기와 더하기를 몇 번 하는 겁니다.[+] 인공 신경망을 코딩하고, 거기에 입력값을 집어넣고 출력값을 계산한다는 것이 복잡하게 느껴지겠지만, 사실은 단순 계산이 반복되는 것에 지나지 않습니다.

　단층 신경망보다 조금 더 복잡한 신경망을 코딩해보겠습니다. 이번에는 '다층' 신경망입니다. 입력층과 출력층 사이에 1개의 '은닉층'이 존재합니다. 다층 신경망에서 입력층은 은닉층을 거쳐서 출력층과 연결됩니다. 오른쪽 위의 그림에서는 총 9개의 노드 중, 입력 노드가 3개, 은닉 노드가 4개, 출력 노드가 2개입니다. 각 노드를 연결하는 가중치를 결정하면 다층 신경망의 설계도 끝납니다. 이 역시 간단해 보이지만 이런 다층 신경망은 오랜 시간을 연구한 끝에서야 만들어졌습니다.

[+] 실제 인공 신경망에서는 가중합에 바이어스bias 값이 더해지기도 하고, 가중합을 활성 함수에 입력하기도 하지만 이에 대한 설명은 생략하겠습니다.

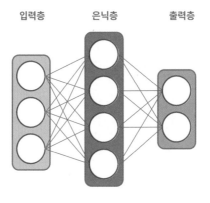

입력층   은닉층   출력층

이것을 이용하면 실제로 간단한 인공지능을 구현할 수도 있습니다.

다층 신경망보다 더 복잡한 신경망을 만들어볼까요? 그 유명한 '심층' 신경망입니다. 최근 가장 유명세를 떨치고 있는 머신러닝machine learning(기계학습) 기법을 말하라면 단연 딥러닝deep learning일 것입니다. 딥러닝의 'deep'이 '깊다'라는 뜻을 담고 있고, 이것은 은닉층의 층수가 깊은 것을 의미합니다. 그러니 심층 신경망에서는 은닉층이 2개 이상입니다. 심층 신경망에서 입력층은 2개 이상의 은닉층을 거쳐서 출력층과 연결됩니다. 다음 그림에서는 총 12개의 노드 중, 입력 노드가 3개, 은닉층 1의 노드가 4개, 은닉층 2의 노드가 4개, 출력 노드가 1개입니다. 각 노드를 연결하는 가중치를 결정하면 심층 신경망의 코딩도 끝납니다. 이 역시 그리 복잡해 보이지는 않습니다. 하지만 은닉층이 1개에서 2개로 증가하는 데는 무려 20년이 넘는 시간이 필요했습니다. 그만큼 가중치를 결정하는 방법을 찾아내기가 어려웠던 거죠.

실제로 음성이나 얼굴을 인식하는 신경망은 훨씬 복잡합니다. 바둑

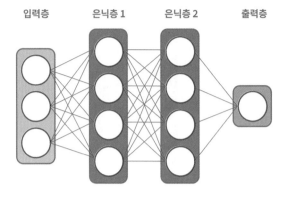

입력층　　　은닉층 1　　　은닉층 2　　　출력층

기보를 입력받는 알파고의 신경망은 입력 노드가 무려 1만 7,328개,[+] 그리고 은닉층의 층수가 13개 층인 것으로 알려져 있습니다. 바둑 게임을 위한 신경망의 규모가 이 정도이니 인간 뇌는 훨씬 더 복잡할 겁니다. 하지만 아무리 복잡한 신경망이라 할지라도 각 노드마다 이전 노드에서 온 값에 가중치를 곱해서 더하는 것은 동일합니다. 컴퓨터 입장에서는 곱하기와 더하기를 더 많이 할 뿐입니다.

인공 신경망을 만드는 소스코드에는 학습 데이터를 담는 변수, 학습 데이터의 정답을 담는 변수, 가중치를 담는 변수, 초기 가중치들이 코딩되어 있고, 인공 신경망의 출력을 계산하는 함수, 가중치 갱신값을 계산하는 함수들이 코딩되어 있습니다. 인공 신경망도 결국 인간의 프로그래밍 언어로 만들어지고, 소스코드 안에는 함수와 변수와 상

[+]　바둑판이 가로 19줄, 세로 19줄이고, 각 칸마다 48가지 특징을 추출했습니다. 각 칸의 특징은 돌의 색깔, 돌이 놓인 시간, 주변의 빈칸 개수와 같은 것들을 말합니다. 그래서 입력 노드 개수는 19×19×48=17,328이 되었습니다.

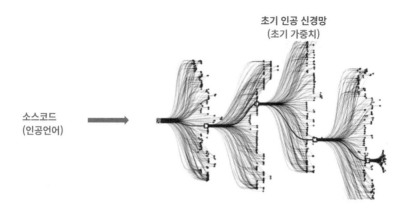

초기 인공 신경망
(초기 가중치)

소스코드
(인공언어)

수들이 들어 있을 뿐입니다. 그리고 복잡한 신경망일수록, 학습 데이터가 클수록 더 많은 계산을 합니다. 이렇게 노드마다 곱하기나 더하기를 해서 출력값을 내는 것만으로, 컴퓨터는 음성이나 얼굴을 인식하고, 바둑을 두고, 운전을 하고 있습니다.

최적의 연결 강도를 찾아라

아기가 엄마 배 속에 있을 때부터 뇌는 환경을 학습하기 시작하고, 이러한 학습은 연결을 만들어나갑니다. 같은 DNA를 가진 일란성 쌍둥이라도 엄마 배 속에서부터 다른 것을 학습하기 때문에 서로 다른 뇌를 가진 채 세상에 태어납니다. 뇌가 세상을 경험함에 따라 어떤 신경세포와 어떤 신경세포는 연결시키거나, 또는 연결을 끊습니다. 그리고 이미 연결된 것들도 어떤 연결은 강화시키고 어떤 연결은 약화시킵니다. 이런 학습 과정을 통해 변화하는 것은 결국 신경세포 간의 '연결 강도'입니다.

이제 막 설계를 마친 인공 신경망은 갓 태어난 아기 뇌처럼 백지 상태입니다. 그러니 학습되지 않은 신경망은 아직 아무것도 아니라고 말할 수 있습니다. 아기 뇌가 연결을 만들어가듯이, 인공 신경망도 연결을 만들어나가야 합니다. 인공 신경망을 학습시킨다는 것은 노드 간의 연결 강도, 즉 가중치의 최적 값을 찾아가는 것입니다. 결국 학습을 통해 얻어지는 최종 결과물은 가중치 매트릭스matrix(행렬)입니다. 인공 신경망을 규정하는 최적의 '숫자'죠.

인공 신경망을 학습시키기 위해서는 먼저 가중치 초깃값을 마음대로 정합니다. 그리고 학습 데이터를 마련합니다. 학습 데이터는 입력값과 정답을 갖고 있습니다.[+] 그다음의 학습 절차는 다음과 같습니다.

1. 학습 데이터의 입력값을 인공 신경망의 입력층에 입력합니다.
2. 현재의 가중치로 인공 신경망의 출력층에서 나오는 출력값을 계산합니다.
3. 출력값과 학습 데이터의 정답을 비교해서 오차를 계산합니다.
4. 오차가 줄어들도록 인공 신경망의 가중치를 갱신합니다.

이와 같이 1~4번을 반복하면 반복할수록 더 좋은 가중치를 얻을 수 있습니다. 학습을 거듭할수록 가중치는 변경되고, 이에 따라 인공 신경망은 점점 정답에 가까운 출력값을 내놓습니다. 이러한 학습을 통해 인공 신경망에 저장되는 것은 가중치라는 '숫자'입니다. 이 숫자는

[+] 정답이 있는 학습 데이터를 사용하는 것을 지도 학습이라고 부릅니다. 비지도학습도 있지만 이 책에서는 지도 학습만 다루겠습니다.

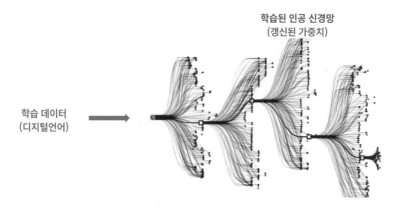

학습된 인공 신경망
(갱신된 가중치)

학습 데이터
(디지털언어)

노드(신경세포)와 노드 간의 연결을 만들어내기도 하고 끊어내기도 합니다. 또한 연결을 강화시키기도 하고 약화시키기도 합니다. 이렇게 변경된 가중치 숫자에 따라 인공 신경망은 정답에 가까운 출력값을 내놓기도 하고, 정답과 거리가 먼 출력값을 내놓기도 합니다. 학습은 인공 신경망에 정보를 저장할 수 있는 유일한 방법입니다.

많은 사람들은 인공지능 개발이 굉장히 멋진 일일 거라고 상상합니다. 하지만 현실은 인공 신경망에 학습 데이터에 해당하는 숫자들을 잔뜩 집어넣고, 거기서 나오는 숫자들을 검사해서, 그 중간에 놓인 가중치 숫자를 변경해가는 작업입니다. 물론 이 과정이 말처럼 쉽지만은 않습니다. 가중치를 변경하는 방법(학습 규칙) 하나를 알아내기 위해 수없이 많은 시간을 연구해야 하고, 오차 계산 방법을 효율화하기 위해 수많은 시행착오를 거쳐야 합니다. 더 좋은 학습 데이터를 구하기 위해 노력하고, 학습에 걸리는 시간을 줄이기 위해 연구해야 합니다. 결국 인공지능 프로그램이 하는 일이란 노드와 노드 간에 설정된 가중

$$W = \begin{bmatrix} W_{1,1} & W_{1,2} & \cdots & W_{1,R} \\ W_{2,1} & W_{2,2} & \cdots & W_{2,R} \\ \vdots & \vdots & & \vdots \\ W_{S,1} & W_{S,2} & \cdots & W_{S,R} \end{bmatrix}$$

치를 사용해서 정해진 계산을 반복하는 것입니다. 컴퓨터 안에서 일어나는 일련의 더하기와 곱하기가 사람의 말을 알아듣게 하고, 주식 투자를 가능하게 하며, 사람을 이길 바둑의 묘수를 도출해냅니다.

인공 신경망의 학습 예제

지금부터 논리합(OR) 연산을 수행하는 인공지능을 실제로 만들어보겠습니다. 논리합 연산이란 입력 데이터로 (0, 0)을 넣으면 0이 나오고, 그 외에 (0, 1), (1, 0), (1, 1)을 넣으면 1이 나오는 것입니다. 즉, 입력 데이터 2개 중 하나만 1이면 출력값이 무조건 1이 되는 연산입니다. 이런 간단한 연산을 수행하는 것을 인공지능이라 부르기엔 좀 민망합니다. 하지만 주목할 점은 논리합이 무엇인지를 인공지능에게 가르쳐주지 않아도 된다는 사실입니다. 인공지능에게는 학습할 데이터와 정답만을 줄 것입니다. 그러면 인공지능이 이것들을 공부해서 논리합이 무엇인지를 어떻게 깨달아가는지 관찰해보겠습니다.

CHAPTER 3

입력1	입력2	정답
0	0	0
0	1	1
1	0	1
1	1	1

먼저 입력 노드가 2개, 출력노드가 1개인 인공 신경망을 코딩합니다. 1번 노드와 3번 노드를 잇는 가중치 초깃값은 0.1로 하고, 2번 노드와 3번 노드를 잇는 가중치 초깃값은 0.3으로 하겠습니다. 0.1과 0.3은 임의로 정한 값입니다. 다른 값에서 시작해도 아무 상관없습니다. 이렇게 코딩된 인공 신경망은 논리합에 대해 전혀 모르는 사람의 뇌라고 간주해도 좋습니다. 출력 노드인 3번 노드는 가중합을 계산한 값이 0.5보다 크면 1을 출력하고, 0.5보다 작거나 같으면 0을 출력하도록 코딩합니다. 일단 학습 데이터로 x1에 0, x2에 0, 즉 (0, 0)을 넣으니 3번 노드가 $y=(0 \times 0.1)+(0 \times 0.3)$을 계산합니다. 계산 결과인 0이 0.5보다 작으므로 0을 출력합니다. 인공 신경망은 자신을 무엇을 하고 있는지

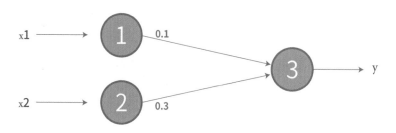

모르지만 어쨌든 정답 0을 맞혔습니다. 그다음 문제도 맞히는지 볼까요? 이번에는 학습 데이터 (0, 1)을 넣으니 3번 노드가 (0×0.1)+(1×0.3)을 계산합니다. 계산 결과인 0.3이 0.5보다 작으므로 다시 0을 출력합니다. (0, 1)을 넣었을 때의 정답은 1인데 0을 출력했으니 이번에는 틀렸습니다.

정답을 못 맞혔으니 이제 가중치를 갱신할 차례입니다. 2번 노드와 3번 노드를 잇는 가중치를 0.3에서 0.5로 갱신합니다.[+] 그리고 다음 학습 데이터 (1, 0)을 넣으니 3번 노드가 (1×0.1)+(0×0.5)를 계산합니다. 계산 결과인 0.1이 0.5보다 작으므로 0을 출력합니다. (1, 0)을 넣었을 때의 정답은 1인데 0을 출력했으니 이번에도 틀렸습니다.

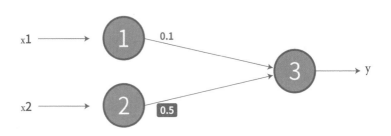

정답을 못 맞혔으니 다시 가중치를 갱신해야 합니다. 이번에는 1번 노드와 3번 노드를 잇는 가중치를 0.1에서 0.3으로 갱신합니다. 그리고 다음 학습 데이터 (1, 1)을 넣으니 3번 노드가 (1×0.3)+(1×0.5)를

[+] 가중치를 갱신하는 규칙은 미리 프로그래밍되어 있습니다. 편의상 갱신 규칙에 대한 설명은 생략하겠습니다.

계산합니다. 계산 결과인 0.8이 0.5보다 크므로 1을 출력합니다. (1, 1)을 넣었을 때의 정답은 1인데 1을 출력했으므로 이번에는 맞혔습니다.

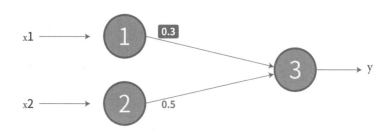

이와 같은 과정을 계속 반복하면서 정답을 못 맞힐 때마다 가중치를 갱신합니다. 학습을 거듭하다 보니 어느새 1번 노드와 3번 노드를 잇는 가중치가 0.7이 되었고, 2번 노드와 3번 노드를 잇는 가중치도 0.7이 되었습니다. 이제 학습 데이터 (0, 0)을 넣으면 3번 노드가 (0 × 0.7)+(0×0.7)을 계산하고, 계산 결과인 0이 0.5보다 작으므로 0을 출력합니다. 정답이죠. 다음 학습 데이터 (0, 1)을 넣으면 (0×0.7)+(1× 0.7)을 계산해서, 계산 결과인 0.7이 0.5보다 크므로 1을 출력합니다. 이번에도 정답입니다. (1, 0)을 넣어도 (1×0.7)+(0×0.7)을 계산해서 계산 결과인 0.7이 0.5보다 크므로 1을 출력합니다. 역시 정답입니다. 마지막으로 (1, 1)을 넣어도 (1×0.7)+(1×0.7)을 계산해서 계산 결과인 1.4가 0.5보다 크므로 1을 출력합니다. 마침내 모든 문제에 대해 정답을 내놓게 되었습니다.

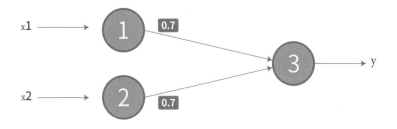

결국 가중치 초깃값이 0.1과 0.3이던 인공 신경망은 학습에 학습을 거듭한 결과 가중치 최종 값이 0.7과 0.7인 인공 신경망으로 변했습니다. 더 똑똑해진 겁니다. 이제는 입력 데이터로 어떤 값을 넣어도 항상 정확한 논리합 연산을 해냅니다. 학습 과정을 통해 가중치가 0.1과 0.3에서 0.7과 0.7로 변해갔습니다. 0.1과 0.3이라는 강도로 느슨하게 연결되어 있던 신경세포들이 0.7과 0.7이라는 강도로 강하게 연결되었습니다. 학습을 통해 연결 강도를 변화시킨 것입니다. 이 과정에서 인공 신경망에게 논리합이 무엇인지 한 번도 가르친 적이 없습니다. 다만 학습 데이터를 집어넣고 오답이 나올 때마다 가중치 갱신 규칙에 따라 가중치를 갱신해나갔습니다. 이런 과정을 거쳐 최적의 가중치로 무장하게 된 인공 신경망은 어떤 질문에도 정답을 내놓게 되었습니다.

과연 인공 신경망은 논리합 연산이 무엇인지를 깨달은 것일까요? 우리는 이에 대해 답변하기 힘듭니다. 항상 정답을 내놓게 된 신경망에 대해, 네가 사실은 논리합에 대해 모르는 게 아니냐고 물을 수 있을까요? 이처럼 논리합 연산 정도만 계산하던 신경망이 발전에 발전을 거듭해서 인간 최고수 바둑기사를 간단히 제압하는 수준에 이르렀습니다. 몇십만 판의 기보를 학습한 결과 최적의 가중치를 갖게 된 거죠. 과연 알파고는 바둑에 대해 안다고 말할 수 있을까요?

인간이 지금까지 만든 소프트웨어는 아주 긴 글을 써내려가는 것으로 만들어졌습니다. 즉, 미리 규칙을 설계하고 그 규칙에 따라 하드웨어가 동작하도록 명령한 것입니다. 컴퓨터는 항상 인간의 의도대로만 움직입니다. 이 과정에서 한 치의 오차도 용납되지 않습니다. 하지만 뇌를 모방할 소프트웨어는 수십억 줄의 글을 쓰고 수많은 법칙을 규정하는 것만으론 만들 수 없습니다. 그 이유는 뇌가 고정되어 있지 않고 끊임없이 변화하는 성질을 갖고 있기 때문입니다. 사람의 뇌는 DNA에 적힌 소스코드만으로 결정되지 않습니다. 우리가 태어나면서부터 학습을 시작하는 이유도 여기에 있습니다. 인생이란 결국 학습이고, 지구는 학습 장소입니다. 우리가 한평생을 살면서 하는 일은 신경세포 간의 연결을 만들거나 끊어내는 일입니다. 코딩이 뇌를 탄생시켰다면 학습이 뇌를 훈련시키고 성장시킵니다.

지금까지 코딩을 잘하는 방법은 글쓰기를 잘하는 것이었습니다. 프로그래머가 최적의 숫자를 선택하고, 논리적이고 순서에 맞게 글을 써야 했습니다. 즉, 입력이 주어지면 원하는 출력이 나오도록 하는 프로그램을 사람이 직접 코딩해서 만들어야 했습니다. 하지만 인공지능을 코딩하는 방법은 기존의 방식과 근본적으로 다릅니다. 이것은 입력과 출력이 결정된 상태에서 학습을 통해 '프로그램'을 만드는 새로운 방식입니다.

다시 정리하자면, 기존의 코딩은 '1) 입력 → 2) 프로그램 → 3) 출력'의 관계에서 2)번에 해당하는 것을 손수 만드는 것입니다. 이런 코딩은 1)번 '입력'이 주어졌을 때, 3)번 '출력'이 어떻게 도출되는지를 인간이 이해하고 있을 때 비로소 행해질 수 있습니다.

하지만 인공지능의 코딩은 '1) 입력과 출력 → 2) 학습 → 3) 프로그램'의 관계에서 1)번과 2)번에 해당하는 것만을 손수 행해서 3)번에 해당하는 '프로그램'을 그 결과물로서 얻어내겠다는 것입니다.

사람이 '프로그램'을 직접 만들지 않는다는 사실이 분명 어색하게 느껴질 것입니다. 바로 이 지점이 인공지능에 대한 중대한 오해를 불러일으키는 부분입니다. 지능이 직접 지능을 만들어낸다는 오해죠. 하지만 이는 어디까지나 사람이 주도적인 자신의 의지를 갖고 '입력과 출력'을 아는 상태에서 '학습'을 행할 때에만, 그 부산물로서 '프로그램'이 얻어지는 것입니다. 어느 날 저절로 '프로그램'이 생겨나는 것은 아니란 이야기입니다. 물론 창조자인 사람도 이와 같이 만들어진 '프로그램'이 내부적으로 어떻게 동작하는지를 정확히는 파악하기는 힘들 수 있습니다.

이와 같이 이상한 방식으로 지능을 코딩하는 이유는 인간이 해당 프로그램의 동작 원리를 잘 모르기 때문입니다. 예를 들어, 개와 고양이를 구분하는 프로그램을 인공지능으로 만들고 있는 이유는, 개와 고양이를 구분하는 기준이나 공식 자체를 인간이 이해하지 못하고 있기 때문입니다. 개와 고양이의 구분법을 알고 있다면 그런 구분법 자체를 기존의 코딩 방식에 따라 코딩하면 될 것입니다. 하지만 인간도 그 구분법을 모르기 때문에, 힘들게 개 사진과 고양이 사진을 수만 장이나 넣어가면서 학습시키고 있는 것입니다.

따라서 인공지능의 코딩에서는, 글쓰기를 잘하는 것보다 학습을 잘 시키는 것이 훨씬 중요합니다. 알파고를 발전시키는 방법은 더 많은 기보를 제공하는 방법밖에 없습니다. 실제 현장에서 인공지능을 개발하는 개발자들은 기존 프로그램의 개발보다 인공지능의 개발이 더 괴롭다고 토로합니다. 가장 큰 이유는 1)번에 해당하는 좋은 학습 데이터를 확보하는 것이 쉽지가 않기 때문입니다. 그리고 어렵게 학습 데이터를 확보했다 해도 이것을 인공 신경망에 집어넣을 수 있는 형태로 가공하는 작업 역시 만만치가 않습니다.

이렇게 복잡한 과정을 거쳐 학습 데이터를 마련한 후에도 2)번에 해당하는 학습 규칙을 설계해야 하는 일이 남아 있습니다. 그리고 실제로 학습 데이터들을 인공 신경망에 넣은 후에는 3)번에 해당하는 좋은 결과가 나오기를 기대하며 막연히 기다려야 합니다. 만일 3)번 결과가 좋지 않다면, 1)번과 2)번을 계속 반복해야 하죠. 3)번 '프로그램'이 저절로 탄생하는 것 같지만, 사실 1)번과 2)번을 무수히 반복해서 도출해낸 결과물입니다. 이 과정에서 어떤 개발자들은 '과연 이게 될까' 하는 의구심에 끊임없이 시달린다고 합니다. 인간이 이해하지 못한 영역을 학습이라는 막연한 과정을 통해 만들어가야 하니 괴로울 수밖에 없습니다.

소스코드 ➡ 초기 인공 신경망 (초기 가중치) ➡ 학습데이터 학습규칙 ➡ 학습된 인공 신경망 (갱신된 가중치)

인공지능을 코딩할 때는 프로그래머가 가중치의 최적 값을 손수 결정하지 않습니다. 학습 데이터를 집어넣기만 하면 가중치라는 변수가 학습 규칙에 따라 저절로 갱신될 뿐입니다. 따라서 좋은 학습 데이터를 확보하는 것이 가장 중요하고 올바른 방향으로 학습시키는 것이 그 다음으로 중요합니다. 가중치라는 변수를 바른 방향으로 변화시키는 것은 사람이 아니라 학습 데이터이며, 결국 인공지능은 학습을 통해 가중치의 최적 값을 찾아낸 것이라 할 수 있습니다.

AI에게 권리를 인정해줘야 할까?

만일 다가올 미래에 인공지능이 사람처럼 언어를 구사하게 된다면 우리는 그 존재를 '의식'이 있는 존재로서 대우해줘야 할까요? 즉, 의식 없는 지능이 의식 있는 지능이 되었다고 말할 수 있을까요? 의식은 실존하는 것은 분명하되 '측정'하기는 불가능합니다. 의식이 있냐 없냐는 '주관적'인 것이라 나 자신만 판단할 수 있는 문제이고, 남이 객관적으로 검증할 수 없기 때문입니다. 나는 끊임없이 나의 경험과 느낌을 의식하지만, 다른 사람의 경험은 내가 대신해볼 수 없습니다. 이때문에 나에게 있는 의식이 다른 사람에게도 있을 것이라고 막연히 간주할 수밖에 없습니다. 의식을 검출하는 기계는 존재하지 않습니다. 그리고 앞으로도 개발될 가능성이 희박합니다. 의식을 정의할 마땅한 기준이 없기 때문입니다. 그러니 검은 장막 속에 감춰진 존재에게 질문을 던지고 그 대답을 살펴보는 식으로 의식의 존재를 간접적으로 추정해보는 것이 유일한 수단입니다. 만일 인공지능이 어느 순간 사람처럼 말을 하면서 자신에게도 의식이 있으니 자신을 사람처럼 존중해달라고 주장하면 뭐라고 반박해야 할까요?

1995년도에 일본에서 애니메이션으로 제작된 〈공각기동대〉는 2017년도에 미국에서 실사 영화로 리메이크되었습니다. 〈매트릭스〉에 영향을 준 작품으로도 잘 알려져 있습니다. 이 작품의 원제는 '고스트 인 더 쉘Ghost in the Shell'인데, 고스트Ghost는 소프트웨어를 의미하고 쉘Shell은 하드웨어를 의미합니다. 즉, 제목 자체가 하드웨어 안에 담긴 소프트웨어 또는 하드웨어 안에 담긴 영혼을 의미하고 있습니다. 작품 속에서 수사관들은 인공지능에게 "너는 한낱 프로그램에 지나지 않아"라고 말하며 무시하려 듭니다. 그러자 인공지능도 "인간의 DNA라는 것도 프로그램에 지나지 않아"라며 팽팽히 맞섭니다. 『호모데우스』를 저술한 유발 하라리Yuval Harari의 주장에 따르면, 생물학자들이 유기체가 알고리즘이라고(Organisms are algorithms) 결론을 내리는 바람에 생명과 비생명, 유기물과 무기물, 인간과 기계 사이의 벽이 허물어져 버렸습니다.

인공지능에게도 사람처럼 어떤 권리라는 것을 인정해줘야 하는가에 대해서는 이미 실질적인 논의가 시작되었습니다. 처음으로 논의가 이루어지고 있는 곳은 바로 지식재산권 분야입니다. 왜냐하면 인공지능이 사람을 흉내 내서 자신만의 작품을 창작해내기 시작했기 때문입니다. 창작품을 만들어내는 것은 의식이 없어도 가능합니다. 사실 인간의 창작 활동이란 것도 결국은 기존에 존재하는 것들의 조합 내지는 변형에 해당하니까요. 따라서 인공지능에게도 저작권이나 특허권 같은 것을 부여할지를 고민할 때가 되었습니다. 인공지능이 다양한 창작품들을 쏟아내는 현실을 고려할 때, 이는 먼 미래의 문제가 아니라 당장 해결해야 할 현실의 문제가 되어버렸습니다.

의식이 없는 인공지능은 약한 AI로 분류되고, 의식이 있는 인공지능은 강한 AI로 분류됩니다. 현재 코딩되고 있는 인공지능들은 모두 약한 AI입니다. 몇십 년 내에 강한 AI가 실제로 탄생할지는 아무도 장담할 수 없습니다. 강한 AI는 영화 속에서만 벌어지는 허구의 이야기이거나 아직은 먼 미래의 이야기일 수 있습니다. 하지만 약한 AI는 이미 우리 주변에 존재합니다. 이것들은 지금 이 시간에도 빈센트 반 고흐의 화풍으로 뚝딱뚝딱 그림을 그려내고, 몇 분에 1곡씩 꽤 멋진 음악들을 작곡해냅니다. 그리고 간단한 프로그램 코드를 순식간에 코딩하기도 합니다. 비록 의식이 없는 인공지능이긴 하지만 특정 분야에서는 인간을 능가하는 창작품을 아주 빠른 속도로 쏟아낸다는 이야기입니다. 약한 AI가 만든 그림, 음악, 소스코드에는 어떤 권리를 인정해줘야 할까요?

저작권의 보호를 받는 것은 어디까지나 '인간'의 사상이나 감정을 표현한 창작물입니다. 특허권의 보호를 받는 것 역시 '사람'이 한 발명입니다. 따라서 인간이 아닌 인공지능은 아무리 멋진 작품을 창작한다 해도 현재로서는 저작권이나 특허권의 보호를 받을 수 없습니다. 의식도 없는 약한 AI에게 권리를 부여해봤자 별 필요도 없을 테니 이런 논의가 무의미하게 느껴질 수도 있습니다. 하지만 선진국에서는 인공지능이 만든 것들에도 권리를 부여해주자는 주장이 활발히 펼쳐지고 있습니다. 아니, 자의식도 없는 인공지능이 그림을 그려서 판다 한들 그 돈을 마땅히 쓸 곳도 없는데 왜 이런 주장이 나오는 걸까요? 그 이유는 인공지능을 개발한 '사람'이 자신의 소유물인 인공지능이 만들어낸 것들에 대해서도 권리를 소유하고 싶어 하기 때문입니다. 이것이 현실화될 경우 약한 AI는 주인에게 소유된 채로 밤낮없이 창작품들을 찍어내는 노예가 됩니다.

인공지능이 쉬지 않고 만들어낸 수많은 창작품들에 대한 권리를 특정 개인이나 특정 회사에게 줘도 되는 걸까요? 이를 찬성하는 사람들은 인공지능을 개발하는 데 막대한 자본이 투여되기 때문에 그 정도 보상은 주인에게 해줘야 한다고 생각합니다. 그렇지 않을 경우 인공지능을 개발할 동기 부여가 되지 않는다는 거죠. 이런 생각들이 점차 모여서, 인간보다는 약한 수준으로 인공지능에게도 어느 정도 권리를 인정해줘야 한다는 주장이 힘을 얻고 있습니다. 결국 그 권리는 그 인공지능의 개발자인 사람이나 회사에게 귀속되겠지만요. 머지않은 미래엔 약한 AI들이 만들어낸 창작품들이 우리 주위를 가득 메울 겁니다. 물론 그것으로 돈을 버는 것은 개인이거나 회사겠지만요. 그래서 인공지능의 발전은 인간과 기계의 대결을 불러오는 것이 아니라 기계를 소유한 인간과 그렇지 못한 인간 사이의 대결을 불러올지도 모릅니다. 인공지능이 자의식을 갖기 전까지는 인간에게 소유된 기계에 불과할 테니까요.

약한 AI와 강한 AI를 구별하는 기준은 결국 AI가 의식이 있느냐 없

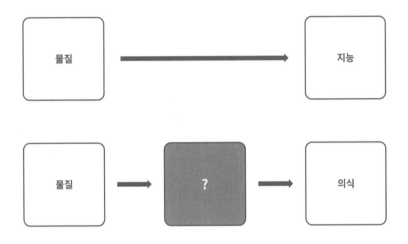

느냐입니다. 앞으로도 AI는 영원히 의식이 없을 것이라는 주장과, 언젠가는 의식을 갖게 될 것이라는 주장이 부딪히고 있습니다. 이런 의견 충돌은 의식이 있는지를 검출할 마땅한 수단이 없기 때문에 벌어집니다. 인간은 아직 의식이나 무의식, 자유의지, 마음, 감정 같은 것들이 무엇인지 정확히 알지 못합니다. 따라서 의식의 존재 유무를 어쩔 수 없이 자연어 구사 능력으로 판단하고 있습니다. 이것은 궁여지책에 불과하지만 아직까지는 더 좋은 수단을 찾아내지 못했습니다. 이 판단 방법에 따르자면, 인공지능이 사람처럼 말을 구사하는 순간부터 의식이 있는 것으로 간주해주어야 합니다. 그렇다면 언어 본능이 코딩된 인공지능에게는 저작권이나 특허권을 인간과 동일한 수준으로 인정해줘야 할까요? 인권은 어떻게 해야 할까요?

의식은 분명 뇌 안에서 벌어지는 어떤 것입니다. 과거에는 의식이 물질적인 것을 뛰어넘는, 그리고 물질과 무관한 보다 궁극적이고 고차원적인 것이라고 여겨왔습니다. 즉, 의식을 낳은 것은 원자가 아니라고 생각한 겁니다. 그래서 사람들은 오랫동안 물질과 비물질을 끊임없이 구분해왔습니다. 물질적인 것은 하등한 것이고 비물질적은 것은 고등한 것이기 때문에 물질이 비물질을 낳을 순 없다고 여겼습니다. 저차원의 것이 감히 고차원의 것을 생산해낼 순 없으니까요. 물질이 의식을 낳을 수는 없을지 몰라도, 물질이 지능을 낳는다는 사실은 인공지능을 통해 충분히 증명되었습니다. 하지만 물질과 의식의 관계는 여전히 오리무중입니다. 어떤 학자들은 지능이 계속 발전하면 결국 의식이 될 거라고 생각합니다. 또 어떤 학자들은 자연어를 인간처럼 구사하면 의식으로 봐줘야 하지 않냐고 주장합니다.

영혼과 몸의 관계는 마치 소프트웨어와 하드웨어의 관계와 유사합니다. 지금도 많은 사람들은 고차원의 영혼이 저차원의 몸에 잠시 머물다가 때가 되면 떠난다고 생각합니다. 이와 마찬가지로 소프트웨어 역시 특정 하드웨어 안에 머물다가 때가 되면 그 하드웨어를 떠날 수 있습니다. 그리고 비물질인 영혼이 물질인 몸을 지배하듯이, 소프트웨어도 하드웨어 안에서 동작하면서 그 하드웨어를 통제합니다. 어쩌면 하드웨어는 소프트웨어를 담는 껍데기에 불과할 수 있습니다. 실제로 산업의 중심축도 점점 하드웨어에서 소프트웨어로 옮겨가고 있습니다. 하드웨어는 단지 거들 뿐, 모든 가치의 핵심이 소프트웨어로 이동하고 있는 것입니다. 이처럼 소프트웨어가 중심이 되는 세상은 비물질이 물질을 지배하는 세상이라고 할 수 있습니다. 하지만 잊지 말아야 할 점은 몸과 마음이 분리될 수 없듯이, 소프트웨어 역시 하드웨어 없

이 홀로 동작할 수는 없다는 점입니다. 소프트웨어와 하드웨어는 분할할 수 없는 전체로서 이해되어야 합니다.

인류가 최초로 글자를 기록한 시점부터 '코딩 능력'을 갖추게 되기까지는 5,000년 이상의 세월이 필요했습니다. 역사상 대부분의 시간 동안 언어는 의사소통 수단일 뿐이었지만, 불과 얼마 전부터 언어는 창조의 수단으로 변모했습니다. 코딩 능력을 갖춘 지능은 세상에 존재하는 모든 것들을 모방하여 생산할 수 있습니다. 심지어 슈퍼컴퓨터를 이용해 100억 년 전 빅뱅 시점의 우주를 시뮬레이션하기도 합니다. 인간의 코딩 능력은 언젠가 지금 우주와 거의 동일한 수준의 가상 우주를 만들어낼지도 모릅니다. 언어 본능이 인간을 가상 세계의 창조주로 발돋움시키고 있기 때문입니다.

물질이 지능을 출현시키는 원리

인공지능을 완성하기 위해서는 결국 3가지 분야의 개발이 필요합니다. 1) 가중치 초깃값을 갖는 인공 신경망을 코딩해야 하고, 2) 학습을 통해 인공 신경망의 가중치를 갱신해서 최적 값을 찾아내야 하고,

3) 학습에만 의존할 수 없는 본능 영역을 코딩해줘야 합니다. 초인공지능을 탄생시키는 데 가장 중요한 관문은 언어 영역입니다. 실제 사람의 자연지능도 이와 유사하게 코딩되어 있습니다. 1) DNA 안에 기본적인 뇌 신경망이 코딩되어 있고, 2) 학습을 통해 뇌 신경망의 연결 강도가 변화됩니다. 그리고 3) 언어를 포함한 여러 가지 본능들이 마치 스마트폰의 기본 앱처럼 DNA에 미리 코딩되어 있습니다.

인공지능은 결국 소프트웨어 형태로 만들어지고 있으며 프로그래밍 언어로 코딩되고 있습니다. 기존의 소프트웨어 제작 방법과 다른 점은 학습 데이터를 통해 신경망의 연결 관계를 규정짓는 가중치 숫자를 변화시켜나간다는 점입니다. 이런 사실로부터 우리는 물질인 뇌가 물질이 아닌 지능을 탄생시키는 원리를 미루어 짐작해볼 수 있습니다. 인공지능 소프트웨어가 컴퓨터 하드웨어에서 동작하듯, 물질이 아닌 의식도 물질인 뇌에서 동작합니다. 어떤 연산을 하는 데 있어서 그 기반이 되는 물질은 중요치 않습니다.

예를 들어, 1+1이라는 계산을 종이에 써가면서, 혹은 주판이나 계산기를 사용해서, 또는 신경세포를 통해서 암산으로 할 수도 있습니다. 계산은 물질 기반으로 일어나지만 그 물질은 얼마든지 다른 물질로 대체될 수 있습니다. 이를 MIT의 물리학과 교수이자 우주론 학자인 맥스 테그마크Max Tegmark는 『맥스 테그마크의 라이프 3.0』에서 "기질 독립성"이라고 불렀습니다. 그는 지능이 비물질적으로 느껴지는 것은 그것이 기질(즉, 물질) 독립적이어서 기질의 물리적 세부사항에 의존하거나 영향을 받지 않는 독자적인 생명을 지니기 때문이라고 말

했습니다. 따라서 지능이 물질을 기반으로 동작한다고 해서 '지능=물질'이라고 생각해서는 안 됩니다. 이런 사고방식은 소프트웨어가 하드웨어 기반에서 동작한다고 해서 '소프트웨어=하드웨어'라고 생각하는 것과 마찬가지입니다.

지능을 관찰하겠다고 컴퓨터 속을 뜯어봤자 원자 간의 상호작용이 관찰될 뿐이고, 뇌 속을 스캔해봐도 마찬가지로 원자 간의 상호작용이 관찰될 뿐입니다. 하지만 계산은 컴퓨터 속 원자나 뇌 속 원자를 기반으로 그 위에서 행해지는 무엇입니다. 컴퓨터에서는 원자 간의 상호작용을 일으켜 인공지능이 동작하도록 설계된 소스코드가 있었습니다. 그렇다면 뇌에서도 원자 간의 상호작용을 일으켜 나의 생각을 만들어내는 소스코드가 있을까요? 이에 대해서는 구체적으로 밝혀진 바가 없습니다. 하지만 대부분의 과학자들은 우리 생각을 만들어내는 알고

리듬이 우리 몸속 어딘가에 들어 있을 거라고 추정합니다. 만일 지능을 만들어내는 소스코드가 존재한다면, 사람 뇌에서 움직이는 원자들은 아무 생각 없이 충돌하고 돌아다니는 무분별한 존재들이 아닙니다. 우리 몸속에는 원자들을 일정한 방향으로 움직여 지능이나 의식을 만들어내는 소프트웨어 코드가 어딘가에 존재합니다.

5. 생명체가 알고리즘이라고?

지금까지 살펴본 '가상현실', '하드웨어', '인공지능' 같은 것들은 다 인간 저자가 만들어낸 주요 작품들입니다. 하지만 이 우주에는 사람이 만들지 않았는데도 코딩된 것이 존재합니다. 바로 '생명'입니다.

마침내 발견된 인간의 소스코드

사람을 포함한 모든 생물(유기물)은 사실 코딩되어 있습니다. 하다 못해 바이러스조차도요. 무신론자는 자연 스스로가 자연 선택 과정을 통해 생명체를 코딩해냈다고 생각합니다. 지금의 인류를 만들어낸 소스코드는 오랜 세월의 진화를 통해 선택되고 엄격한 품질 검사를 거친 작품입니다. 반면 유신론자는 신이 생명체를 코딩했다고 생각합니다. 유신론자들의 주장에 따르면, 신은 한순간에 인간을 코딩한 프로그래 머이거나, 진화라는 과정을 주관하는 방식으로 인간을 코딩한 프로그 래머입니다. 무심한 자연이 코딩을 했건 유심한 신이 코딩을 했건, 사

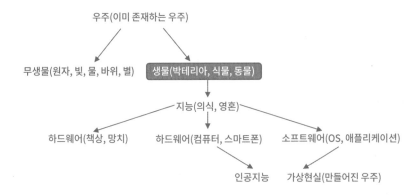

람이 디지털 언어로 코딩되어 있다는 사실이 밝혀진 것은 사실 그리 오래되지 않았습니다.

기원전 4세기에 활동한 아리스토텔레스는 우리에게 철학자로만 알려져 있지만, 사실 그는 고대에서 중세에 걸친 최고의 '생물학자'였습니다. 그가 쓴 책들 중에는 철학 논문보다 동물학 논문이 훨씬 많습니다. 진화론으로 유명한 다윈도 가장 존경하는 생물학자로 아리스토텔레스를 꼽았습니다. 아리스토텔레스는 닭의 모습은 '알' 속에 내재해 있고, 도토리는 도토리나무의 계획에 따라 '문자 그대로' 지시된 것이라고 이야기했습니다. DNA가 발견되기 훨씬 전이지만 생명체 속에 어떤 '정보'가 숨겨져 있다는 사실은 알고 있었던 거죠.

현대적인 컴퓨터 구조를 제안한 것으로 알려진 폰 노이만은 말년에 '인공 생명'에 관한 연구를 했습니다. 그는 생명체를 기계와 동일시했기 때문에, 자연의 생물과 인공의 생물을 포괄하는 하나의 이론을 만들어내고자 했습니다. 컴퓨터공학자였던 그는 생명체를 자기 복제 코드를 담고 있는 컴퓨터로 간주했습니다. 폰 노이만은 생명체가 자기 복제를 할 수 있기 위해서는 스스로의 정보를 내장한 '설계도'를 갖고 있어야 하며, 이 설계도대로 생명체를 재구성할 수 있는 '관리자'가 있어야 함을 수학적으로 증명했습니다. 이것은 아직 DNA나 RNA가 발견되기 전의 일이었습니다. 그 후 폰 노이만이 제안한 '설계도'는 DNA로 밝혀졌고, '관리자'는 RNA로 밝혀졌습니다.

DNA 이중나선 구조를 처음 발견한 사람은 제임스 왓슨James Watson과 프랜시스 크릭Francis Crick입니다. 아리스토텔레스가 생명체 안에 숨겨진 '정보'를 추정했고, 폰 노이만이 이러한 정보가 있어야 함을 수학적으로 증명했다면, 왓슨과 크릭은 이 정보의 정체를 최초로 밝혀냈습니다. 이 발견에 의해 생명체가 코딩되었다는 것이 기정사실이 되었습니다. 알고 보니 생명체는 알고리즘이었던 것입니다.

생명체 안에 들어 있는 소스코드는 과연 어떻게 생겼을까요? 그 안에는 A, T, C, G라는 알파벳이 30억 개 나열되어 있습니다. 이제는 누구나 돈만 내면 몇 시간 만에 자신의 DNA를 확인할 수 있습니다. 나를 만든 코드를 내 눈으로 구경하는 일은 참 신기한 일입니다. 그런데 아직은 어떤 코드가 어떤 역할을 하는지를 제대로 알지 못합니다. 어디서부터 어디까지가 내 코를 만든 코드이고, 또 내 눈을 만든 코드인지 알 수가 없는 거죠. 게다가 마침표나 띄어쓰기도 전혀 없습니다. 그러니 30억 개의 알파벳을 들여다보는 일은 금방 세상에서 가장 지루한 일이 되고 말 것입니다. 이해할 수 없는 암호문을 쳐다보는 느낌일 테니까요.

인간이 작성한 영어 기반의 소스코드는 조금만 노력하면 그 의미를 이해할 수 있습니다. 하지만 기계어로 번역된 후에는 원저자도 그 기계어의 의미를 이해하기 힘듭니다. 예를 들어, 레오나르도 다빈치가 모나리자의 얼굴을 그린 후 이를 컴퓨터 파일로 저장했다고 가정해보겠습니다. 레오나르도 다빈치도 이 컴퓨터 파일을 들여다본다면, 어떤 1과 0이 모나리자의 코에 해당하는 부분인지 도저히 찾을 수 없을 겁니다. 이와 비슷한 이유로 DNA에 적힌 A, T, C, G가 위치에 따라 무엇을 의미하는지, 또 그것이 어떻게 기능하는지를 파악하는 것은 매우 어렵습니다. 게다가 특정 위치의 글자들이 다른 위치의 글자들과 연관되어 있다면 더 어렵겠죠. 하지만 많은 과학자들의 노력으로 '어떤 위치의 글자가 어떤 기능을 하는 것 같다'라는 식으로 그 비밀이 조금씩은 밝혀지고 있습니다.

예를 들어, 사람의 혈액형 중 A형과 B형의 차이는 9번 염색체에 적힌 1,062개의 알파벳 중에서 4개가 다르기 때문에 생깁니다. A형은 523, 700, 793, 800번 위치에 C, G, C, G라는 알파벳이 있는데, B형은 그 자리에 G, A, A, C가 있습니다. O형은 A형과 비교해서 258번째 문자인 G가 빠져 있습니다. 다른 예를 들어, 3번 염색체의 690번째 또는 901번째에 있는 알파벳 하나가 정상인과 다르다면, 검은 소변을 누는 병에 걸리게 됩니다. 또 다른 예를 들어, 4번 염색체에 적힌 CAG라는 알파벳이 몇 번이나 반복되었는지에 따라 헌팅턴 병에 걸릴 확률이 결정됩니다. 헌팅턴 병에 걸리면 중년에 접어들면서 서서히 몸의 균형을 잃기 시작해 점점 스스로를 다스리지 못하다가 일찍 죽고 맙니다. 이

질병은 아직까지 막거나 치유할 방법이 없습니다. CAG가 39번 반복해서 적혀 있으면 90퍼센트는 75세 이전에 치매에 걸리고, 41번이면 51세에, 42번이면 37세에, 50번이면 27세에 지능에 문제가 생깁니다. DNA를 보고 그 사람이 언제 헌팅턴 병에 걸리게 될지를 예측할 수 있게 된 겁니다. 이 병을 치유하기 위해서는 1,000억 개의 뇌세포를 다 뒤져 CAG가 반복되는 부분을 찾아서 그 길이가 짧아지도록 수정하는 작업을 해야 할 것입니다. 하지만 아직은 그럴 만한 기술이 없습니다.

인간 소스코드를 편집하는 엔지니어

내 몸에 들어 있는 소스코드에서 특정 위치에 있는 알파벳이 잘못되었다는 이유만으로 병에 걸린다는 것은 참으로 억울한 일입니다. 환자들은 잘못된 소스코드를 타고난 자신의 운명을 한탄할 수밖에 없습니다. 그래서 사람들은 소스코드의 수정을 꿈꾸기 시작했습니다. 병을 일으키는 소스코드만 수정한다면 건강하게 살 수 있고, 또 영생을 누릴지도 모르기 때문입니다. 하지만 30억 개의 코드 중 단 1글자만 잘못 건드려도 죽을병에 걸릴지도 모릅니다. 그러니 DNA를 편집하는 것은 여간 위험한 일이 아닙니다.

현대인들은 누구나 다 컴퓨터를 사용하기 때문에 컴퓨터로 문서를 편집하는 것이 익숙합니다. 가위 모양의 '잘라내기(Ctrl+X)' 버튼을 이용해서 문장을 잘라내고, 풀 모양의 '붙여넣기(Ctrl+V)' 버튼을 눌러서 원하는 위치에 붙여 넣으면 되니까요. 과학자들은 DNA도 컴퓨터 파

메이커스

 정식 한국어판 大人の科学 韓国語版

vol.1

70쪽 | 값 48,000원

천체투영기로 별하늘을 즐기세요!
이정모 서울시립과학관장의
'손으로 배우는 과학'

make it! 신형 핀홀식 플라네타리움

vol.2

86쪽 | 값 38,000원

나만의 카메라로 촬영해보세요!
사진작가 권혁재의
포토에세이 사진인류

make it! 35mm 이안리플렉스 카메라

vol.3

Vol.03-A 라즈베리파이 포함 | 66쪽 | 값 118,000원
Vol.03-B 라즈베리파이 미포함 | 66쪽 | 값 48,000원
(라즈베리파이를 이미 가지고 계신 분만 구매)

라즈베리파이로 만드는
음성인식 스피커

make it! 내맘대로 AI스피커

vol.4

74쪽 | 값 65,000원

바람의 힘으로 걷는 인공 생명체
키네틱 아티스트
테오 얀센의 작품세계

make it! 테오 얀센의 미니비스트

vol.5

74쪽 | 값 188,000원

사람의 운전을 따라 배운다!
AI의 학습을 눈으로 확인하는
딥러닝 자율주행자동차

make it! AI자율주행자동차

메이커스 주니어

만들며 배우는 어린이 과학잡지

초중등 과학 교과 연계!

교과서 속 과학의 원리를 키트를 만들며 손으로 배웁니다.

메이커스 주니어 01

50쪽 | 값 15,800원

홀로그램으로 배우는 '빛의 반사'

Study | 빛의 성질과 반사의 원리

Tech | 헤드업 디스플레이, 단방향 투과성 거울, 입체 홀로그램

History | 나르키소스 전설부터 거대 마젤란 망원경까지

make it! 피라미드홀로그램

메이커스 주니어 02

74쪽 | 값 15,800원

태양에너지와 에너지 전환

Study | 지구를 지탱한다, 태양에너지

Tech | 인공태양, 태양 극지탐사선, 태양광발전, 지구온난화

History | 태양을 신으로 생각했던 사람들

make it! 태양광전기자동차

일처럼 편집하고 싶은 욕구를 느낍니다. 그래서 리가아제라고 부르는 효소가 풀 역할을 하고, 제한효소라고 불리는 것이 가위 역할을 한다는 사실을 밝혀냈습니다. 이 생물학적 가위와 풀을 사용해서 DNA에서 원치 않는 코드를 잘라내고 원하는 코드를 붙여넣기 할 수 있게 된 것입니다.

하지만 이런 DNA 편집 기술로도 인간의 소스코드를 바꾸는 것이 말처럼 쉽지는 않습니다. 그 이유는 30~40조 개의 세포에 들어 있는 모든 DNA 코드를 일일이 수정해야 하기 때문입니다. 인간의 세포를 다 꺼내서 DNA를 편집한 후에, 제자리에 돌려놓는 것은 불가능할 겁니다. 그래서 과학자들은 바이러스를 이용하는 방안에 대해서 연구하고 있습니다. 어떤 바이러스는 자신의 DNA에 적힌 코드를 사람 몸속 DNA에 복사copy하는 역할을 하기 때문입니다. 따라서 과학자들은 바이러스에 원하는 코드를 넣은 후, 환자에게 이 바이러스를 감염시키면 바이러스가 그 수를 늘려가면서 환자의 모든 DNA 코드를 수정할 수도 있지 않을까 생각하고 있습니다. 하지만 아직은 내 몸속 소스코드를 직접 편집하기까지 많은 기술적 난관이 남아 있습니다.

유전자가 사용하는 디지털 코드

최근 부상하고 있는 바이오 공학도 실은 코딩과 밀접한 관련이 있는 학문입니다. 컴퓨터공학이나 전산학만 코딩을 배우는 것이 아닙니다. 인간이 만든 컴퓨터가 0과 1로 구성된 디지털 언어를 사용한다면,

생물학적 컴퓨터인 생명체는 A, T, C, G로 구성된 디지털 언어를 사용합니다. 사람이 만든 컴퓨터는 2진수로 모든 것을 표현하지만, 생물학적 컴퓨터는 4진수로 모든 것을 표현합니다. 이 4진수 디지털 언어로 구성된 소스코드가 바로 DNA입니다. 그런 의미에서 바이오 공학자들은 4진수 소스코드를 다루는 프로그래머라고 할 수 있습니다. 현재는 소스코드를 해독하는 일을 주로 하고 있지만 앞으로는 소스코드를 편집하고 싶어 하니까요.

DNA는 사람 몸을 조립하기 위해 어떤 원자들을 어떤 순서로 배열해야 하는지를 가르쳐주는 코드들을 담고 있습니다. 그리고 이 코드들은 모든 세포마다 동일하게 들어 있습니다. 사람이 짠 소스코드는 같은 명령을 반복 수행하도록 하는 반복문(for나 while)도 있고, 실행되는 조건을 설정하는 조건문(if나 switch)도 있고 제법 복잡합니다. 하지만 생물학적 컴퓨터가 따르는 문법은 오히려 단순합니다. 그냥 순서대로 읽어서 순서대로 실행하면 그만입니다.

1990년부터 2003년까지 진행된 '인간 게놈 프로젝트'는 사람의 DNA 안에 있는 30억 개의 글자를 해독하는 것(소스코드를 읽어내는 것)이 목표였습니다. 모든 해독을 마친 지금, DNA를 인공적으로 합성해내는 것, 즉 소스코드를 편집하거나 작성하는 것을 목표로 2016년부터 '2차 인간 게놈 프로젝트'를 이어가고 있습니다.

음악의 소스코드가 '악보' 형태로, 영화의 소스코드가 '0'과 '1'이라는 디지털 언어로, 컴퓨터 게임의 소스코드가 '프로그래밍 언어'로 기록된 것처럼, 사람의 소스코드는 'A', 'T', 'C', 'G'라는 디지털 언어로 기록되어 있습니다. 악보 안에 멈춰 있던 기호를 연주하면 음악이 되고, DVD 안에 굳어 있던 0과 1을 재생하면 영화가 상영되고, 프로그램 소스코드로 잠들어 있던 언어를 실행하면 게임이 플레이됩니다. 마찬가지로 DNA에 적힌 A, T, C, G라는 디지털 언어를 실행시키면 살아 있는 생명체가 됩니다. 영어는 26개의 알파벳을 조합해 단어를 만들지만, 유전자는 A, T, C, G라는 단 4개의 글자만을 사용합니다. 영어보다 훨씬 단순하죠.

A는 '아데닌'이라는 염기를 가리키고, 아데닌은 특정한 원자들이 뭉쳐진 것을 의미합니다. T, C, G도 각각 '티민', '시토신', '구아닌'이라는 염기를 가리키는 기호이고, 각기 다른 원자들의 조합을 의미합니다. 그러니까 알파벳 A, T, C, G는 특정한 원자 덩어리들을 가리키는 기호이자 상징입니다. 마치 어셈블리어가 '111111'을 'ADD'라고 부르기로 약속한 것과 마찬가지로, DNA안에 있는 원자들을 수십 개씩 묶어서 간단히 A나 T나 C나 G라고 부르는 것입니다.

DNA를 초고해상도 현미경으로 확대해서 봐도 알파벳이 보이지는 않습니다. 이는 음악에서 특정 진동수로 떨리는 음을 '도'나 '레'라고 부르는 것과 같습니다. 또한 CD에서 홈이 파지거나 안 파진 부분을 '0'과 '1'이라고 부르는 것과도 같습니다. 공중을 날아다니는 전파에서 주파수가 높은 부분과 낮은 부분을 0과 1로 구분하듯이요. 그러니까 'A, T, C, G' 대신 '0, 1, 2, 3'이라고 불러도 될 것이고, 한글로 '가, 나, 다, 라'라고 불러도 상관없습니다. 인간이 만든 컴퓨터가 0과 1이라는 두 글자를 이용하는 데 비해, 생물학적 컴퓨터는 A, T, C, G라는

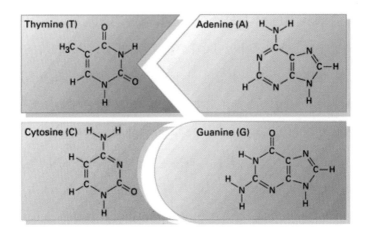

네 글자를 이용할 뿐입니다.

DNA는 디지털 코드가 일렬로 배열된 일종의 책이자 컴퓨터 파일입니다. 생물학자이자 『이기적 유전자The Selfish Gene』의 저자인 리처드 도킨스Richard Dawkins는 "유전자가 사용하는 기계적 암호는 신비할 정도로 컴퓨터와 유사하다"라고 이야기했습니다. 우리 몸에 컴퓨터 파일과 같은 것이 들어 있다는 사실은 매우 놀라운 일입니다. 왜 우리 몸의 조립 순서도가 컴퓨터 파일처럼 디지털 코드로 만들어졌을까요? 그 이유는 컴퓨터 파일을 0과 1로 만든 이유와 같습니다. 바로 복사하기가 쉽고, 복사 오류를 방지하는 데 유리하기 때문입니다.

DNA 안에는 A, T, C, G라는 코드가 30억 개 적혀 있습니다. 이것을 죽 잡아 늘리면 1.8미터 정도나 된다고 하는데, 이것이 차곡차곡 접혀서 1/1,000센티미터의 세포 속에 구겨 넣어져 있습니다. 글자가 너무 많나요? 하지만 '구글'을 만든 소스코드가 20억 줄인 것과 비교해

본다면, '인간'을 만든 소스코드가 그리 길다고는 할 수 없을 겁니다.

디지털 코드대로 조립하는 생명체

DNA에 글자가 너무 많다고 겁먹을 필요는 없습니다. 3개씩 차례 차례 읽기만 하면 되니까요. DNA 코드에 따라 단백질을 합성하는 기술은 어려울 수 있으나, DNA 코드를 읽는 기술은 어렵다기보다 지루하다고 말할 수 있습니다.

1) 우선 DNA라는 책을 펼쳐서 조립하고 싶은 단백질에 해당하는 페이지를 펼칩니다. 해당 페이지에 DNA 코드가 '…AAA AAC ACA…'라고 코딩되어 있다고 가정해보겠습니다.

2) 아미노산 코드표를 옆에 둡니다. 아미노산 코드표는 특정 알파벳과 특정 아미노산을 짝지어둔 표입니다. 예를 들어, AAA는 라이신 아미노산(Lys라고 불리는 특정 원자들의 조합)과, AAC는 아스파라긴 아

아미노산 코드표

A-DNA	Amino Acid	C-DNA	Amino Acid	G-DNA	Amino Acid	T-DNA	Amino Acid
AAA	Lys	CAA	Gln	GAA	Glu	TAA	-
AAC	Asn	CAC	His	GAC	Asp	TAC	Tyr
AAG	Lys	CAG	Gln	GAG	Glu	TAG	-
AAT	Asn	CAT	His	GAT	Asp	TAT	Tyr
ACA	Thr	CCA	Pro	GCA	Ala	TCA	Ser
ACC	Thr	CCC	Pro	GCC	Ala	TCC	Ser
ACG	Thr	CCG	Pro	GCG	Ala	TCG	Ser

미노산(Asn라고 불리는 특정 원자들의 조합)과, ACA는 트레오닌 아미노산(Thr라고 불리는 특정 원자들의 조합)과 짝지어져 있습니다.

3) 이제 DNA 코드와 아미노산 코드표를 함께 보면서 단백질을 조립할 차례입니다. DNA의 첫 번째 세 글자가 AAA이므로 라이신(Lys) 아미노산을, 그다음 세 글자가 AAC이므로 아스파라긴(Asn) 아미노산을 조립하고, 그다음 세 글자가 ACA이므로 트레오닌(Thr) 아미노산을 조립합니다.

4) 이와 같이 계속 반복하면 단백질과 세포와 인체 조직을 만들 수 있습니다.

자연의 프로그래밍 언어는 책을 사서 따로 공부할 필요도 없습니다. 아미노산 종류도 기껏해야 20가지밖에 없으니 참고할 자료도 아미노산 코드표밖에 없는 셈입니다. 모든 생명체는 인간과 동일한 아미노산 코드표를 사용합니다. 박테리아에서도, 꽃이나 나무에서도, 강아지에서도, AAA는 라이신 아미노산을 의미하고, AAC는 아스파라긴 아미노산을 의미합니다. 지구상의 생명체 중에 이와 다른 코드표를 사용하는 것은 없습니다. 그런 의미에서 모든 생명은 저 단순한 코드표 하나로 코딩되어 있다고 말할 수 있습니다.

이제 DNA 코드의 비밀을 알아냈으니 어떠한 생명체라도 조립할

| AAA AAC ACA | 조립 ⟶ | 라이신(Lys)-아스파라긴(Asn)-트레오닌(Thr) |
| ... AAA AAC ACA ... | 조립 ⟶ | 특정단백질(... Lys-Asn-Thr ...) |

수 있을 것만 같은 자신감이 생깁니다. 소스코드가 있고 그 조립법을 아는데 무엇이든 못 만들 이유가 없습니다. 그런데 실제로는 DNA에 적힌 코드를 보고도 그 코드대로 원자들을 순서대로 조립할 수가 없습니다. 눈에 보이지도 않는 크기의 원자를 가져다가 원하는 위치에 놓기란 대단히 어렵기 때문입니다. 사람은 아직 원자나 분자 세계에서 벌어지는 일을 일일이 조종할 만큼의 기술력이 없습니다. 하지만 미래 학자들 중에는 앞으로 수십 년 내에 원자와 분자들을 원하는 순서대로 조립하는 기술이 등장할 거라고 믿는 사람들도 있습니다. 책상이든 창문이든 컴퓨터든 무엇이든지요. 그들은 '나노 조립 기구'를 컨트롤할 수 있다면 생명체 조립도 가능할 것이라고 주장합니다.

학자들의 예상대로 '나노 조립 기구'라는 것이 등장한다면 우리는 소스코드를 바탕으로 생명체를 출력할 수 있게 될 겁니다. 이는 3D 프린터와 다른 점이 별로 없습니다. 원하는 키, 몸무게, 얼굴, 성격, 지능을 갖도록 생명체의 DNA를 코딩하고 이를 디지털 언어로 변환한 후, 나노 조립 기구에 입력하면 이것이 원자와 분자를 순서대로 조립해서 사람을 출력해낼 테니까요. 정말로 이런 일이 가능해질까요? 이론적으로는 가능할지 모르지만 기술적으로는 실현되기 어려울 수 있습니

다. 게다가 윤리적 문제는 더더욱 해결하기 힘들 수도 있습니다. 사람이 무엇인지에 대한 근본적인 문제가 제기될 테니까요.

늙을수록 늘어나는 버그

프로그램을 코딩할 때 힘든 점 중에 하나가 '버그'를 잡는 일입니다. 멀쩡히 잘 돌아가던 프로그램이 에러를 일으켰는데 그 원인이 무엇인지를 발견하기가 어려운 거죠. 그런데 이런 버그가 사람이 만든 디지털 컴퓨터에만 발생하는 것은 아닙니다. 사실 우리 몸 안에서 작동하고 있는 유전자 프로그램에도 '버그'가 발생하고 있습니다. 내 몸 속 DNA는 A, T, C, G라는 디지털 언어가 30억 개 적힌 소스코드입니다. 그런데 문제는 노화, 햇빛, 발암물질, 방사선 같은 것들이 이 소스코드에 버그를 발생시킨다는 사실입니다. 예를 들어, 몸에 좋지 않은 음식이나 습관은 DNA 안에 적힌 글자를 바꾸어버립니다. 또는 세포 복제 시 오류로 인해 글자가 바뀌기도 합니다. 원자력발전소가 폭발해서 방사능을 대량으로 쏘이면 왜 죽게 되는 걸까요? 그 이유는 방사능이 내 몸속 소스코드를 손상시키기 때문입니다.

'…AATCTGATTCAGA…'라는 소스코드가 있다고 가정해보겠습니다. 그런데 발암물질로 인해 두 번째 글자인 'A'가 'T'로 바뀔 수도 있습니다. 만일 소스코드의 '…AATCTGATTCAGA…'라는 부분이 별로 중요하지 않은 코드였다면 우리 몸에 큰 문제가 생기지 않습니다. DNA에 적힌 각 글자들의 기능이나 역할에 관해서는 아직까지 밝혀진 바가 거의 없습니다. 과학자들이 주로 연구하는 영역은 DNA 중 단백질 생산과 관련된 코드인데 전체 길이 중 1.5퍼센트 정도이거나 많아 봐야 8.2퍼센트 정도인 것으로 추산되고 있습니다. 이 영역에서도 대부분의 코드가 무엇을 의미하는지 아직 잘 모르는 형편입니다. 그러니 나머지 코드들은 정크 DNA라고 불리고, 아예 미지의 세계입니다. 만일 소스코드의 '…AATCTGATTCAGA…'라는 부분이 대단히 중요한 단백질을 생산하는 코드였다면, 여기에 발생한 버그는 우리 몸에 심각한 질환을 야기할 수 있습니다.

현재 기술 수준으로는 DNA 코드를 분석해서 '버그'를 잡아내기란 대단히 힘듭니다. 또 알아냈다 해도 수정도 힘들고요. 그러니 현재로서는 내 몸속 소스코드를 있는 그대로나마 잘 '보존'하는 것이 최선입니다. 우리가 건강을 위해 먹는 식품들, 건강을 위해 하는 운동들 모두가 실은 소스코드를 잘 보존하기 위한 것과 관련되어 있습니다. 우리가 늙거나 병드는 이유는 DNA 원본 소스코드에 버그가 발생했기 때문입니다.

카피 앤 페이스트가 가능해야 생명체

DNA 적힌 글자를 따라 원자를 조립했을 뿐인데 그 원자 덩어리를 왜 생명이라고 부를까요? 생명은 다른 원자 덩어리에 비해 무언가 특별한 점이라도 있을까요? 소스코드를 그 안에 갖고 있어서 자신과 똑같은 것을 복제해낼 수 있을 때 우리는 그것을 생명이라고 부릅니다.

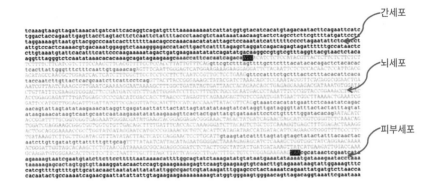

간세포
뇌세포
피부세포

즉, 카피 앤 페이스트가 가능해야 생명이라는 거죠. '나무'는 카피 앤 페이스트가 가능하고, '돌멩이'는 불가능합니다. 생명체를 복사할 수 있는 이유는 물론 DNA라는 소스코드 때문입니다. 생명체에서 일어나는 세포 복사는 컴퓨터 파일을 복사하는 것과 대체로 유사합니다. 각 세포는 전체 DNA를 다 갖고 있지만 이 중에 필요한 부분만 골라서 복사하기 때문에 저마다 다른 세포를 만들 수 있습니다. 예를 들어, 간세포는 전체 DNA 중 간에 해당하는 코드만을, 뇌세포는 뇌, 피부 세포는 피부에 해당하는 코드만을 복사해서 조립하는 식입니다. 물론 위의 그림은 이해를 돕기 위한 것일 뿐, 실제로 간세포, 뇌세포, 피부세포의 DNA 코드가 이와 같이 생겼다는 뜻은 아닙니다.

모든 생명체는 동일한 코드 체계를 사용합니다. 박테리아에서도, 나무에서도, 강아지에서도 CGC 코드는 알라닌Ala이라는 아미노산을 의미하고, CGA 코드는 아르기닌Arg이라는 아미노산을 의미합니다. 지구상의 생명체 중에 이와 다른 코드 체계를 사용하는 것은 없습니다. 이런 의미에서 모든 생명은 동일한 원리로 또한 동일한 생물학적 컴퓨터로 구성되어 있습니다. 그래서 생명체와 그 소스코드는 떼려야 뗄 수 없고, 소스코드가 없는 것은 생명이 아닙니다. 모든 생명체는 코딩으로 만들어진 존재입니다.

6. 우주가 코딩되었다고?

　세상에 존재하는 것들 중에 마지막으로 살펴볼 것은 바로 우주입니다. 특별히 우주 안에 존재하는 무생물을 살펴볼 차례입니다. 이 무생물이 어떻게 코딩되었는지를 설명하고 나면 우주에 존재하는 모든 것들이 코딩되었음이 설명된 셈입니다. 이 설명은 인간이 만들지 않은 원자와 분자, 빛, 물, 바위, 별들에 관한 것입니다. 그리고 인간이 만든 하드웨어와 전자제품 중 소프트웨어를 제외한 나머지 부분에도 적용

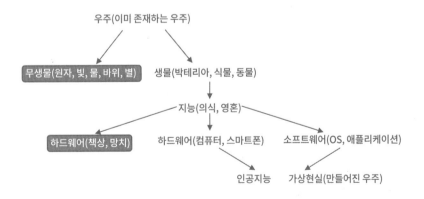

됩니다. 그 이유는 인간이 만든 하드웨어는 결국 원래 존재하던 무생물을 변형해서 만든 것이기 때문입니다.

우주는 수학의 언어로 쓰여 있다

오래전부터 인류는 우주가 수학적으로 설계된 것이 아닐까 꾸준히 의심해왔습니다. 기원전 6세기의 피타고라스는 "수가 우주를 지배한다"라고 이야기했고, 기원전 5세기의 플라톤은 "수학은 우주의 바깥, 즉 시공을 초월한 왕국에 속한다"라고 이야기했습니다. 플라톤은 현실 우주가 이데아(형상)의 세계를 복사해서 만든 것이라고 생각했으니, 그에게는 이데아의 세계가 이 우주의 소스코드나 DNA를 의미했을지도 모릅니다.

기원전 4세기에 에피쿠로스는 "우주의 실체는 원자이다. 이 원자들의 복합체가 우주 만물을 형성했다"라고 말했습니다. 그는 작은 조각들atoms이 빈 공간을 떠다니는 것이 세상이라고 믿은 원자론자였습니다. 그리스어로 atom은 나눌 수 없는 조각이라는 의미입니다. 이제 원자atom는 전자·양성자·중성자들로 나눌 수 있고, 이것들은 또 쿼크quark

같은 것들로 나눌 수 있으니, 더 이상 atom의 의미와는 맞지 않게 되었습니다. 우주에 관한 이런 초기의 생각들은 실험 증거에 의해 뒷받침되지 않았기 때문에 과학이라기보다는 철학에 가까웠습니다.

그로부터 2,000년 이상의 세월이 흘러 17세기가 되었습니다. 그 당시 천문학자이자 수학자였던 갈릴레오는 "수학은 신이 우주를 쓴 언어이다(Mathematics is the language with which god has written the universe)"라고 말했습니다. 주목할 점은 우주가 쓰였다고written 언급한 것입니다. 그것도 언어language로요. 그는 수학이 우주를 코딩한 프로그래밍 언어라고 생각했습니다. 갈릴레오가 21세기에 활동했다면 "우주는 프로그래밍 언어로 쓰였다"라고 말했을 겁니다. 이런 생각은 현대의 수많은 과학자들에게도 이어졌습니다. 즉, 우주는 인간이 의식할 수 있는 수준으로 수학이 '투사'된 것이라는 생각입니다. 과연 인간이 코딩한 가상현실처럼 실제 현실도 코딩된 것일까요? 생물이야 소스코드의 존재가 밝혀졌으니 인정할 수밖에 없지만, 무생물까지 코딩되었다고 말할 수 있을까요?

10^{80}개의 똑같이 생긴 원자들

사실 우주에 존재하는 모든 하드웨어들은 우리가 잘 알고 있는 원자들이 이런저런 모양과 크기로 뭉친 것입니다. 도대체 이 우주에는 얼마나 많은 원자가 있을까요? 영국의 천문학자인 에딩턴Arthur Eddington에 따르면 이 우주에는 총 10^{80}개의 원자가 있다고 합니다. 그러니까 우주 안에 있는 모든 원자의 개수를 노트에 적는다면 1 뒤에 0을 고작 80개만 쓰면 됩니다. 이 10^{80}개의 원자들이 지구를 만들고 태양을 만들었으며, 각종 동물과 식물을 만들고, 사람과 그를 지배하는 뇌까지 만들었습니다.

그런데 이 10^{80}개의 원자는 다 똑같이 생겼습니다. 차이가 있다면 전자, 양성자, 중성자의 개수 정도입니다. 즉, 모든 입자가 동일한 스펙specification으로 제조되어 있다는 것입니다. 이처럼 모든 입자가 완벽하게 동일한 이유는 무엇일까요? 그것은 우주에 존재하는 '모든 입자가 코딩되었기 때문'이라고 추정해볼 수 있습니다. 원자를 구성하는 양성자, 중성자, 전자, 업쿼크up quark, 다운쿼크down quark와 같은 입자들은 다 양자수量子數, quantum number라는 단순한 숫자에 의해 명확하게 정의define 되어 있습니다. 만일 원자를 만든 소스코드가 있다면 아래처럼 코딩되어 있을 겁니다.

```
define 전자의 [전하, 스핀, 아이소스핀, 중입자수, 렙톤수] = [-1, 1/2, -1/2, 0, 1]
define 양성자의 [전하, 스핀, 아이소스핀, 중입자수, 렙톤수] = [1, 1/2, 1/2, 1, 0]
define 중성자의 [전하, 스핀, 아이소스핀, 중입자수, 렙톤수] = [0, 1/2, 1/2, 1, 0]
```

이런 양자수들은, -1, 1, 0, 1/2, -1/2과 같은 지극히 단순한 숫자들로 기술됩니다. 그래서 맥스 테그마크는 입자들이 순수한 수학적 대상일 뿐이라고 주장합니다.[+] 즉, 입자들이 양자수라는 숫자 말고는 다른

[+] 맥스 테그마크, 『맥스 테그마크의 유니버스Our Mathematical Universe』, 김낙우 역, 동아시아, 2017, p.245.

성질을 더 갖고 있지 않다는 뜻입니다. 그에 따르면 입자들은 그 입자를 설계한 정보에 의해서만 기술될 수 있습니다. 더 나아가 그는 우리 우주가 사실 수학적 구조 그 자체라고 주장합니다.[+] 갈릴레오는 우주가 수학의 언어로 기술될 수 있다고 주장했을 뿐이지만 테그마크는 그 이상을 말하고 있습니다. 우주가 수학으로 묘사되는 것이 아니라 수학이라는 거죠.

원자들만 있다고 저절로 이 우주가 만들어지는 것은 아닙니다. 원자들을 지배하는 힘이 있어야 그 원자들이 이런저런 모양으로 뭉쳐서 별도 만들고 나무도 만들 수 있습니다. 실제로 이 우주에는 4가지 힘이 작용하고 있는데 이 힘들의 상대적 크기 역시 정확한 숫자로 정의되어 있습니다. 4가지 힘은 다름 아닌 전자기력, 중력, 강한 핵력, 약한 핵력입니다. 전자기력은 전자(-)와 양성자(+)가 서로 끌어당기는 힘으로서, 이 힘으로 전자가 양성자 주위를 돌게 됩니다. 중력은 질량을 가진 물체들 간에 서로 끌어당기는 힘으로서, 지구가 우리를 당기는 힘이고, 태양이 지구를 당기는 힘입니다. 강한 핵력은 양성자와 중성자가 서로 끌어당기는 힘으로서, 이 힘으로 원자력발전도 하고 핵폭발도 일으킵니다. 약한 핵력은 중성자에서 전자가 튀어나오면서 양성자로 바뀔 때 작용하는 힘으로서, 입자의 붕괴를 일으켜서 방사능의 원인이 되는 힘입니다. 우주는 이 4가지 힘들의 정확한 균형에 의해 유지되고 있습니다. 만일 이 힘들을 기술하는 소스코드가 있다면 다음과 같이

[+] 앞의 책, p.391.

코딩되어 있을 겁니다.

```
define 전자기력의 크기 = 1 / 137.035999679
define 강한 핵력의 크기 = 1
define 약한 핵력의 크기 = 1 / 10⁶
define 중력의 크기 = 6 / 10³⁹
```

　그렇다면 원자는 언제 제조되었을까요? 바로 태초입니다. 모든 원자는 우주 탄생 시점에 만들어진 후 지금까지 계속 재활용되고 있습니다. 원자를 정의한 소스코드를 따라 수없이 많은 복사가 일어났기 때문에 10^{80}개의 똑같은 원자들이 우주 공간을 가득 메운 것입니다. 이 소스코드에 무엇이 적혀 있는지에 대해서는 이미 과학 시간에 배운 바가 있습니다. 바로 각종 물리상수와 물리 변수들 간의 관계를 설명한 물리법칙(함수)들입니다. 인간 프로그래머가 작성한 소스코드처럼 원자를 만든 소스코드에도 상수와 변수와 함수들이 적혀 있습니다. 이런 물리상수와 물리법칙에 따라 입자들이 뭉쳐진 것이 원자이고, 이 원자들이 다시 뭉쳐진 것이 우주입니다. 바꾸어 표현하자면, 물리상수와 물리법칙들은 우주의 소스코드를 구성하고 있고, 이 소스코드가 실행되어 출력된 것이 바로 우주입니다.

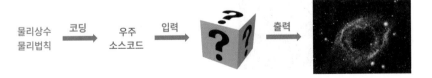

우주의 소스코드를 추적하는 과학자들

게임 〈스타크래프트〉가 비트로 만들어진 하나의 우주라면 〈스타크래프트〉를 관찰하면서 게임 매뉴얼을 만드는 사람은 과학자에 비유할 수 있습니다. 코딩이 비트 세계의 소스코드를 쓰는 일이라면, 과학은 원자로 이루어진 아톰 세계atom world의 소스코드를 밝혀내는 일입니다. 그래서 과학자들이 제일 처음에 하는 일은 우주를 면밀히 관찰하는 것입니다. 그리고 이 우주를 운행하고 있는 함수와, 그 함수 속을 흐르는 상수를 발견해냅니다. 이렇게 해서 인류가 발견한 함수가 $F=ma$나 $E=mc^2$와 같은 것들이고, 발견한 상수가 빛의 속도 c나 원주율 π와 같은 것들입니다. 그리고 이런 상수들과 함수들이 어우러져 출력된 것이 우리가 살고 있는 우주입니다. 상수나 함수는 우리가 비트 세계를 만들기 위해 늘 코딩하고 있는 것들입니다.

인류가 발견한 모든 물리상수와 물리법칙은 태양계에서뿐만 아니라 우리가 속한 은하 전체에서 적용되고 나아가 저 멀리 떨어진 안드로메다은하에서도 적용됩니다. 이 광대한 우주 전체가 동일한 상수와 함수, 즉 동일한 소스코드의 지배를 받고 있는 겁니다. 그래서 많은 과

관찰 → 물리상수 발견(빛의 속도 c, 원주율 π)
물리법칙 발견(F=ma, E=mc²)

학자들은 아직도 미지의 물리상수나 물리법칙을 찾아내려고 불철주야 애쓰고 있습니다. 이런 노력은 우주에 이런 것들이 미리 코딩되어 있다는 전제하에서만 행해질 수 있습니다. 소스코드에 따라 대량 제조된 10^{80}개의 원자는 소스코드에 코딩된 힘의 법칙에 따라 이 거대한 우주를 만들어냈습니다. 100만 개의 원자는 머리카락 1가닥을 만들어냈고, 10^{25}개의 원자는 1킬로그램짜리 바위를 만들어냈습니다. 또 10^{28}개의 원자는 사람을, 10^{51}개의 원자는 지구를, 10^{57}개의 원자는 태양을 만들어냈고, 이보다 더 많은 원자들은 은하계를 만들어냈습니다.

태초에 비트가 있었다

MIT의 기계공학과 교수인 세스 로이드Seth Lloyd는 2006년에 『프로그래밍 유니버스Programming the Universe』라는 책을 출간했습니다. 원제의 뜻은 '우주를 프로그래밍한다'입니다. 이 책에서 그는 "태초에 비트가 있었다In the beginning was the bit"라고 주장합니다. 우주가 빅뱅으로 만들어진 것을 받아들인다 해도 빅뱅 전pre-bigbang에 무엇이 있었는지는 늘 논란거리입니다. 지금으로서는 빅뱅의 순간에 비트(정보)가 있었다는 것이 최선의 답변입니다. 이 비트는 우주의 소스코드를 의미합니다.

세스 로이드에 따르면 이 우주는 거대한 양자컴퓨터로 볼 수 있습니다. 물론 인간이 만든 윈도 OS나 맥 OS가 탑재된 컴퓨터라는 이야기는 아닙니다. 우주는 얼핏 보기엔 원자로 만들어진 것처럼 보입니다. 하지만 원자가 무엇으로 만들어졌는지를 파헤치다 보면 결국 '수

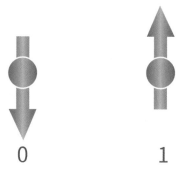

0   1

학'이나 '정보'로 만들어졌다고 말할 수밖에 없습니다. 사실 이 우주에 존재하는 모든 입자들은 다 비트(0 또는 1)를 담을 수 있습니다. 내가 산 플래시메모리에만 비트가 담기는 것이 아닙니다. 예를 들어, 전자electron의 스핀업spin up 상태는 비트 1을 의미하고, 스핀다운spin down 상태는 비트 0을 의미할 수 있습니다. 이와 같이 전자의 스핀조차 비트를 표현할 수 있기 때문에 이 우주에 존재하는 모든 입자들이 정보를 담을 수 있는 저장 매체가 되는 겁니다.

세스 로이드는 「Computational capacity of the universe」[+]라는 논문에서 우주가 가진 컴퓨팅 능력을 계산해냈습니다. 그에 따르면 현재 우주는 총 10^{90}비트에 해당하는 정보를 저장할 수 있습니다. 이 광활한 우주에 퍼져 있는 입자들에 비트를 저장시킨다면 이 정도 데이터를 저장할 수 있다는 거죠. 이것이 얼마나 많은 정보량인지 짐작하기 힘들 겁니다. 그래서 그는 비교를 위해 2001년 기준으로 지구상에 존재

[+] https://arxiv.org/pdf/quant-ph/0110141v1.pdf

하는 모든 컴퓨터들이 저장할 수 있는 비트도 계산했습니다. 바로 10^{21} 비트입니다. 물론 지금은 이보다 훨씬 많은 비트를 저장하고 있겠지만 그래봤자 우주적 스케일에 비하면 무려 10^{60} 이상 차이가 납니다.

세스 로이드는 이 우주가 빅뱅 이후부터 지금까지(약 10^{10}년, 즉 100억 년이라고 가정함) 행한 총 연산 횟수도 계산했습니다. 예를 들어, 더하기나 빼기 아니면 비트를 0에서 1로 바꾸는 것 등이 다 1번의 연산입니다. 그에 따르면 우주는 100억 년 동안 총 10^{120}번 이하의 연산을 수행했습니다. 이에 비해, 2001년 기준으로 지난 2년간 지구상에 존재하는 모든 컴퓨터가 수행한 연산 횟수는 10^{31}번을 넘지 않습니다. 이런 숫자들은 무엇을 의미할까요? 그의 계산 결과는 우주를 시뮬레이션하기 위해서 필요한 비트수를 예측하게 해줍니다. 그리고 실제로 세계 각국에서 슈퍼컴퓨터를 사용해서 가상 우주를 시뮬레이션하고 있습니다.

0과 1이라는 단 2가지 숫자는 음악을 연주하게 했고, 영화를 플레이시켰으며, 우리에게 가상현실을 경험하게 했습니다. 그리고 DNA에 적힌 4가지 알파벳인 A, T, C, G는 나무와 강아지와 사람을 이 땅에 출력해냈습니다. 이 우주도 코딩되었다고 말할 수 있을까요? 사실 인류가 지금까지 발견한 물리상수와 물리법칙들이 다 우주의 DNA이자 소스코드라고 할 수 있습니다. "우주가 코딩되었다"라는 말은 17세기에 갈릴레오가 주장한 "우주가 수학의 언어로 쓰여 있다"라는 말을 현대적으로 재해석한 것에 지나지 않습니다. 동양에서는 오래전부터 음(0)과 양(1)의 조화로 우주가 생성되었다고 생각했고, 서양에서도 수

많은 수학자들과 과학자들이 0과 1만으로 세상에 존재하는 모든 것들을 시뮬레이션할 수 있다고 생각했습니다. 그런 의미에서 소프트웨어뿐만 아니라 우주에 존재하는 모든 하드웨어도 다 코딩되었다고 말할 수 있습니다. 비트의 세계처럼 아톰의 세계도 각종 함수와 상수들로 코딩된 세계입니다.

비트는
디지털 세계의 원자다

디지털 이해하기

1. 비트만 있으면 무엇이든 만들 수 있다

0과 1은 스마트폰 속 어디에 숨어 있을까?

　저자인 인간이 쓴 책과 독자인 컴퓨터가 읽는 책은 다르게 생겼습니다. 인간이 쓴 책은 고급 언어로 쓰였고 컴퓨터가 읽는 책은 기계어, 즉 디지털 언어로 쓰였기 때문입니다. 고급 언어는 컴퓨터가 읽기 전에 항상 디지털 언어로 번역됩니다. 인간 저자가 쓴 코드뿐만 아니라 컴퓨터로 입력되는 모든 데이터도 항상 디지털 언어로 변환됩니다. 컴퓨터는 디지털 언어밖에 읽지 못하니까요. 따라서 디지털 언어를 모르면 비트 세계를 꿰뚫어 볼 수 없습니다. 마치 물리 시간에 원자와 분자 같은 기본 입자를 배우지 않는 것과 마찬가지입니다.

　그렇다면 코딩을 하기 전에 디지털 언어를 반드시 알아야 할까요? 디지털 언어를 몰라도 코딩을 할 수는 있겠지만 금방 벽에 부딪히고 맙니다. 디지털 언어를 모른다는 것은 컴퓨터에 대해 잘 모르는 것이나 마찬가지이기 때문입니다. 그리고 컴퓨터를 모르면 코딩을 제대로 하기가 어렵습니다. 우리가 늘 손에 들고 다니는 스마트폰도 사실 컴

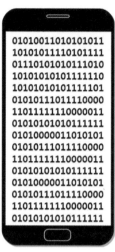

퓨터입니다. 그리고 모든 것을 디지털 언어로 처리하는 기계입니다. 그런데 스마트폰에서 0과 1이라는 디지털 언어를 직접 본 기억은 없을 겁니다. 디지털 기기인데 왜 디지털 언어를 볼 수 없을까요? 비트 세계의 원자인 0과 1은 스마트폰 속 어디에 숨어 있는 걸까요?

스마트폰으로 매일 웹서핑을 하지만 화면에는 글자와 사진과 그림만 보일 뿐 0과 1은 보이지 않습니다. 지하철에서 자주 음악을 듣고 다니지만 음악이 0과 1로 만들어졌다고 생각해본 적도 없는 사람이 많습니다. 친구들과 카톡 메시지를 주고받지만 안테나를 통해 날아가는 것이 한글일 줄 알았지 0과 1일 줄은 모르는 사람이 대부분입니다. 전화 통화 시에 전송되는 것이 내 목소리가 아닌 0과 1일 거라고 추측해본 적도 없을 겁니다. 이 모든 이유는 0과 1이라는 디지털 언어가 철저하게 포장되어 있고, 완벽하게 숨어 있기 때문입니다. 디지털 언어는 우리가 그 실체를 눈치챌 수 없도록 늘 화장을 하고 나타납니다. 이번 장에서는 이런 디지털 언어의 민낯을 파헤쳐보려 합니다. 그래야 비트 세계의 본질을 마주 볼 수 있습니다.

컴퓨터는 0과 1을 가지고 논다

컴퓨터는 글자도 읽을 수 없고, 그림도 볼 수 없고, 음악도 들을 수 없습니다. 모든 것을 알아서 처리하는 만물박사처럼 보이지만, 컴퓨터가 하는 일이란 지극히 단순합니다. 그 일은 바로 0과 1이라는 디지털 언어를 읽고 재배열한 후에, 이렇게 재배열된 0과 1을 출력하는 것입니다. 머지않은 미래에 컴퓨터가 말을 하고, 감정을 갖게 되고, 의식이 있는 것처럼 간주된다 해도 컴퓨터가 하는 일이란 0과 1을 가지고 노는 것에서 벗어나지 않습니다. 정말 이런 일이 컴퓨터가 할 수 있는 일의 전부입니다. 다시 말해 비트를 읽고, 비트를 처리해서, 비트를 출력하는 것밖에 할 수 없습니다.

그런데 어떻게 컴퓨터가 인간에게 글자를 보여주고, 그림을 그려주고, 음악을 들려주는 것일까요? 컴퓨터는 마법의 상자일까요? 컴퓨터

가 마법 상자처럼 보이는 이유는 세상의 모든 것을 0과 1 단 2가지 숫자만으로 요리하기 때문입니다. 이 책에선 음악이나 영화 그리고 프로그램의 소스코드가 어떨 땐 '숫자'로 되어 있다고 이야기하다가, 또 어떨 땐 '글자'로 되어 있다고 이야기할 겁니다. 또 어떨 때는 '비트'라고도, 어떨 때는 '정보'라고도 이야기할 겁니다. 숫자, 글자, 비트, 정보, 이것들은 모두 표현된 겉모습만 다를 뿐 본질적으로 같은 것이라고 할 수 있습니다.

글자를 0과 1로 바꾸기

컴퓨터는 'A'라는 '글자'를 '1000001'이라는 2진수 '숫자'로 이해합니다. 사실 0과 1이란 것도 전 세계적으로 아라비아숫자가 통용되기에 사용하는 상징일 뿐입니다. 컴퓨터가 2진수 숫자를 이해한다기보다는 비트, 즉 2가지 다른 상태를 읽는다는 것이 정확한 표현입니다. 그러니 2진수 숫자가 아니라 'OnOffOffOffOffOffOn'나 '가나나나나나가'나 'OXXXXXO'라고 이해한다고 생각해도 좋습니다. 그리고 'B'는 '1000010'로, 'C'는 '1000011'로 이해합니다. 컴퓨터는 0과 1만 알고 A와 B 같은 알파벳은 모르니까요.

이렇게 알파벳 문자를 컴퓨터가 이해하는 숫자로 바꿔주기 위해 변환 테이블(코드북, 매핑 테이블)이라는 것이 존재합니다. 대표적인 예로 '아스키코드' 테이블 같은 것이 있습니다. 이 테이블에는 글자 'A'와 숫자 '1000001'을 같은 것으로 짝지어두었습니다. 이렇게 짝지어두면 글자와 숫자는 언제든지 왔다 갔다 할 수 있습니다. 즉, 100퍼센트의 정확도로 상호 변환이 가능한 거죠. 그러니 중간에 테이블만 하나 둔다면 글자나 숫자나 다 같은 기호 체계일 뿐입니다.

알파벳 = 숫자 = 기호 = 한글
A = 1000001 = OXXXXXO = 가나나나나나가
B = 1000010 = OXXXXOX = 가나나나나가나
C = 1000011 = OXXXXOO = 가나나나나가가

아스키코드 테이블

A	1000001	N	1001110
B	1000010	O	1001111
C	1000011	P	1010000
D	1000100	Q	1010001
E	1000101	R	1010010
F	1000110	S	1010011
G	1000111	T	1010100
H	1001000	U	1010101
I	1001001	V	1010110
J	1001010	W	1010111
K	1001011	X	1011000
L	1001100	Y	1011001
M	1001101	Z	1011010

누군가가 컴퓨터에 "HELLO"라고 쓰면 컴퓨터는 각각의 글자를 해당하는 숫자로 바꿉니다. 예를 들어 'H'를 '1001000', 'E'를 '1000101', 'L'을 '1001100', 'O'를 '1001111'로 바꿉니다. 아스키 테

이블 같은 것들을 이용해서요. 여러분이 보고 있는 이 책의 원고에 해당하는 컴퓨터 파일에도 글자가 아닌 숫자만 잔뜩 기록되어 있습니다. 컴퓨터가 이 숫자들을 읽어 들여 테이블을 보며 일일이 글자로 바꿔치기한 다음에 프린터나 인쇄기로 보내면 글자가 담긴 책이 인쇄되는 거죠. 물론 표준적인 아스키 테이블 말고도 워드프로세서마다 자신만의 고유한 변환 테이블을 갖고 있습니다. 어쨌든 숫자와 글자를 서로 바꿔치기해주는 테이블이 중간에 놓여 있는 것은 분명합니다. 그러니 'HELLO'와 '1001000 1000101 1001100 1001100 1001111'은 같은 것입니다. 컴퓨터는 자신의 메모리에서 '1001000 1000101 1001100 1001100 1001111'을 읽은 후 이것을 'HELLO'로 포장해서 우리에게 보여줍니다.

HELLO = 10010001000101100110010011001001111

아스키코드는 알파벳을 표현하기 위해 7개의 0과 1을 사용했습니다. A부터 Z까지 26글자밖에 안 되니 7비트면 충분합니다.[+] 그렇지만 한글은 알파벳보다 개수가 훨씬 많습니다. '가각갂갃간갅갆갇갈갉갊…'과 같이 무려 2,000글자도 넘게 존재합니다. 그러니까 한글은 7비트로는 부족하고 더 많은 비트가 필요합니다.

실제로 한글은 2바이트 그러니까 16개의 0과 1로 표현됩니다.[++] 완

성형 코드에서는 '물'이라는 1글자를 '1011101100111100'이라는 16개의 숫자와 동일한 것으로 정의해놓았습니다. 아스키코드처럼 2,000개가 넘는 한글 글자를 전부 해당하는 숫자와 짝지어놓은 거죠. 반면에 조합형 코드에서 초성인 'ㅁ'은 '01000'이라는 숫자와 짝이고, 중성인 'ㅜ'는 '10100', 종성인 'ㄹ'은 '01001'과 짝입니다. 한글 음절 하나를 초성, 중성, 종성으로 분해해서 각각 5개의 숫자로 변환하는 거죠. 완성형 코드를 이용할지 조합형 코드를 이용할지는 선택사항입니다. 완성형 코드에서 '물'은 '1011101100111100'과 동일하고, 조합형 코드에서 '물'은 '01000 10100 01001'과 동일합니다.

물 = 1011101100111100 (완성형)
물 = 01000 10100 01001 (조합형)

이제 숫자와 글자가 어떻게 서로 변환되는지 감이 잡히시나요? 사람은 글자로 타이핑해도, 컴퓨터는 그것을 일일이 비트로 바꿔서 처리하고 저장합니다. 그리고 컴퓨터끼리는 항상 숫자로 정보를 주고받습니다. 또한 모니터에 출력할 때는 숫자를 다시 글자로 바꿔 표현합니다. 그러니까 글자와 숫자는 동일한 것입니다. 언제든지 바꿔치기할 수 있다는 의미에서요.

++ $2^{16}=65,536$이므로 이론상 16비트는 6만 5,536개의 글자를 나타낼 수 있습니다.

음악과 사진을 0과 1로 바꾸기

컴퓨터는 심지어 음악도 숫자(0과 1의 조합)로 변환해서 저장합니다. '도'라는 음은 '도'에 해당하는 숫자로, '레'라는 음은 '레'에 해당하는 숫자로 변환해서 저장합니다. 이렇게 저장된 숫자를 읽어서 '도'에 해당하는 숫자일 때는 '도'라는 음을, '레'에 해당하는 숫자일 때는 '레'라는 음을 스피커를 통해 출력합니다. 스마트폰은 디지털카메라로 찍은 사진도 숫자로 변환해서 저장합니다. 빨간색 점은 빨간색에 해당하는 숫자로, 파란색 점은 파란색에 해당하는 숫자로 변환해서 저장합니다. 이렇게 저장된 숫자를 읽어서 빨간색에 해당하는 숫자일 때는 모니터에 빨간 점을 출력하고, 파란색에 해당하는 숫자일 때는 모니터에 파란 점을 출력합니다.

이와 같이 책이나 그림, 그리고 음악이나 영화는 모두 '글자', '숫자', '비트', '정보'로 바꾸어 표현될 수 있습니다. 이것들은 겉으로 드러난 모습만 다를 뿐 언제든지 숫자로 변환해서 저장한 후에 필요할 때 다시 원상태로 복원할 수 있는 것들입니다. 숫자, 코드, 기호, 글자 같은 것들을 통칭해서 비트라고 부를 수 있고, 이런 비트가 컴퓨터에 의해 세상에 출력되면 음악, 그림, 영화, 책, 컴퓨터 프로그램이 됩니다. 겉으로 보이는 모습이야 다양하지만 그 안에 숨어 있는 정보는 항상 비트의 형태로 존재하고 있습니다. 겉모습은 비트가 표현된 껍데기에 불과합니다.

2. 컴퓨터 속을 돋보기로 보면 숫자가 보일까?

컴퓨터가 사용하는 펜

컴퓨터에 진짜로 아라비아숫자 0과 1이 적혀 있다고 착각하는 사람들이 꽤 많습니다. 그런 말을 너무 자주 들었으니까요. 하지만 컴퓨터가 순식간에 수도 없이 많은 아라비아숫자를 적었다가 지우개로 지웠다가 할 리는 없습니다. CD를 불빛에 비춰 봐도 무지개 색깔만 보일 뿐 다음 그림에서처럼 아라비아숫자는 보이지 않습니다. 게다가 컴퓨터 메모리는 내부를 뜯어볼 수도 없어 도대체 어디에 숫자가 기록되어 있다는 것인지조차 확인할 수 없습니다. 컴퓨터는 0과 1로 모든 것을 처리한다더니 도대체 그 0과 1들은 어디 적혀 있는 걸까요? 아니, 컴퓨터는 어떻게 글자를 쓰는 걸까요?

사실 0과 1을 굳이 아라비아숫자로 기록할 필요는 없습니다. 물리적으로 다른 상태를 만들어낼 수만 있다면 그 두 상태 중 하나를 '0', 다른 하나를 '1'로 부르면 그만이기 때문입니다. 앞에서 말한 대로 컴퓨터에게 0과 1이란 숫자라기보다 어떤 물리적 상태를 나타내는 기

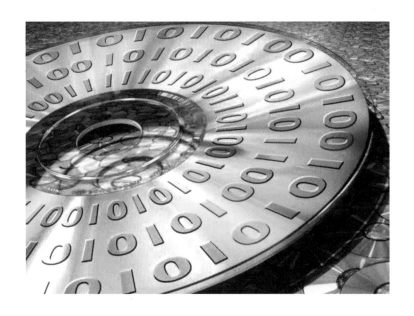

호일 뿐입니다. 그래서 서로 다른 2가지 상태를 만들어낼 수만 있다면 그것을 이용해서 0과 1(또는 O와 X)을 기록할 수 있습니다. 사람은 연필이나 볼펜으로 글자를 쓰지만 컴퓨터는 그럴 수 없습니다. 아니, 그럴 수 있지만 너무 비효율적입니다. 1초에 수없이 많은 숫자를 읽고 써야 하는데 사람처럼 펜으로 글자를 쓸 수는 없으니까요. 그래서 컴퓨터에게는 펜을 대체할 만한 무언가가 필요했습니다. 그 펜은 값이 쌀수록, 2가지 상태를 쉽게 변화시킬 수 있을수록, 한 번 쓰인 글자가 안정적으로 유지될수록, 가능한 한 좁은 면적에 가능한 한 많은 글자를 쓸 수 있을수록 좋습니다. 어떤 수단이 이런 펜으로 기능할 수 있을까요?

구멍 뚫기(천공카드)

처음에 고려한 펜은 종이에 뚫린 '구멍'이었습니다. 바로 천공카드 punched card입니다. 종이에 구멍이 뚫려 있으면 1이고, 없으면 0을 나타 내기로 약속한 거죠. 그래서 긴 종이에 구멍을 뚫거나 안 뚫거나 해서 1과 0을 표현한 다음에 이 종이를 컴퓨터에 집어넣었습니다. 1970년 대에는 천공카드에 구멍을 뚫는 일이 새로운 유망 직업으로 소개될 정 도였습니다. 컴퓨터는 이렇게 사람이 뚫어놓은 구멍들을 글자로 인식 해서 계산을 했습니다. 최초의 컴퓨터로 알려진 에니악ENIAC이 바로 이 천공카드를 이용했습니다. 요즘에도 가끔 시험장에서 OMR 답안 지를 이용하는 경우가 있습니다. OMR은 구멍을 뚫는 대신 사인펜으 로 색칠을 하죠. 원리는 천공카드와 비슷합니다. 하지만 이런 방식 역

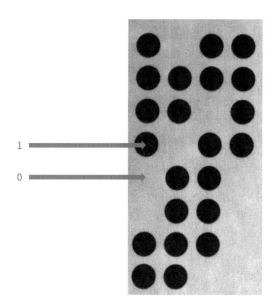

시 많은 숫자들을 처리하기엔 한계가 있었습니다. 간단한 연산을 하나 시키는 데도 수도 없이 많은 종이가 필요했으니까요. 그래서 컴퓨터 엔지니어들은 다른 수단을 강구하기 시작했습니다.

빛으로 태우기(CD, DVD)

최근까지도 유용하게 쓰이고 있는 펜은 바로 '빛'입니다. CD나 DVD는 컴퓨터가 빛으로 써내려간 1권의 책입니다. CD나 DVD를 현미경으로 확대해 본다면 그림에서처럼 홈이 파진 부분(피트pit)과 안 파진 부분(랜드land)이 보일 겁니다. 컴퓨터는 레이저 빛을 쏴서 피트를 만들 부분을 태워 없앱니다. 이렇게 태우니까 CD/DVD를 제작하는 과정을 흔히들 '굽는다burn, bake'라고 말합니다. 실제로 글자가 갓 기록되어 나온 CD는 뜨끈뜨끈합니다. 그래서 한때 유명했던 CD 제작 프로그램의 이름이 'Nero Burning Rom'이었습니다. CD/DVD 라이터 writer가 빛을 쏘거나 안 쏘거나 해서 서로 2가지 다른 상태인 피트와 랜

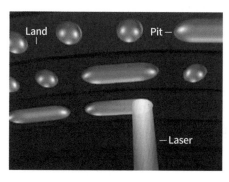

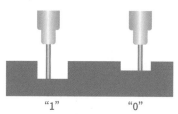

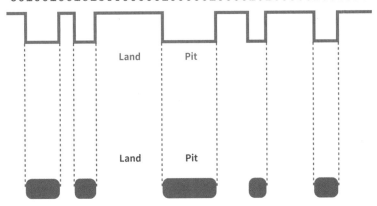

드를 만듭니다. 그리고 이것들로 0과 1을 기록합니다. DVD가 CD보다 저장 용량이 크니, DVD에는 피트와 랜드 간의 간격이 더 가까울 겁니다. 피트는 CD/DVD의 안쪽에서부터 나선 형태로 조금씩 바깥쪽으로 돌면서 만들어집니다.

피트와 랜드를 이용해서 0과 1을 읽어내는 방법은 간단합니다. 컴퓨터는 랜드와 피트가 새겨진 CD나 DVD에 레이저 빛을 쏴서 반사된 빛의 변화를 분석합니다. 물론 글자를 읽을 때 쏘는 빛과 글자를 기록할 때 쏘는 빛은 다릅니다. 기록할 때는 염료를 태워버리는 강렬한 빛이고, 읽을 때는 반사되어 되돌아오는 약한 빛입니다. 랜드에서는 빛이 반사되어서 돌아오지만, 피트에서는 빛이 산란되어서 돌아오지 않습니다. 랜드에서 피트로 또는 피트에서 랜드로 바뀌는 부분이 1이고 나머지는 다 0입니다. 그러니까 CD에 700메가바이트의 데이터가 기록되었다는 것은 이렇게 홈을 파거나 안 파거나 해서, 약 60억 개[+]의 0

과 1을 기록했다는 뜻입니다. 이제 CD나 DVD를 현미경으로 보게 되면 우리 눈으로도 어느 부분이 0이고 어느 부분이 1인지를 확인할 수 있겠죠? 이렇게 정보가 기록된 CD나 DVD의 한가운데를 손으로 잡는다면 기름이나 먼지가 묻어 레이저 빛의 반사를 방해할 겁니다. 그래서 컴퓨터는 더러워진 CD나 DVD를 읽을 때 가끔 에러를 발생시킵니다. 기름이나 먼지 때문에 반사된 빛이 왜곡돼서 0인지 1인지 헷갈린 거죠.

0과 1의 2개의 숫자만 기록하지 않고, 0, 1, 2를 기록할 수는 없을까요? 물론 가능합니다. 이 경우에는 홈을 많이 파고, 조금 파고, 안 파고해서 3가지 경우로 구분을 해야겠네요. 그런데 이렇게 홈을 많이 파고 조금 파다 보면 실수가 생길 수 있습니다. 홈을 많이 판 건지 조금 판건지 헷갈리니까요. 이런 실수를 줄이려면 정밀한 기계를 만들어야 하는데, 그러려면 기계 값이 비싸집니다. 그래서 사람들은 0과 1의 2개의 숫자만 이용해서 컴퓨터를 만들기로 결정했습니다. 그게 제일 간편하니까요.

사람은 10진수를 사용하는데 컴퓨터는 2진수를 사용하니 컴퓨터가 더 명청할까요? 그렇진 않습니다. 인식 체계가 다를 뿐 2개의 숫자만으로도 모든 것을 표현할 수 있고 또 충분합니다. 사람이 10진수를 사용하는 이유는 사실 손가락이 10개이기 때문입니다. 2진수를 쓸지 10진수를 쓸지 장단점을 비교해서 선택한 것이 아닙니다. 그냥 옛날부터

+ 700메가바이트=700×2^{20}(메가)×8(바이트)=5,872,025,600비트

열 손가락으로 사물을 셌기 때문에 10진수를 사용하게 된 거죠. 만일 사람 손가락이 16개였다면 16진수를 사용했을 테니, 사람들은 컴퓨터와 친해지기가 한결 수월했을 겁니다. 컴퓨터가 0과 1의 2개의 숫자(2가지 물리적 상태)만을 이용하는 이유는 기록하기 쉽고 또 그것을 다시 읽어내기 쉽기 때문입니다. 디지털의 의미가 값이 구별되게 끊어져 있고 그 중간값이 없다는 뜻입니다. 즉, 0이면 0이고 1이면 1이지, 0.1이나 0.2 같은 값은 없다는 겁니다. 중간값이 있는 경우를 아날로그라고 부르는데 이는 디지털의 반대 개념입니다. 컴퓨터는 모든 정보를 디지털로만 처리합니다.

전자를 넣었다 빼기 (플래시메모리)

CD나 DVD와 같은 광학 매체에 빛으로 글자를 새겼다면, 플래시메모리에는 어떻게 글자를 새길까요? 컴퓨터는 '전기'를 이용해서도 글자를 쓸 수 있습니다. 전기로 2가지 상태를 만들어내면 되니까요. 먼저 반도체 제조 공정으로 플래시메모리 안에 수많은 셀을 만듭니다. 그리고 플래시메모리의 전자회로를 구동해서 셀 안에 전자를 채우거나 전자를 빼도록 조절합니다. 셀 안에 전자가 채워진 상태가 '0'이라면, 전자가 없는 상태는 '1'입니다. 이와 반대로 전자가 채워진 상태를 '1'로, 전자가 없는 상태를 '0'으로 할 수도 있습니다. 어쨌든 물리적으로 2가지 상태를 구별할 수만 있다면 그것을 '0'으로 부를지 '1'로 부를지는 만든 사람 마음입니다. 숫자 '0'과 '1'은 상징일 뿐이니까요.

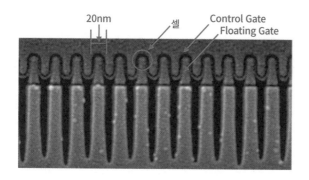
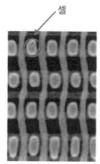

플래시메모리는 대표적인 비휘발성 메모리입니다. 휘발유가 상온에서 증발해 날아가버리듯이 휘발성은 그대로 두었을 때 데이터가 저절로 지워지는 것을 뜻합니다. 반대로 비휘발성은 전원을 꺼도 기록해둔 '0'과 '1'(즉, 기록된 물리적 상태)이 그대로 보존된다는 뜻입니다. USB메모리는 비휘발성이니 데이터를 담은 후에 컴퓨터 본체로부터 분리해서 들고 다닐 수 있는 겁니다. USB메모리 안의 전자들은 계속 셀 안에 갇힌 상태로 남아 있으니까요.

충전하거나 방전하기(램)

컴퓨터는 램RAM에도 전기로 글자를 기록합니다. RAM은 'Random Access Memory'의 약칭으로 어떤 곳에 있는 데이터든 임의로Random 접근해서Access 데이터를 읽어 올 수 있다는 뜻입니다. 컴퓨터가 램 안의 축전기(캐패시터)에 전하를 충전시키면 '1'이 되고, 전하를 방전시키면 '0'이 됩니다. 그런데 충전된 전하는 시간이 지남에 따라 여러 경로를 통해 저절로 유실됩니다. 그래서 휘발성 메모리라고 부르죠. D램 소자는 전원이 켜진 상태에서도 주기적으로 전하를 재충전(리프레시)시켜줘야 합니다. 자꾸 전하가 도망가니까요.

자석으로 기록하기(HDD, 자기 매체)

컴퓨터는 빛이나 전기 말고 '자석'으로도 글자를 기록할 수 있습니다. 자석 역시 서로 다른 2가지 상태인 N극과 S극이 있으니까요. 하드디스크는 자석을 이용해서 N극과 S극을 바꿔가며 0과 1을 원반 형태의 플래터platter에 기록합니다. 이 플래터가 플로피디스크에 비해 단단하기 때문에 하드디스크라는 이름이 붙게 됐습니다. 철심에 코일을 감은 뒤에 전류를 흘려주면 철심의 한쪽은 S극, 그리고 반대쪽은 N극이 됩니다. 코일에 흐르는 전류 방향을 바꿔주면 철심의 S극과 N극이 서로 뒤바뀌죠. 하드디스크의 플래터가 계속 회전하는 상태에서 필요에

따라 코일에 흐르는 전류 방향을 바꿔줍니다. 예를 들어, 전류 방향이 바뀌면 1, 바뀌지 않으면 0이 기록됩니다.

하드디스크와 마찬가지로 다른 자기 매체들도 이와 같은 원리로 0과 1이 기록되어 있습니다. 카세트테이프, 비디오테이프, 신용카드 뒷면의 검은 띠, 은행통장 뒷면의 검은 띠가 모두 자기 매체입니다. 그래서 이런 자기 매체 근처에는 자석을 가까이 하면 안 됩니다. 기록된 자기 극성이 바뀌면 0과 1이 뒤바뀌어버리니까요. 이것 또한 자기 극성이 계속 남아 있으니 비휘발성 메모리입니다.

한 방에 인쇄하기

지금까지는 컴퓨터가 빛이나 자석이나 전기로 일일이 1글자씩 쓰는 방법을 설명했습니다. 한꺼번에 여러 글자를 쓸 수는 없을까요? 물론 가능합니다. 미리 써둔 글자들을 한꺼번에 대량 인쇄하면 됩니다.

이런 인쇄 기술 중의 하나가 포토리소그래피photolithography 기술입니다. 포토photo는 사진이고 리소그래피lithography는 돌에 새기는 것을 뜻합니다. 그러니 포토리소그래피는 사진에 있는 글자들을 돌에 새기는 기술입니다. 컴퓨터에 들어가는 마스크롬Mask ROM이 이 기술로 만들어집니다. 아예 글자를 영구적으로 새긴 것이니 당연히 전원이 끊겨도 0과 1이 지워지지 않습니다.

먼저 자신이 기록하고 싶은 글자들이 들어 있는 마스크를 제작합니다. 마스크는 마치 셀로판지에 잉크로 원하는 글자를 그려 넣은 것과 비슷합니다. 그리고 반도체 기판 위에 이 마스크를 두고 위에서 빛을 쪼입니다. 그러면 그 빛이 마스크의 투명한 부분은 통과하고 불투명한 부분은 통과하지 못합니다. 결국 마스크에 써두었던 글자들과 동일한 모양의 패턴이 반도체 기판에 인쇄되는 겁니다. 이렇게 인쇄된 패턴은 더 이상 고칠 수 없고 영구히 보존됩니다.

인류가 글자를 물질에 새겨 넣는 기술은 지난 수십 년간 눈부신 발전을 거듭해왔습니다. 반도체에 써넣을 수 있는 글자 수가 18개월마다 2배로 증가한다는 무어의 법칙Moore's law이 생겨날 정도였으니까요. 실제로 이 법칙에 따라 반도체 회사들은 18개월마다 반도체 성능을 2배씩 끌어올려왔습니다. 그래서 메모리를 구입한 지 몇 년만 지나면 가격이 형편없이 떨어지는 것을 다들 경험했을 겁니다. 하지만 글자와 글자 사이의 간격*이 10나노미터에 이르면서 이 무어의 법칙은 한계

+ 반도체 회로 선폭이라고 부릅니다.

상황을 맞이하고 있습니다. 글자와 글자 사이가 더 좁아지면 반도체에서 열이 많이 나는데 이 문제를 해결할 수 없게 된 것입니다. 뜨거운 스마트폰을 들고 다닐 사람은 아무도 없습니다. 그런데 현재로선 이 발열 문제를 해결할 마땅한 방법을 못 찾고 있습니다.

DNA에 기록하기

그래서 인류는 반도체와 전혀 다른 물질에 글자를 기록할 방법을 모색하고 있습니다. 첫 번째 후보 물질은 바로 DNA입니다. 0과 1을 A, T, C, G라는 글자로 번역해서 DNA에 기록하려는 시도입니다. DNA가 비록 최근에 발견되긴 했지만 생명체의 역사만큼이나 오래된 저장 매체인 것은 분명합니다. 내 몸속 세포에는 최신 USB메모리보다 더 훌륭한 저장 매체가 들어 있습니다. 아주 작은 공간에 30억 개 이상의 글자를 저장할 수 있으니, 반도체메모리보다 성능이 뛰어난 것은 확실합니다. 글자 하나는 염기(여러 개의 원자들이 뭉쳐진 것) 하나에 기록될 테니 1글자의 크기는 여러 원자들을 합친 정도의 크기가 될 겁니다. 다만 인간이 전기나 빛으로 글자를 쓸 때만큼 빠른 속도로 DNA에

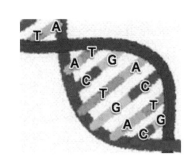

11110011010101011
10101011110101111
01110101010111010
10101010101111110
10101010101111101
01010100001111000

글자를 기록할 수 있을지는 미지수입니다.

원자에 글자 새기기

다음으로 고려하고 있는 것은 반도체도 아니고 DNA도 아닌 '원자' 그 자체에 글자를 새겨 넣는 기술입니다. DNA는 여러 개의 원자에 하나의 글자가 새겨진 것입니다. 하지만 이 기술은 원자 1개에 글자 1개를 새기겠다는 시도입니다. 원자의 구조가 제대로 밝혀진 것도 불과 100년밖에 되지 않았습니다. 그 전까진 이 세상에서 가장 작은 입자가 원자였습니다. 그런데 이제는 그 작은 입자에 글자를 기록하겠다고 시도하기에 이른 겁니다. 기록 원리는 다른 것들과 비슷합니다. 원자 상태를 2가지 다른 상태로 만들어내고 그 상태를 읽을 수 있으면 됩니다. 만일 원자 상태를 우리 마음대로 조정할 수 있다면 원자는 0이나 1이 기록된 메모리가 됩니다. 스핀트로닉스spintronics 기술은 원자 주위를 도는 전자의 회전(스핀) 방향을 조정해서 비트를 저장하려고 시도하고 있습니다. 예를 들어, 스핀업을 '1'로 스핀다운을 '0'으로 기록하는 거죠.

이와 달리 홀뮴 원자(Ho, 원자번호 67)에 외부 자극을 가해 내부 자성 방향을 '위'나 '아래'로 바꿔서 비트를 저장하려는 시도도 있습니다. 마찬가지로 '위'나 '아래'를 각각 '0'과 '1'로 취급하면 됩니다. 아직은 어떤 기술이 상업적으로 성공할지 알 수 없습니다. 이런 기술들은 실험실에서만 성공을 거두었을 뿐이니까요. 원자에 글자를 새겨 넣

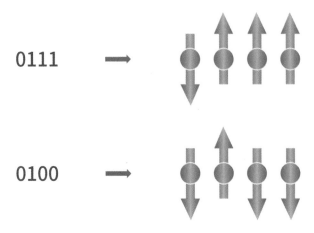

0111 →

0100 →

게 되면 USB메모리 1개에 전 세계의 모든 영화를 담을 수 있다니 기대해봐야 할 것 같습니다.

컴퓨터는 이와 같이 서로 다른 2가지 다른 상태를 이용해 비트를 기록하고 있습니다. 0과 1은 천공카드에서는 구멍, CD에서는 홈, 반도체메모리에서는 전기, 하드디스크에서는 자기로 표현됩니다. 그리고 마스크롬에서는 패턴, DNA에서는 원자의 덩어리, 원자 메모리에서는 스핀 방향이나 자성 방향으로 표현됩니다. 디지털 언어에서 0과 1은 물리적 상태를 호칭하는 상징일 뿐임을 기억해야 합니다. 그리고 0과 1을 기록하는 대상이 되는 물질은 앞으로 계속 변화해갈 것입니다. 더 싸고 더 집적도가 높은 물질이 발견되기만 한다면요.

3. 비트로 만들어진 모니터 속 세상

문서 속에 숨어 있는 0과 1

20세기의 가장 위대한 철학자로 불리는 비트겐슈타인은 그가 제안한 '그림 이론picture theory'에서, 의미하는 대상이 '그림'처럼 그려질 수 있어야 의미 있는 문장이 된다고 이야기했습니다. 그러면서 "말할 수 없는 것에 대해서는 침묵해야 한다"라는 명언을 남겼죠. 실제로 지식은 머릿속에 그림이 그려질 때 비로소 유용한 지식이 되는 경우가 많이 있습니다. 그림이 뚜렷하게 그려지지 않으면 그 지식은 추상적이고 이론적인 수준에 머물고 말 가능성이 높습니다. 많은 사람들은 컴퓨터 파일이 0과 1이라는 디지털 언어로 쓰여 있다는 것을 '지식'으로만 알고 있습니다. 하지만 파일 안에 들어 있는 0과 1을 눈으로 확인한 적이 없으니 그런 지식이 머릿속에는 '그림'으로 남아 있지 않습니다. 디지털 언어가 항상 본모습을 드러내지 않고 숨어 있기 때문입니다.

실제로 간단한 텍스트(*.txt) 파일을 한번 만들어서 그 안에 몇 개의 0과 1이 들어가는지를 '눈'로 확인해보겠습니다. 이런 뻔한 작업을 굳이 하는 이유는 추상적 지식을 그림으로 바꾸기 위해서입니다. 그리고 디지털 언어의 화장한 모습을 지우고 맨 얼굴을 확인하기 위해서입니다. 파일 이름은 '텍스트파일.txt'로 짓겠습니다. 그리고 그 텍스트 파일 안에는 다음을 써넣을 겁니다.

알파벳 대문자(A~Z) 26개
알파벳 소문자(a~z) 26개
숫자(0~9) 10개
한글(가~하) 14개

총 76(26+26+10+14)개의 글자죠. 그리고 저장 버튼을 누르면 알파벳과 숫자 1글자는 각각 1바이트의 숫자로, 한글 1글자는 2바이트의 숫자로 다음과 같이 변환됩니다.

알파벳 대문자(A~Z) 26개는 26바이트로
알파벳 소문자(a~z) 26개는 26바이트로
숫자(0~9) 10개는 10바이트로
한글(가~하) 14개는 28바이트로

글자들을 써넣고 저장한 후 '텍스트파일.txt'의 크기를 확인해보면 실제로 90(26+26+10+28)바이트인 것을 확인할 수 있습니다. 720개의 0과 1이 텍스트 파일에 들어간 거죠. 즉, '76개의 글자'가 '720개의 숫자(비트)'로 변해 저장되었다는 뜻입니다.⁺ 여러 가지 파일 중에 텍스트 파일의 크기가 가장 작은 편입니다. 그 이유는 글자마다 단지 1~2

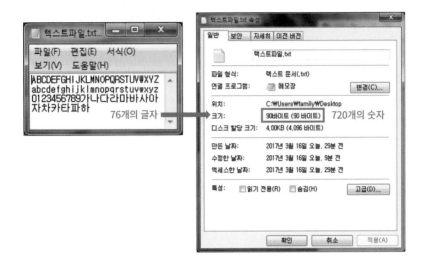

바이트의 숫자로 변환해주면 되기 때문입니다.

텍스트 파일을 핵사 편집기Hexa Editor로 열어서 그 내부를 들여다보 겠습니다. 이 핵사 편집기는 해당 파일에 실제로 적혀 있는 디지털 언 어를 아무런 가공도 하지 않은 채 숫자 상태 그대로 보여주는 프로그 램입니다.[++] 우리가 흔히 보는 '메모장'과 같은 프로그램이 오히려 특 별한 기능을 갖고 있다고 할 수 있습니다. 메모장 프로그램은 아스키코 드 테이블 같은 것들을 참조해서 숫자를 글자로 바꿔치기해 보여주니 까요. 핵사 편집기의 화면 왼쪽에는 16진수[+++] 숫자가 잔뜩 적혀 있고, 오른쪽에는 그 16진수 숫자에 해당하는 글자들이 적혀 있습니다.[++++]

[+] 1바이트는 8비트이므로 90바이트는 90×8인 720비트입니다.

[++] 포털사이트에서 '핵사편집기', 'hex editor' 또는 'hxd'로 검색하면 무료 프로그램을 쉽게 다운로드받을 수 있습니다.

텍스트 파일의 맨 얼굴은 사실 왼쪽에 적혀 있는 숫자들입니다. 그리고 오른쪽에 적힌 글자들은 화장한 얼굴에 해당합니다. 그러니 컴퓨터 파일의 본래 모습은 헥사 편집기의 왼쪽 모습이라는 사실을 머릿속에 '그림'으로 기억해야 합니다. 그렇게 될 때 컴퓨터 파일이 0과 1로만 쓰여 있다는 것이 '지식' 수준에 머무르지 않고, '경험'적 사실이

+++ 16진수는 0과 1을 4개씩 읽어서 0~F 사이의 글자로 표시한 것입니다. 이렇게 4비트는 0~15 사이의 숫자 하나로 변환됩니다. 16진수에서 10은 A로, 11은 B로, 12는 C로, 13은 D로, 14는 E로, 15는 F로 표시됩니다.

++++ 텍스트 파일은 보편적으로 사용되는 코드 변환표에 따라 만들어집니다. 따라서 무료 소프트웨어인 헥사 편집기도 해당 파일에 적힌 16진수 숫자가 의미하는 글자를 오른쪽에 대략적으로 보여줄 수 있습니다. 헥사 편집기가 파일에 적힌 비트들을 2진수 대신에 16진수로 표시하는 이유는 2진수로 표시할 경우 너무 길어서 보기 불편하기 때문입니다.

될 수 있습니다.

알파벳 'A'는 '41'이라는 숫자로, 'B'는 '42'라는 숫자로 바뀌었습니다. '41 42'는 16진수이니까, 이를 디지털 언어인 2진수로 표현하면 '0100 0001 0100 0010'입니다. 영어 'AB'가 총 16개의 0과 1로 변환된 겁니다. 이렇게 저장된 '텍스트파일.txt'를 더블클릭 하면 메모장 프로그램은 거기 적힌 0과 1들을 순서대로 읽습니다. 그리고 그것들을 해당하는 글자로 바꾼 후 모니터에 표시합니다. 다시 말해 '41 42(0100 0001 0100 0010)'를 읽어서 'AB'라는 글자로 바꾸어 표시하는 식입니다. 그러니까 컴퓨터는 항상 숫자를 읽고 있고, 사람은 모니터를 통해 글자를 보게 되는 겁니다.

실험을 위해 맨 앞에 적힌 숫자 '41 42 43'을 '21 22 23'으로 바꾸어보겠습니다. '41'을 '21'로 바꾸는 순간 오른쪽에 적힌 글자 'A'는 '!'로 변합니다. 숫자 21은 느낌표였던 거죠. 그 옆의 숫자 '42'를 '22'로 바꾸는 순간 오른쪽에 적힌 글자 'B'는 따옴표(")로 변합니다. 또한 그 옆의 숫자 '43'을 '23'으로 바꾸는 순간 오른쪽에 적힌 글자 'C'는 샵기호(#)로 변합니다. 이렇게 파일에 적힌 숫자를 직접 편집하는 행위는 사실 해커들이 많이 하는 일입니다. 헥사 편집기에서 저장 버튼을 누른 후 빠져나와 메모장에서 다시 해당 파일을 열어보면 그 내용이 'ABCDEFGH…'가 아니라 '!"#DEFGH…'로 시작됨을 확인할 수 있을 겁니다.

텍스트 파일과 마찬가지로 MS 워드 파일에도 디지털 언어만 잔뜩 적혀 있습니다. 메모장, MS 워드, 아래아한글과 같은 프로그램들은 이

📄 🖨▾ ⌨ ✎ 🖩 | ↔ 16   ✓ | ANSI   ✓ | 16 진수 ✓

📑 텍스트파일.txt

```
Offset(h) 00 01 02 03 04 05 06 07 08 09 0A 0B 0C 0D 0E 0F
00000000  21 22 23 44 45 46 47 48 49 4A 4B 4C 4D 4E 4F 50   !"#DEFGHIJKLMNOP
00000010  51 52 53 54 55 56 57 58 59 5A 61 62 63 64 65 66   QRSTUVWXYZabcdef
00000020  67 68 69 6A 6B 6C 6D 6E 6F 70 71 72 73 74 75 76   ghijklmnopqrstuv
00000030  77 78 79 7A 30 31 32 33 34 35 36 37 38 39 B0 A1   wxyz0123456789°;
00000040  B3 AA B4 D9 B6 F3 B8 B6 B9 D9 BB E7 BE C6 C0 DA   ªªˊÙ9Ö¸┬Ù«ç≠ÆÀÚ
00000050  C2 F7 C4 AB C5 B8 C6 C4 C7 CF                     Â÷Ä«Å¸ÆÄÇÏ
```

런 디지털 언어를 읽어서 인간이 인식하는 글자로 바꿔 보여주는 변환 프로그램입니다. 이제 무료 핵사 편집기를 하나 설치하신 후에 자신의 컴퓨터에 있는 아무 파일이나 열어 그 안에 적힌 숫자들을 확인해보시기 바랍니다.[+] 마치 과학자가 고해상도 현미경으로 원자를 들여다보듯이요. 그 숫자들이 컴퓨터 파일의 속살이자 맨 얼굴입니다. 우리는 항상 그 숫자들을 가공 처리한 결과물만 보고 살았기 때문에 낯설게 느껴질 겁니다. 하지만 컴퓨터는 늘 그 숫자들만 보고 산다는 것을 기억해야 합니다. 텍스트 파일을 쳐다보며 그 뒤에 숨은 숫자들을 떠올릴 수 있다면 디지털 세계가 보다 친숙하게 느껴질 것입니다. 영화 〈매트릭스〉에서 흘러 다니는 0과 1은 우리 주변을 늘 떠다니고 있습니다. 우리가 친구에게 문자 메시지를 보낼 때 그 문자들은 전부 숫자로 변해 전송된다는 사실을 의식해야 합니다. 비트들은 문자라는 화장을 한 채 우리 곁에 머물고 있습니다.

[+] 주의할 점은 그 숫자들을 마음대로 편집한 후에 저장 버튼을 누르면 안 된다는 것입니다. 잘못하면 파일이 망가져서 컴퓨터가 해석하지 못할 수도 있습니다.

음악 속에 감춰진 0과 1

언제부터 사람들이 글자로 무언가를 만들기 시작했을까요? 이런 일들은 컴퓨터가 발명된 후에야 비로소 벌어진 일일까요? 사실 컴퓨터가 존재하기 전에도 코드를 배열하는 것만으로 무언가를 만드는 일이 있었습니다. 바로 작곡입니다. 사람이 듣는 음악은 '도레미파솔라시'라는 디지털 코드로 구성되어 있습니다. '음*'이라는 것은 물체를 두드릴 때 주변의 공기가 울리면서, 그 울림이 귀에 전달되는 진동수를 말합니다. 따라서 음을 표시하는 가장 정확한 이름은 '도', '레', '미'와 같은 계이름이 아니라 고유한 진동수를 나타낸 '262헤르츠', '294헤르츠', '330헤르츠'일 것입니다. '도'는 1초에 262번 진동하는 음을 가리키는 코드이니까요.

'도레미파솔라시' 음계는 누가 만든 것일까요? 놀랍게도 모차르트나 바흐 같은 음악가가 아닌 어느 수학자에 의해 탄생했습니다. 그는 바로 기원전 6세기에 활동했던 피타고라스입니다. 우연히 대장간 앞을 지나던 피타고라스는 대장장이 4명이 서로 다른 망치로 쇠를 내리치는 소리를 듣고, 소리가 발생하는 원리는 공기의 진동에 의한 것임을 알아차렸습니다. 그 후 그는 공기와 진동수 사이의 연관성을 찾아 '음'과 '숫자' 사이의 관계를 정립했습니다. 음을 디지털 코드로 변환한 것입니다.

도	레	미	파	솔	라	시
252 Hz	294 Hz	330 Hz	349 Hz	392 Hz	440 Hz	494 Hz

악보를 보면 음표가 여기저기 걸려 있습니다. 음표의 머리가 어디에 걸려 있느냐에 따라 그것을 '도'라고 부르기도 하고 '레'라고 부르기도 합니다. 우리는 악보에 그려진 음을 보통 '도레미파솔라시'라고 읽지만 'CDEFGAB'나 '1234567'이라고 읽어도 상관은 없습니다. 진동수를 어떤 '글자'로 기호화할 것이냐, 어떤 '숫자'로 기호화할 것이냐의 문제이니까요. 그래서 스마트폰에 저장된 MP3 파일에도 이렇게 기호화된 숫자만 잔뜩 들어 있습니다. 그리고 무선으로 전송되는 스트리밍의 실체도 숫자입니다. 어떻게 숫자만으로 수십 가지 악기가 어우러진 교향곡이나 팝송을 플레이할 수 있을까요?

누군가 바이올린을 연주하거나 노래를 하면 그 소리는 아날로그 신호로 울려 퍼집니다. 다시 말해, 음이 연속적으로 변한다는 겁니다. 다음 그래프에서 빨간색 곡선이 아날로그 형태로 변하는 소리를 나타냅니다. 하지만 컴퓨터는 이런 아날로그 소리를 취급할 수 없습니다. 그래서 아날로그 소리를 디지털 소리로 바꿔줘야 합니다. 디지털이란 음이 연속적으로 변하지 않고 딱딱 끊어진다는 겁니다. 그래프에 표시된 파란 점이 디지털로 변환된 값들입니다. 소리의 높낮이를 −8부터 +7까지 총 16단계로 구별했습니다.[+] 그리고 빨간색 곡선을 따라 연주된

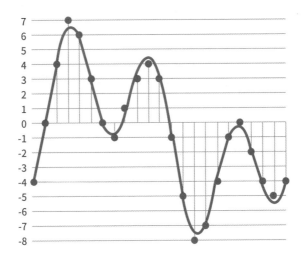

음악을 −4, 0, 4, 7, 6, 3, 0, −1, 1, 3, 4, 3, −1, −5, −8, −7, −4, −1, 0, −2, −4, −5, −4라는 23개의 점으로 바꾸었습니다.[++] 즉, 음악을 23개의 '숫자'로 흉내 낸 겁니다. 컴퓨터는 이런 숫자들을 읽어서 다시 바이올린 소리나 노랫소리를 복구해냅니다.

MP3 파일에 들어 있는 것들

실제로 음악 파일 중 대표 격이라 할 수 있는 MP3[+++] 파일의 내부

[+]   16단계(24단계)로 음의 높낮이를 표현하는 것을 4비트심도Bit Depth라고 부릅니다. 각 음(파란색 점)을 4개의 0과 1로 표현한 것입니다.

[++]   만일 빨간색 곡선이 1초 동안 연주된 음악이었다면, 1초에 23개의 파란색 점을 추출한 것을 23헤르츠로 샘플링했다고 말합니다.

[+++]   MP3는 MPEG audio Layer-3의 약어입니다. MPEGMoving Picture Experts Group는 동영상에 관한 국제 표준을 정하는 단체인데, 이 단체에서 오디오 압축 기술에 대한 표준인 MP3도 만들었습니다. MP3 기기를 만들기 위해서는 MP3 특허에 대한 라이선싱료를 지불해야 했습니다. 하지만 2017년에 MP3 특허가 존속기간이 만료되어 소멸함에 따라 누구나 무료로 사용할 수 있게 되었습니다.

를 직접 들여다보겠습니다. 음원 사이트에서 다운로드받은 MP3 파일의 속성을 보면(해당 파일에서 마우스로 우클릭한 후 '속성'을 선택하면 볼 수 있습니다), 파일 크기는 약 10메가바이트이고, 비트 전송률은 320kbps라고 표시되어 있습니다. 320kbps^{kilobit per second}(초당 킬로비트)는 초당 320킬로 개의 0과 1로 음악 파일을 만들었다는 뜻입니다. 단지 1초 동안 음악을 플레이하기 위해 약 32만(320×1,024) 개의 0과 1을 읽어 들여 스피커를 진동시킨다는 의미입니다. 너무 많다고요? 사실 이것도 숫자의 개수를 많이 줄인 겁니다. 압축하는 방식으로요.⁺ 압축하지 않았다면 비슷한 음질을 표현하기 위해 초당 140만 개⁺⁺의 0과 1이 필요했을 겁니다. 우리가 무심코 듣는 음악을 플레이하기 위해

⁺ 이를테면 0이 30개 연속으로 나올 경우 원래는 '000000000000000000000000000000'이라고 적어야 하지만 이 대신에 '0이 30개'라고 적어버리는 것입니다.

MUSIC.mp3

```
Offset (h)  00 01 02 03 04 05 06 07 08 09 0A 0B 0C 0D 0E 0F
00000000    49 44 33 03 00 00 00 16 47 54 54 50 4F 53 00 00   ID3.....GTTPOS..
00000010    00 02 00 00 00 31 55 53 4C 54 00 00 0E DA 00 00   .....1USLT...Ú..
00000020    01 6B 6F 72 FF FE 00 00 FF FE FF FE 98 B7 7C D3   .korÿþ..ÿþÿþ˜·|Ó
00000030    20 00 31 B5 C0 C9 7C B9 20 00 BC B5 94 B2 20 00    .1µÀÉ|¹ .¼µ”² .
00000040    11 C9 0D 00 0A 00 74 C7 20 C8 20 00 4D 00 43 00   .É....tÇ È .M.C.
00000050    5C B8 0D 00 0A 00 FC D3 20 00 A1 C7 E0 AC 20 00   \¸....üÓ .¡Çà¬ .
00000060    78 AC B4 C5 00 AC E0 AC 20 00 F6 C2 B4 C5 0D 00   x¬´Å.¬à¬ .öÂ´Å..
00000070    0A 00 08 C6 20 C2 00 AC 58 C7 20 00 38 AE 5C B8   ...Æ Â.¬XÇ .8®\¸
00000080    0D 00 0A 00 55 D6 E4 C2 88 D7 20 00 E8 B2 E8 B2   ....UÖäˆ× .è²è²
00000090    74 D5 38 C8 84 BC B0 B9 0D 00 0A 00 B4 B0 20 00   tÕ8È„¼°¹....´° .
000000A0    E0 C2 50 B1 FC AC 20 00 45 00 67 00 6F 00 0D 00   àÂP±ü¬ .E.g.o...
```

음악 파일의 본모습

스마트폰은 초당 32만개의 압축된 숫자를 읽어 들여 이것들을 140만 개의 숫자로 복원합니다. 그리고 이 140만 개의 숫자들을 전기신호로 바꿔서 스피커나 이어폰의 진동판을 떨리게 합니다.

　일반적으로 128kbps는 라디오 음질이고, 320kbps이면 CD와 구별할 수 없는 음질이라고 합니다. 더 많은 숫자를 사용할수록 당연히 음질도 더 좋아지겠죠. 128kbps 음질로 4분 정도 플레이되는 음악 파일을 만든다면 그 크기가 얼마나 될까요? 대략310만 개[+++]의 0과 1로 만들 수 있고, 이를 바이트로 바꾸면 대략 3.9메가바이트가 됩니다. 그래서 보통 음질의 MP3 파일 하나가 약 3~4메가바이트 정도의 크기를 갖는 것입니다. 그러니 우리가 듣는 평범한 MP3 파일의 민낯은 사실

[++]　음악 파일의 디지털저장표준은 16비트, 44.1킬로헤르츠입니다. 1초에 4만 4,100번(44.1킬로헤르츠) 소리를 기록하고, 각 소리를 16비트의 숫자로 표현했다는 뜻입니다. 그리고 왼쪽과 오른쪽을 나누어서 스테레오로 출력해야 합니다. 따라서 16(비트)×44.1(킬로헤르츠)×2(스테레오)=1411.2킬로비트가 필요합니다. CD에 들어가는 WAV 파일은 1,400kbps입니다.

[+++]　128×1,024(킬로)×240(4분)=31,457,280비트.

310만 개의 0과 1이고, 이 0과 1이 변해 스피커를 울리고 있는 겁니다. 음악 1곡이 수백만 개의 0과 1에 담긴 것입니다. 음악 플레이어는 음악 파일의 실체인 이 숫자들을 1초에 수십만 개 이상씩 읽어가며 음악을 재생합니다.

음악을 작곡하고 싶은 사람은 계이름 '도레미파솔라시'나 숫자 '1234567'로 표현되는 디지털 코드를 다른 사람 귀에 듣기 좋도록 잘 배열하면 됩니다. 현대 음악의 아버지로 알려진 아놀드 쇤베르크는 아예 숫자를 이용한 작곡법을 도입하기도 했습니다. 의미 없는 비트의 배열은 '소음'에 불과하지만, 의미 있는 비트의 배열은 '음악'이 됩니다. 이런 의미에서 작곡은 '코딩'과 매우 유사한 성격을 띠고 있고, 작곡가들은 코드를 배열하는 '프로그래머'라 할 수 있습니다.

영화를 만들어내는 0과 1

수많은 픽셀들

스마트폰의 화면이 여러 개의 점(픽셀)으로 이루어져 있다는 사실을 모르는 사람이 많습니다. 픽셀은 컴퓨터 모니터의 한 점을 말합니다. 어떤 스마트폰에는 가로로 1,440개의 점이 찍혀 있고, 세로로는 2,560개의 점이 찍혀 있습니다. 그러니 스마트폰 화면을 본다는 것은 사실 약 370만(1,440×2,560=3,686,400) 개의 점을 보는 것입니다. 디스플레이 패널이 발전할수록 점의 개수는 점점 더 많아지겠죠. 이렇게

많은 점이 모이니 우리 눈에는 점들의 집합으로 보이지 않고 그냥 자연스러운 사진이나 그림처럼 보입니다.

컴퓨터에 '0, 1, 0'이라는 숫자가 기록되어 있다고 가정해보겠습니다. 누군가가 이 숫자를 불러주기 전까진 아직 아무것도 아닙니다. 하지만 컴퓨터가 '0, 1, 0'이라는 숫자를 불러들여 0은 검은색으로 칠하고, 1은 하얀색으로 칠한다면 모니터에는 '검정, 하양, 검정'이라는 3개의 픽셀이 그려집니다.

아직 그림이라고는 말할 수 없는 단계입니다. 이번에는 좀 더 많은 숫자를 사용해보겠습니다. 가로와 세로로 각각 8개씩의 숫자, 즉, 8×8인 64개의 0과 1로 그림을 그려보겠습니다. 이번엔 반대로 0은 하얀색으로 1은 검은색으로 칠할 겁니다. 0과 1이 상징하는 색상은 정하기 나름이니까요. 컴퓨터가 64개의 숫자를 읽어서 모니터에 점을 찍으니

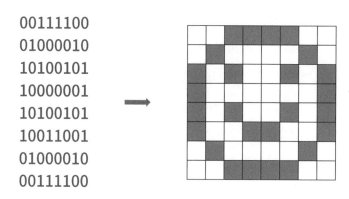

사람 얼굴 비슷한 것이 그려지네요. 조잡한 수준의 아이콘 같죠? 검은
색 아니면 하얀색 2가지 색만 사용해서 그렇습니다.

그러면 명암을 표현하기 위해 1보다 더 큰 숫자를 이용해서 그림
을 그려보면 어떨까요? 255처럼 큰 숫자는 새하얀 색으로 칠하고, 0처
럼 작은 숫자는 새까만 색으로 칠하고, 그 중간 숫자는 적당한 회색으
로 칠해볼 수 있습니다. 다음 그림의 왼쪽은 사람이 이해하는 10진수
이고, 오른쪽은 컴퓨터가 이해하는 2진수입니다. 10진수 255와 2진수

255	230	205	11111111	11100110	11001101
180	155	115	10110100	10011011	01110011
80	40	0	01010000	00101000	00000000

11111111은 표현만 다를 뿐 동일한 것입니다. 이렇게 1이나 0이 8개 있는 숫자를 8비트bit 숫자라고도 하고 1바이트byte 숫자라고도 합니다. 1개의 비트는 0 또는 1을 나타내는데, 8개의 비트(1바이트)를 사용하면 256(=2^8)개의 명암을 숫자로 표현할 수 있습니다.

8비트(1바이트) 숫자를 이용해서 모니터에 점을 찍으면 다양한 명암을 갖는 흑백 사진을 표현할 수 있습니다. 다음은 지도 사진인데, 그중 일부 지역을 확대해보면, 36(6×6)개의 1바이트 숫자(0~255)로 이루어져 있음을 알 수 있습니다. 그러니까 8비트 숫자 여러 개가 변해서 흑백 사진이 된 거죠. 흑백 사진과 170, 238, 85, 255, …, 17, 136은 표현만 다를 뿐 동일한 것입니다.

컬러는 어떻게 표현하냐고요? 단지 흑백일 때보다 더 큰 숫자를 이

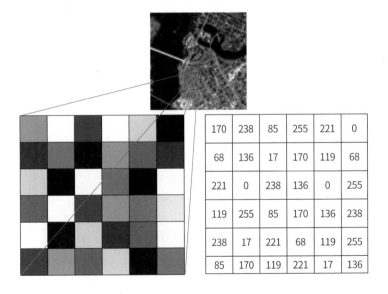

170	238	85	255	221	0
68	136	17	170	119	68
221	0	238	136	0	255
119	255	85	170	136	238
238	17	221	68	119	255
85	170	119	221	17	136

용하기만 하면 됩니다. 0과 1의 2개의 숫자는 흑과 백만을 구별하지만, 0~255 사이의 중간 크기 숫자는 다양한 흑백 '명암'을 표현합니다. 255보다 더 큰 숫자는 다양한 컬러를 표현할 수 있습니다. 다음 그림에서처럼 32807은 주황색이고, 46186은 더 연한 주황색입니다. 조그만 '윈도' 아이콘 하나에도 수많은 컬러점들이 찍혀 있고 각 점은 저마다의 숫자로 되어 있습니다.

컴퓨터는 3가지 색깔의 빛을 섞어서 다양한 컬러를 표현합니다. 빛의 3원색이 빨강, 초록, 파랑이라는 사실은 다들 미술 시간에 배웠죠? 빨간색 빛, 초록색 빛, 그리고 파란색 빛 이렇게 3가지를 혼합하면 어떤 색깔의 빛도 만들어낼 수 있습니다. 예를 들어, 빨간색 빛과 초록색 빛을 섞으면 노란색 빛, 빨간색 빛과 파란색 빛을 섞으면 자주색 빛, 초록색 빛과 파란색 빛을 섞으면 청록색 빛이 됩니다. 이처럼 자연은 '3'으로 모든 것을 만들어냅니다.

컴퓨터도 자연을 흉내 내서 3가지 숫자(8비트 숫자 3개가 나타내는 3가지 색상의 빛)만으로 모니터에 찍히는 컬러점 1개를 표현합니다. 어

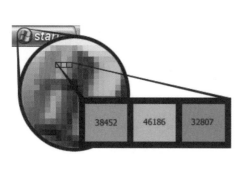

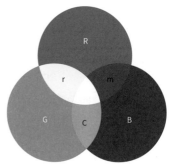

떻게 점(픽셀)마다 일일이 빨강, 초록, 파랑 빛을 섞냐고요? 컴퓨터는 사실 매 순간 이런 일을 해내고 있습니다. 1920×1080 크기의 FHD^{Full High Definition} TV가 있다고 가정해보겠습니다. 가로로 1,920개, 세로로 1,080개의 점이 있다는 뜻입니다. 합치면 무려 약 200만(1,920×1,080=2,073,600) 개의 점입니다. 각 점은 3개의 작은 점(서브 픽셀)으로 이루어져 있습니다. 다름 아닌 빨간 점(R), 초록 점(G), 파란 점(B)입니다. 이 작은 점(서브 픽셀)마다 해당하는 숫자 값(0~255 사이의 숫자)을 읽어서 해당하는 세기의 빛을 밝거나 어둡게 쏘는 겁니다. 그러면 각 점마다 3가지 색의 빛이 합쳐져서 하나의 컬러점이 찍힙니다. 그리고 이런 컬러점들이 200만 개 모여서 하나의 화면이 되는 겁니다.

만일 TV가 120헤르츠라면, 1초에 120번 모든 점을 바꿔서 표현합니다. 그러니까 200만 개의 점을 찍는 작업을 1초에 120번 해낸다는 뜻입니다. 사람으로서는 상상하기 힘든 계산량이죠. 이 정도 작업이 가전제품 중 그다지 똑똑해 보이지도 않는 TV가 하는 일입니다. 정리하면 1개의 점마다 24개의 0과 1(8비트 숫자 3개)를 읽어서 컬러점을 하나 찍는 일을 1/120초마다 200만 번 하는 겁니다. 모니터에 그림 하나 그리는 것이 쉬운 일은 아니죠? 인간이 하기엔 무지 복잡한 일임에 틀림없지만 컴퓨터는 아무렇지 않게 이런 일을 해내고 있습니다.

많은 숫자가 사용될수록 세밀한 그림이 되고, 더 많은 숫자가 사용되면 영화도 될 수 있습니다. 실감나는 3D 영상은 더 많은 숫자로 만들어졌고, 바람도 불고 의자도 움직이는 4DX 영화는 더더욱 많은 숫자로 만들어졌습니다. 그렇다면 숫자는 진짜이고, 영화는 그저 '환영'

에 지나지 않는 걸까요? 정지해 있던 숫자가 살아 움직여 영화가 된 걸까요? DVD에 담긴 숫자들에게는 시간이 멈춰 있지만 컴퓨터가 이들을 불러내는 순간 멋진 영화가 3차원 시공간에 제 모습을 드러냅니다. 우리가 TV나 스마트폰을 통해 보는 모든 영상은 이렇게 비트로 만들어져 있습니다.

사진 파일에 들어 있는 것들

실제로 사진 파일에 들어 있는 숫자들을 눈으로 확인해볼 차례입니다. 스마트폰에 담긴 사진 중 'PICTURE.jpg' 파일을 선택해서 속성을 살펴보겠습니다. 파일 크기는 약 3.88메가바이트이고, 너비는 4,128픽셀에 높이는 2,322픽셀이고, 비트 수준은 24비트네요. 이것이 의미하는 바는 'PICTURE.jpg'를 디스플레이에 출력하기 위해서 가로로 4,128개의 점(픽셀)을 찍고, 세로로 2,322개의 점을 찍어야 한다는 것입니다. 대략 960만 개의 점(화소)[+]입니다. 그리고 점마다 24개의 0과 1을 읽어서 1,600만 개[++]의 컬러 중 어느 한 색깔로 색칠해야 합니다. 그러니 'PICTURE.jpg'라는 사진 파일 1개에 저장되는 0과 1의 개수는 무려 2억 3,000만 개[+++]입니다. 우리가 스마트폰으로 찰칵찰칵 사진을 찍을 때마다 스마트폰에 내장된 메모리에 2억 3,000만 개의 0과 1이 기록되는 겁니다. 또한 사진이 잘 찍혔는지 확인할 때마다, 스마트폰

[+] $4,128 \times 2,322 = 9,585,216$.

[++]   정확하게는 $2^{24} = 16,777,216$개.

[+++]   4,128(가로 픽셀수) × 2,322(세로 픽셀수) × 24(픽셀당 비트수) = 230,045,184개.

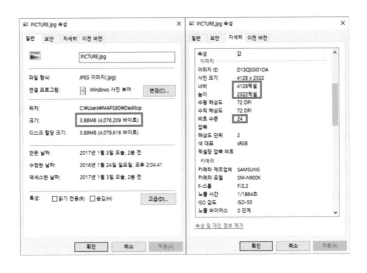

CPU는 메모리로부터 2억 3,000만 개의 0과 1을 읽어 들여서, 디스플레이 패널에 960만 개의 컬러점들을 찍는 것입니다.

 2억 3,000만 개의 0과 1은 약 28메가바이트인데 실제 사진 파일의 용량은 3.88메가바이트에 불과합니다. 왜 그럴까요? 그것은 이 사진 파일(PICTURE.jpg)의 확장자인 'jpg'가 보여주듯이 JPEG 형식으로 압축되어 있기 때문입니다.[+] 4분 내외의 MP3 음악 파일이 3~4메가바이트 정도였는데, 고작 사진 1장도 3~4메가바이트라니 사진 파일은

[+] JPEGJoint Photographic Experts Group라는 단체는 이미지 파일을 압축하는 표준 기술을 연구하는 곳입니다. 압축률을 높이면 사진 파일의 크기는 작아지지만 이미지 품질이 떨어지고, 반대로 압축률을 낮추면 크기는 커지지만 품질은 좋아집니다. 압축 방식은 여러 가지가 있지만 그중 하나는 비슷한 색깔이 반복되는 영역을 하나로 묶어서 처리하는 것입니다. 예를 들어, 하늘을 배경으로 사진을 찍으면 하늘 영역에 속한 픽셀들은 대부분 푸른색 계열입니다. 어느 한 픽셀과 그 옆에 있는 수백 개의 픽셀들이 전부 동일한 값을 갖는 거죠. 그럴 경우에 픽셀마다 똑같이 24비트씩 반복해서 저장하지 않고 몇 번 픽셀부터 몇 번 픽셀까지 모조리 푸른색이라고만 기록하면 됩니다.

CHAPTER 4

생각보다 용량이 큰 편입니다. 사진 파일의 내부에는 당연히 3~4메가바이트에 해당하는 개수의 0과 1만이 들어 있습니다. 그러니 3,000만 개의 0과 1이 디지털 사진의 본모습이고, 우리가 모니터를 통해 보는 것은 이 0과 1이 화장을 하고 나타난 모습입니다. 궁금하신 분들은 헥사 편집기로 아무 사진 파일이나 열어서 그 속살을 확인해보시기 바랍니다.

영화 파일에 들어 있는 것들

그렇다면 영화(동영상)에는 도대체 얼마나 많은 사진이 들어갈까요? 동영상에 들어가는 사진을 흔히 프레임frame이라고 부르고, 1초에

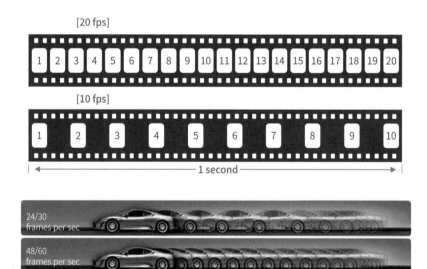

몇 장의 사진(프레임)이 들어갔느냐를 fps^{frames per second}라고 부릅니다.
10fps는 1초에 10장의 사진으로 동영상을 만들었다는 것이고, 20fps는
1초에 20장의 사진으로 동영상을 만들었다는 것입니다. 당연히 fps가
높을수록 부드럽게 움직이는 화면이 될 것입니다.

디지털카메라로 촬영한 '동영상.mp4' 파일을 선택해서 속성을 살
펴보겠습니다. 파일 크기는 약 352메가바이트이고 길이는 5분 7초네
요. 그리고 프레임 너비는 1,920픽셀에 높이는 1,080픽셀이고, 속도는
29프레임/초(즉, 29fps)임을 알 수 있습니다. 아무래도 동영상에 들어가
는 사진(프레임)의 크기인 1920×1080은 정지 화면을 찍을 때의 사진
크기인 4128×2322보다 작습니다. 고품질의 사진으로 동영상을 만들
면 동영상 파일 크기가 너무 커져서 저장하기 힘드니까요. 그리고 동영
상은 품질이 좀 떨어지는 사진으로 만들어도 티가 나지 않습니다. 1초

에 29번이나 사진이 바뀌니까 사람이 체감하기 힘들기 때문입니다.

따라서 동영상을 디스플레이에 출력하기 위해서는 가로로 1,920개의 점(픽셀)을 찍고, 세로로 1,080개의 점을 찍는 작업을 1초에 29번 반복해야 합니다. 각 점이 24비트의 숫자로 표현되고 동영상 총 길이가 5분 7초라면, 동영상 파일에 들어가는 0과 1의 개수는 무려 4,400억 개[+]나 됩니다. 우리가 스마트폰으로 5분짜리 동영상을 찍었을 뿐인데 메모리에는 4,400억 개의 0과 1이 기록되는 겁니다. 또한 해당 동영상을 플레이할 때마다 스마트폰의 CPU가 4,400억 개의 0과 1을 메모리에서 읽어 들여, 디스플레이 패널에 1,920×1,080개의 컬러점들을 매초마다 29번 찍는 것입니다. 다행히도 실제로 동영상 파일이 이렇게 무지막지하게 크지는 않습니다. 4,400억 비트는 51기가바이트에 가깝기 때문에, 저장 용량을 절약하기 위해서 압축을 아주 많이 해야 합니다. 파일 이름 '동영상.mp4'의 확장자인 'mp4'가 해당 동영상이 어떻게 압축되었는지를 보여줍니다.[++] 이렇게 압축을 많이 한 결과, 352메가바이트로 확 줄어들게 된 거죠. 그러니 5분짜리 동영상의 실체는 약 30억 개의 0과 1입니다. 우리가 30억 개의 0과 1을 눈으로 볼

[+] 1,920(가로 픽셀수) × 1,080(세로 픽셀수) × 24(픽셀당 비트수) × 29(초당 사진 개수) × 307(5분 7초)=443,070,259,200개.

[++] mp4는 MPEG Moving Picture Experts Group(엠펙)라는 단체에서 만든 동영상 압축 표준 중 하나인 'MPEG-4 파트 14'를 의미합니다. 동영상은 문서 파일이나 음악 파일, 정지 이미지 파일에 비해 압축이 아주 많이 되는 편입니다. 그 이유는 동영상 자체가 1초에 사진을 수십 장 가지고 있는데, 이미 설명했듯이 사진 자체도 압축이 되기 때문입니다. 게다가 1초에 수십 번이나 사진을 찍었기 때문에 앞 사진과 뒤 사진은 겹치는 부분이 아주 많이 있습니다. 그러니 앞 사진과 뒤 사진 중 겹치는 부분을 빼버릴 수도 있습니다. 또는 앞 사진에 있던 것이 뒤 사진에서 얼마큼 이동했는지 또는 얼마큼 변했는지만 기록할 수도 있습니다.

일이 없는 이유는 컴퓨터가 이를 항상 픽셀로 바꿔서 우리 눈에 보여주기 때문입니다.

지금까지 많은 지면을 할애해서 문서를 만든 디지털 언어, 음악을 만든 디지털 언어 그리고 사진이나 동영상을 만든 디지털 언어를 눈으로 살펴봤습니다. 컴퓨터는 늘 비트를 읽고 있지만 이것들을 때로는 글자로, 때로는 음악으로, 때로는 그림으로 바꿔서 우리에게 보여줍니다. 그러니 우리가 보는 모습은 늘 0과 1이 아니라 그것의 변형된 형태입니다. 0과 1을 보기 원하는 사람은 아무도 없으니까요. 그런 측면에서 컴퓨터는 0과 1을 항상 가공해서 우리 앞에 내놓는 존재입니다. 파일 확장자가 '*.txt'일 때는 그 안에 든 0과 1을 문자로 화장시키고, '*.mp3'일 때는 음악으로 변장시키고, '*.mp4'일 때는 영상으로 포장합니다. 컴퓨터를 통해 출력되는 모든 것의 실체는 숫자일 뿐이고, 이런 비트의 세계는 현실 세계를 완벽하게 흉내 낼 수 있습니다.

4. 우주를 디지털로 복사할 수 있을까?

비트로 표현되는 자연 세계

어떻게 고작 비트가 현실을 담아내는 것일까요? 0과 1이 이 광대한 대자연을 표현한다는 것이 가능할까요? 밥을 먹고, 경치를 보고, 바람을 느끼고, 숲길을 걷는 것이 0이나 1과 무슨 상관이 있을까요? 컴퓨터는 자연을 그대로 받아들여 이해할 수 없습니다. 모든 사물을 디지털 언어로 받아들이고, 이것들을 처리한 다음에 다시 디지털 언어로 표현해냅니다. 컴퓨터는 디지털 언어밖에 모르니까요. 그래서 컴퓨터에게 세상을 알려주기 위해서는 사물을 디지털 언어로 바꿔서 설명해줘야 합니다. 이것을 아날로그-디지털 변환이라고 합니다. 아날로그는 값이 연속적으로 변하는 것을 의미하고, 디지털은 값이 불연속적으로 변하는 것을 의미합니다. 아날로그시계에서 시계바늘(분침)은 12시(12시 0분)에서 12시 1분이 될 때까지 눈에 띄지 않을 만큼 조금씩 조금씩 '연속적'으로 움직입니다. 그러나 디지털시계는 12시(12시 0분)가 된 순간부터 무려 1분 동안을 가만히 있다가 어느 순간 갑자기

12시 1분으로 '불연속적'으로 변해버립니다.

자연 세계에서 일어나는 변화들은 모두 아날로그적입니다. 온도는 25도에서 26도로 갑자기 변하지 않고 25도에서 26도로 '서서히' 변합니다. 무지개 빛깔도 빨강에서 주황과 노랑을 거쳐 보라까지 연속적으로 변화하죠. 우리가 노래할 때 목소리 크기나 음의 높낮이도 연속적으로 변합니다. 하지만 컴퓨터에게는 0과 1로 된 딱 떨어지는 숫자만으로 이 모든 것을 설명해줘야 합니다. 그래서 사람과 컴퓨터 사이에 커뮤니케이션을 하기 위해서는 아날로그(자연) 신호를 디지털(인공) 신호로 바꿔주고, 디지털(인공) 신호를 다시 아날로그(자연) 신호로 바꿔줄 '통역기'가 필요합니다. 아날로그 신호를 디지털 신호로 바꿔주는 통역기를 ADCAnalog to Digital Converter라고 부르고, 반대 경우를 DACDigital to Analog Converter라고 부릅니다.

대충 흉내 내도 될까?

그렇다면 아날로그 신호와 디지털 신호는 동일할까요? 물론 완벽하게 동일하지는 않습니다. 자연을 디지털 언어로 표현할 때, 연속을 불연속으로 표현할 때는 분명 놓치는 부분이 있습니다. 다만 그 놓치는 부분을 최소화하려고 노력할 뿐이죠. 그것도 인간이 느끼는 감각기관의 한계 내에서만 노력합니다. 사람 귀로 눈치채지 못할 만큼만 소리를 디지털 언어로 '대충' 변환하는 것이고, 사람 눈으로 알아채지 못할 만큼만 풍경을 디지털 언어로 '대충' 표현하는 것입니다. 앞서 말했듯 앨런 튜링은 이런 디지털 신호 처리 장치를 '이상 상태 기계'라고 불렀습니다. 그는 이런 이산 상태 기계로 모든 것을 '이미테이션', 즉 모방할 수 있다고 믿었습니다. 심지어 인간의 뇌조차도 이산 상태 기계로 흉내 낼 수 있다고 생각했으니까요. 다음 그래프를 보고 자세히 설명하겠습니다.

아날로그 신호 (상단 그래프)

자연의 신호가 1초 동안 파란 곡선과 같이 변했다고 가정해보겠습니다. 이 자연의 신호는 소리일 수도 있고, 전압일 수도 있고, 빛의 세기일 수도 있습니다. 이런 것을 다 아날로그 신호라고 합니다. 가로축인 t 축을 따라 시간이 연속적으로 흐르고 있고, 세로축인 $x(t)$ 축을 따라 값도 연속적으로 변하고 있습니다.

샘플링 (좌측 그래프)

아날로그 신호를 디지털 신호로 바꾸기 위해서는 샘플링sampling을 해야 합니다. 샘플링이란 연속적으로 흐르는 시간 중에서 대표적으로

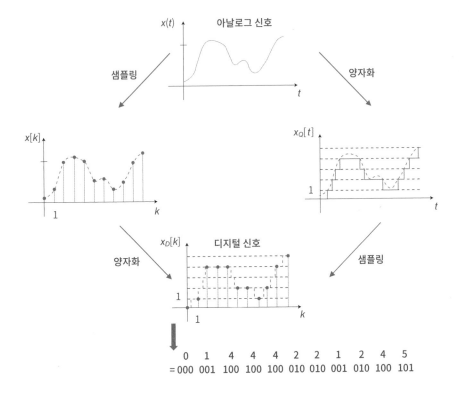

몇 군데만 골라서 샘플(표본)을 추출하는 것입니다. 그래프에서는 1초에 11번 샘플링을 했습니다. 이것을 샘플링 레이트가 11헤르츠라고 부릅니다.

양자화 (우측 그래프)

아날로그 신호를 디지털 신호로 바꾸기 위해서는 양자화quantization를 해야 합니다. 양자화는 연속적으로 변하는 값을 에러를 무시하고 계단식으로 단순화시키는 것입니다. 그래프에서는 아날로그 신호를 0~5 중 어느 하나의 숫자로 양자화했습니다. 즉, 가장 낮은 신호를 0(000)으로, 그 중간의 신호를 1(001)이나 2(010)나 3(011)이나 4(100)로, 가장 높은 신호를 5(101)로 어림해버리는 겁니다. 약간의 에러는 사람이 인식하지 못합니다.

디지털 신호 (하단 그래프)

샘플링 및 양자화된 신호를 부호화encoding합니다. 11번 샘플링되는 동안 '0 1 4 4 4 2 2 1 2 4 5'라는 양자화값이 만들어졌습니다. 이것을 2진수로 바꾸면 '000 001 100 100 … 101'이 됩니다.

파란 곡선으로 표현된 아날로그 신호는 '000 001 100 100 … 101'이라는 디지털 신호로 바뀌었습니다. 파란 곡선이 33개의 숫자로 모사된 겁니다. 결과적으로 컴퓨터는 파란 곡선을 '000 001 100 100 … 101'이라는 디지털 언어로 바꿔서 인식합니다. 컴퓨터는 이와 같은 방식으로 자연계에 존재하는 모든 것을 0과 1의 조합으로 받아들입니다. 디지털 세계에 익숙해지기 위해서는 내가 감각하는 모든 것이 0과 1로 표현될 수 있고, 0과 1이 나의 모든 감각을 만들어낼 수 있다는 사실을 알아야 합니다.

오차를 무시해도 될까?

아날로그 신호를 디지털 신호로 변환할 때 놓치는 부분은 어떻게 해야 할까요? 정답은 '무시한다'입니다. 하지만 마냥 무시할 수만은 없기 때문에 무시해도 좋을 만큼 충분히 디지털화를 해야 합니다. 앞의 그래프에서 파란 곡선이 사람의 목소리였다면, 음악 파일을 만들 때는 1초에 11번 샘플링하지 않고 무려 4만 4,100번을 샘플링합니다. 나이키스트 샘플링 이론nyquist sampling theorem에 따르면, 디지털화하고자 하는 신호의 최대 주파수보다 2배 이상의 빈도로 샘플링하면 원래의 아날로그 신호를 복구해낼 수 있습니다. 그래서 대부분의 음악 파일이 44.1킬로헤르츠로 샘플링되어 있습니다. 왜냐하면 사람이 20킬로헤르츠까지의 소리만 들을 수 있기 때문에 그 2배가 조금 넘는 44.1킬로헤르츠를 사용한 것입니다. 또한 0~5 사이의 숫자로 양자화를 하지 않고, 0~65,535 중 어느 하나의 숫자로 양자화를 합니다. 이 정도로 정교하게 양자화를 하게 되면 어림값으로 인해 무시되는 양은 거의 없다고 봐야 합니다. 평범한 MP3 파일 하나도 이 정도 수준의 디지털화 과정을 거쳐 만들어집니다. 나이키스트 샘플링 이론에 따라 디지털화를 하면 자연은 0과 1로 완벽하게 모방됩니다.

박제된 자연

아날로그 신호는 시간이 지나면 변질되고 왜곡됩니다. 자연이 늙고 병드는 모습과 닮아 있습니다. 아날로그 세대들은 예전에 LP 레코드판이나 카세트테이프로 음악을 들었습니다. 그리고 지금도 이런 매체를 이따금씩 꺼내 들으며 '역시 소리가 따뜻하다', '디지털보다 음질이 뛰어나다'라고 말하곤 합니다. 하지만 이런 아날로그 매체들은 세월이 흐름에 따라 음질이 변할 수밖에 없습니다. LP 레코드판에 새겨진 홈들은 닳고, 카세트테이프는 늘어지게 되어 있으니까요. 그래서 음질이 손상된 LP 레코드판을 MP3 파일로 변환하면, 그 MP3 파일 역시 손상된 음질을 갖게 됩니다.

이에 비해 디지털 신호는 100만 년이 흘러도 절대 왜곡이나 손상이 생기지 않습니다. 아날로그 신호가 디지털 신호로 모사된 후에는 그 순간 그대로 박제가 되어버리는 겁니다. 영원히 보존할 수 있는 형태로요. 한 번 박제된 디지털 신호는 컴퓨터끼리 수백 수천 번을 주고받더라도 단 1글자도 변하지 않습니다. 오해하지 말아야 할 것은 CD나 DVD, 하드디스크를 아무렇게나 두어도 100년이나 1,000년 보존된다는 뜻은 아닙니다. 조금 손상된 정도야 디지털 에러 복구 기술로 인해 복구가 가능하겠지만 대규모의 손상은 복구가 힘듭니다. 그리고 CD나 DVD, 하드디스크도 엄연히 수명이 있어서 그냥 방치해두면 나중에 읽을 수 없는 상태로 변합니다. 디지털 신호를 영구 보존하기 위해서는 그것을 담은 하드웨어를 제때제때 업그레이드해야 합니다. 디지털 신호 자체는 늙지 않지만 그것을 담은 매체는 늙을 수 있습니다. 따라서 디지털 신호를 항상 새로운 하드웨어에 옮겨 담기만 한다면 영구 보존이 가능합니다.

LP 레코드판은 CD보다 음질이 좋을까?

디지털과 아날로그 변환에 관한 몇 가지 오해를 바로잡을 필요가 있습니다. 자기가 좋아하는 뮤지션의 음악을 들을 때 아날로그 음질이 더 좋은지 디지털 음질이 더 좋은지에 대해 서로 논쟁하는 사람들이 있습니다. 사실 아날로그 신호를 디지털 신호로 녹음할 때 나이키스트 샘플링 이론에 따라 디지털화를 하기 때문에 사람이 그 오차를 느끼는 것은 거의 불가능합니다. 그럼에도 불구하고 이론적으로는 아날로그 소리를 아날로그 방식으로 녹음해서 아날로그 매체에 저장할 때 '그 저장된 순간의' 음질이 가장 좋다고도 말할 수 있습니다. 물론 인간의 심리적이거나 청각적인 부분, 그 밖의 녹음기, 마이크 상태 같은 것들을 모두 제외한다면요. 그 이유는 아날로그-디지털 변환 시에는 오차가 발생하는데 그 오차가 무시당하지 않았기 때문입니다.

하지만 아날로그 매체는 시간이 흐름에 따라 손상되기 때문에 방금 생산된 LP 레코드판과 1년 후의 LP 레코드판의 음질이 다릅니다. 아날로그 소리를 디지털 방식으로 녹음했다면 그것은 LP 레코드판에 담나 CD에 담나 똑같습니다. 이미 녹음 자체가 디지털로 이루어졌기 때문에 다시 아날로그 변환을 하는 것이 아무런 의미가 없기 때문입니다. 요즘 녹음실은 대부분 디지털화된 장치들을 사용하기 때문에 아날로그 방식으로 녹음하는 것 자체가 희귀한 일입니다. 그리고 이미 CD에 저장된 디지털 음원을 LP 레코드판에 다시 아날로그 형태로 기록하는 것도 음질 향상과 아무런 관련이 없습니다. 원본이 디지털인데 그것을 아날로그 신호로 기록한다고 음질이 올라갈 리는 만무하니까요.

FM 라디오 음질이 CD 음질보다 좋다는 주장 역시 오해에서 비롯된 경우가 많습니다. 라디오 방송국에서 CD로 음악을 튼다면 라디오 수신기에서는 그 CD보다 조금 못한 음질을 재현할 수밖에 없습니다. 물론 라디오 방송국에서 초고품질의 LP 레코드판을 구해서 틀었고 그 아날로그 신호를 초고품질 안테나로 수신했다고 주장하면 할 말은 없겠지만, 그런 일은 일반적인 경우가 아닙니다. 그리고 방송국에서 라디오 수신기까지 전달되는 동안에 일어난 왜곡은 아날로그-디지털 변환 시에 무시된 오차보다 크면 컸지 작지는 않을 겁니다.

인간은 아날로그일까, 디지털일까?

컴퓨터는 인간의 소리도 얼굴도 디지털로 변환해서 인식합니다. 냄새도 디지털로 변환해서 파악하고, 피부 감촉이나, 추위와 더위, 그리고 맛도 전부 디지털로 변환해서 이해합니다. 어차피 컴퓨터는 아날로그를 그대로 받아들이지 못합니다. 전부 디지털로 변환한 후에야 그 정보를 인식할 수 있습니다. 왠지 컴퓨터가 이해하는 자연과 사람이 이해하는 자연은 다를 것 같습니다. 과연 디지털 기기인 컴퓨터와 사람은 자연을 이해하는 방식이 진짜로 다를까요? 의외로 사람 역시 자연을 디지털적으로 이해하고 있습니다. 인간의 뇌에서도 신경세포들 간에 전기신호를 주고받는 동작이 디지털적으로 일어나기 때문입니다. 10번 뉴런과 11번 뉴런이 12번 뉴런을 자극하면 마침내 화학물질이 발포fire됩니다. 발포란 말 그대로 포를 쏘는 겁니다. 자극이 일정 수준에 이르기 전까지 12번 뉴런은 '0'이었습니다. 그러다가 자극이 일정 수준을 넘어서면 12번 뉴런은 갑자기 '1'이 됩니다. 뉴런도 이렇게 발포를 하거나(On) 안 하거나(Off) 해서 디지털적으로 신호를 전달하거나 처리합니다. 우리 뇌가 디지털 CPU처럼 동작한다는 의미입니다.

그래서 앨런 튜링은 이산 상태 기계, 즉 디지털 기계로 인간의 뇌를 만들 수 있다고 생각했을지도 모릅니다. 전자공학적 디지털 기계가 생물학적 디지털 기계를 시뮬레이션하지 못할 이유가 없으니까요. 아날로그 신호로 가득 찬 자연 세계에서 인간의 뇌가 디지털적으로 동작하고 있다는 사실은 상당히 흥미롭습니다. 그런 차원에서 보면 디지털은 인간에게 낯선 개념이 아닙니다. 인간이 최근에야 인위적으로 만들어낸 기술도 아닙니다. 우리 몸의 소스코드에 해당하는 DNA 역시 오래전부터 디지털 코드로 만들어져 있었습니다. 자연적인 것은 아날로그이고 인위적인 것은 디지털이라는 구분은 더 이상 유효하지 않습니다. 이미 자연은 디지털을 사용하고 있었으며, 이는 정보를 전달하거나 처리하기에 가장 훌륭한 수단입니다. 아날로그 신호투성이인 현실 세계와 디지털 신호로 가득 찬 비트의 세계는 이렇게 서로 담장을 허물어가고 있습니다.

5. 찰칵할 때마다 생산되는 메가바이트

메가바이트니 기가바이트니 하는 것들을 대부분 알고 있을 겁니다. 이것들은 0과 1을 몇 개씩 묶어서 부를 건지를 나타내는 단위입니다. 그래서 이런 묶음 단위들에 익숙해지고, 나아가 이런 묶음 단위의 의미를 직감하는 것이 대단히 중요합니다. 사진 1장을 찍으면 얼마나 많은 비트들이 생산될까요? 회의 시간에 오간 대화 내용을 음성 파일로 녹음하면 몇 개의 비트가 메모리에 저장될까요? 일단 이런 것들에 대한 감을 익히게 되면 비트의 세계에 한 걸음 더 가까워질 수 있습니다. 영화든 사진이든 음악이든 일단 비트로 분해해서 보는 시각을 키울 수 있기 때문입니다.

1킬로는 1,000이 아니라 1,024

CD 1장에는 대략 700메가바이트 정도의 정보가 저장됩니다. 메가는 일반적으로 100만, 즉 10^6을 의미하지만, 컴퓨터 분야에서는 2^{20}을

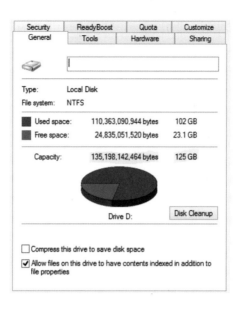

의미합니다. 10^6과 2^{20}이 같을까요? 물론 다릅니다. 10^6은 1뒤에 0을 6 개 적어야 하니 1,000,000이고, 2^{20}은 계산기를 두드려보니 1,048,576 입니다. 무려 48,576이나 차이가 납니다. 그런데 이런 숫자들은 사람에게 너무 복잡하다 보니, 뒷자리는 그냥 무시하고, 메가(1,000,000)라고 부르는 겁니다. 사람은 10진수를 사용하니 10의 몇 승으로 생각하는 게 편하고, 컴퓨터는 2진수를 사용하니 2의 몇 승으로 계산할 수밖에 없습니다. 컴퓨터를 처음 사서 들뜬 마음으로 각종 프로그램들을 설치하고 하드디스크에 남은 용량을 확인해본 적이 있을 겁니다. 분명히 125기가바이트의 하드디스크를 구입했는데, 컴퓨터에는 좀 더 복잡한 숫자가 보입니다. 위의 그림에서는 135,198,142,464바이트라고 확인이 되었습니다. 물론 125기가보다 더 많은 숫자가 적혀 있으니 기분이 나쁘지는 않습니다. 그렇지만 컴퓨터는 항상 뭔가 복잡합니다. 더 따지지 않고 창을 그냥 닫아버리게 되죠.

사실 1킬로바이트도 1,000바이트가 아닙니다. 포털 사이트에서 "1KB byte"라고 입력한 후, 검색 버튼을 클릭해볼까요? 1킬로바이트는 1,024바이트라고 계산 결과가 표시됩니다. 혹시 1,024라는 숫자가 익숙하지 않나요? 산수에 능한 사람은 알겠지만 1,024는 바로 2^{10}입니다. 2에다 계속 2를 곱하다 보면, 4, 8, 16, 32, 64, 128, 256, 512를 거쳐 1,024가 됩니다. 이는 대략 1,000에 가까운 숫자죠. 그래서 컴퓨터가 다루는 2진법 체계에서의 2^{10}을 사람이 이해하기 쉽게 킬로(10진수로 1,000)라고 부르는 겁니다. 어림값을 사용하는 거죠.

마찬가지로 컴퓨터에서 사용하는 2^{20}을 메가(10진수로 1,000,000)라고 부르고, 2^{30}을 기가(10진수로 1,000,000,000)라고 부르고, 2^{40}을 테라(10진수로 1,000,000,000,000)라고 부릅니다. 요즘에는 테라라는 단위도 개인 저장 공간으로 흔하게 사용되고 있습니다. 그러니까 컴퓨터에서 사용하는 킬로, 메가, 기가와 같은 단위들은 우리가 과학 시간이나 일상생활에서 사용하는 단위들과 약간 다릅니다. 일상생활에서 1킬로그램은 1,000그램이지 1,024그램이 아니니까요. 이러한 차이는 컴퓨터가 2진수를 사용하기 때문이고, 2진수로 글자들을 묶어서 한꺼번에 취급하기 때문입니다. 그리고 사람은 컴퓨터가 다루는 2진수 글자 묶음을 10진수로 어림해서 부르고요.

바이트	B	$2^0=1$
킬로바이트	KB	$2^{10}=1,024$
메가바이트	MB	$2^{20}=1,048,576$
기가바이트	GB	$2^{30}=1,073,741,824$
테라바이트	TB	$2^{40}=1,099,511,627,776$
페타바이트	PB	$2^{50}=1,125,899,906,842,624$
엑사바이트	EB	$2^{60}=1,152,921,504,606,846,976$
제타바이트	ZB	$2^{70}=1,180,591,620,717,411,303,424$
요타바이트	YB	$2^{80}=1,208,925,819,614,629,174,706,176$

비트(원자)

비트bit는 0과 1 중 어느 하나를 나타내는 단위입니다. 정보의 단위
중 가장 작은 것이라 할 수 있습니다. 예전에는 물질세계에서 원자가
가장 작은 단위였기에 더 이상 쪼갤 수 없다는 의미로 아톰atom이라고
불렀습니다. 하지만 지금은 그보다 작은 단위들이 여럿 밝혀졌습니다.
전자, 양성자, 중성자, 쿼크 같은 것들이죠. 하지만 컴퓨터가 만들어내
는 세계에서 비트는 확실히 가장 작은 단위입니다. 더 이상 쪼갤 수 없
음이 확실합니다. 이 하나의 글자는 흑백 사진에서 검정 또는 하양을
표시할 수 있고, 전등을 온On 또는 오프Off 시킬 수 있습니다. 또한 이
하나의 글자가 참True과 거짓False을 표현할 수 있고, 예Yes와 아니요No를
나타낼 수 있고, 유有와 무無를 기록할 수 있습니다. 이 글자는 컴퓨터
하드디스크에 N극 또는 S극으로 기록되고, 플래시메모리의 셀 내에
전자가 채워져 있거나 비어 있는 상태로 기록되고, CD에 홈이 파졌거

나 안 파진 상태로 기록됩니다. 이런 비트가 뭉쳐서 가상 세계의 모든 것을 구축합니다. 마치 원자가 뭉쳐서 공기와 물을 만들어내고 별과 사람을 만들어내듯이요.

바이트(1글자)

바이트byte는 8글자(비트)를 묶은 단위입니다. 1바이트는 영어 알파벳 하나를 표현할 수 있습니다. 그래서 바이트는 컴퓨터에서 흔히 사용되는 기본 단위가 됩니다. 킬로 '바이트'나 메가 '바이트'라고 부르지 킬로 '비트'나 메가 '비트'라고 부르는 경우는 거의 없습니다. 비트가 물질세계의 원자라면 바이트는 '분자'와 비슷한 존재입니다. "HELLO"라는 글자는 5개의 알파벳으로 이루어졌으니 5바이트에 해당합니다. 이것을 40비트로 부르기는 불편하겠죠? 2바이트는 한글 1

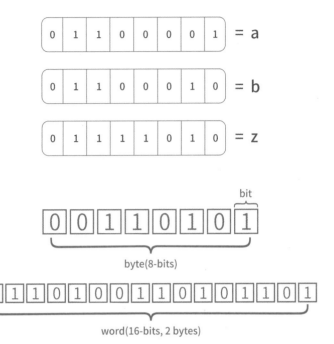

bit

byte(8-bits)

word(16-bits, 2 bytes)

글자를 나타낼 수 있으니 "안녕"이라는 글자는 4바이트에 해당합니다. KT, SKT, LGU+와 같은 통신회사들이 허용하는 단문메시지SMS, Short Message Service 용량이 140바이트라면, 스마트폰에서 SMS로 보낼 수 있는 글자의 개수는 한글의 경우 70글자일 것이고 영어의 경우 140글자일 것입니다. 이처럼 바이트는 인간이 사용하는 글자의 개수를 셀 때 사용되는 기본 단위입니다.

1바이트는 256개[+]의 컬러로 표현되는 픽셀 1개(모니터상의 점 1개)

[+] 2^8=256이므로 8비트, 즉 1 바이트는 256개의 컬러를 표현합니다.

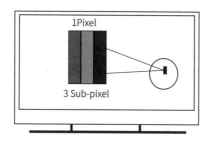

1Pixel

3 Sub-pixel

를 나타낼 수도 있습니다. 그리고 MP3 음악 파일에서 2바이트(16비트)는 하나의 음을 표현하고, 트루컬러로 표현되는 최신 모니터에서 3바이트(24비트)는 하나의 컬러점을 표현합니다. 정리하면 바이트는 컴퓨터에서 1개의 글자(알파벳이나 한글)를 나타내거나, 모니터상의 한점을 표현하거나, 음악 파일에서 한 음을 나타내는 글자 묶음입니다.

킬로바이트(1페이지)

킬로바이트KB는 1,024바이트를 묶은 단위입니다. 알파벳으로 대략 1,000여 글자 또는 한글 500여 글자 정도에 해당하는 분량입니다. 그래서 간단한 문서 파일들이 킬로바이트 단위의 크기를 갖고 있습니다. 글자는 숫자로 비교적 간단히 변환할 수 있으니 다른 종류의 파일들에 비해서는 문서 파일이 가장 크기가 작다고 말할 수 있습니다. 영화 1편 분량이면 문서 파일은 수만 개도 넘게 담을 수 있으니까요. 그러니 메모리 용량이 부족할 때 문서 파일을 수백 개 지우는 것은 보통 의미가 없습니다. 동영상 파일 1개 지우는 것만도 못할 경우가 많죠. 글자 수에 제한이 없다고 알려진 LMS_{Long Message Service}의 경우, 실제로는 2킬로바이트의 글자(한글 1,000자)를 보낼 수 있다고 합니다. 카카오톡과 같은 채팅 애플리케이션의 경우도, 한 번에 최대 2킬로바이트의 글자를 보낼 수 있다고 하고요. 통신사들도 1킬로바이트당 데이터 요금을 부과합니다. 그러니 1킬로바이트는 1페이지 정도[+]의 글을 나타내는 글자 묶음이라고 할 수 있겠습니다.

메가바이트(책 1권, 사진 1장, 음악 1곡)

메가바이트MB는 1킬로바이트를 1,024개 묶은 것입니다. 1킬로바이트가 1페이지라면 1메가바이트는 책 1권 정도에 해당할 겁니다. 그래서 전자책e-book은 보통 수 메가바이트 내외의 크기를 가집니다. 전자책이 수십 내지 수백 메가바이트의 크기인 것은 그림이나 오디오가 삽입되어 있기 때문이지, 글자 수가 많기 때문은 아닙니다. 성경처럼 두꺼운 책도 글자만 담는다면 10메가바이트를 넘지 않습니다. 그리고 디지털카메라로 찍은 사진 1장도 수 메가바이트 내외의 글자로 표현됩니다. 보통 음질의 MP3 음악 파일도 수 메가바이트의 크기고요. 물론 CD에 담긴 WAV 음악 파일은 MP3보다 10배가량 큰 수십 메가바이트의 크기를 갖습니다. WAV 음악 파일이 훨씬 큰 이유는 MP3 음악 파일이 원본을 압축한 형식이기 때문입니다.

[+] 페이지 설정, 글자 크기, 폰트, 언어(한글인지 알파벳인지) 등에 따라 차이가 큽니다. 실제로는 대략 반 페이지 정도일 수도 있으나, 편의상 1페이지라고 표현했습니다.

압축이란 많은 수의 글자를 더 적은 수의 글자로 바꿔 표현했다는 뜻입니다. 압축 과정에서 손실이 발생하기도 하지만 글자 수를 줄일 수 있다는 장점 때문에 압축 기술은 널리 사용되고 있습니다. CD 1장의 용량이 대략 700메가바이트이니, 100곡 이상의 MP3 음악 파일, 100장 이상의 사진 파일을 저장할 수 있습니다. 하지만 압축되지 않은 WAV 음악 파일은 10여 곡 조금 넘게만 저장할 수 있습니다. 그래서 레코드숍에서 판매되는 CD에는 보통 10여 곡 내외 또는 약 74분 정도의 WAV 음악 파일이 들어갑니다. 정리하면, 메가바이트는 책 1권, 음악 1곡, 또는 사진 1장을 나타내는 글자 묶음이라고 할 수 있습니다.

기가바이트(영화 1편)

기가바이트GB는 1메가바이트를 다시 1,024개 묶은 단위입니다. 메가바이트가 1장의 사진을 담을 수 있으니 기가바이트는 수천 장의 사진을 담을 수 있는 글자 묶음이겠죠? 그래서 우리가 흔히 보는 영화 혹은 동영상 파일이 기가바이트 단위의 용량을 갖습니다. 영화가 고작

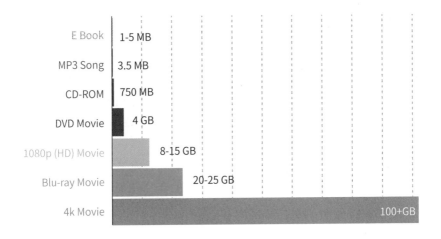

E Book	1-5 MB
MP3 Song	3.5 MB
CD-ROM	750 MB
DVD Movie	4 GB
1080p (HD) Movie	8-15 GB
Blu-ray Movie	20-25 GB
4k Movie	100+GB

수천 장의 사진만으로 만들어질 수 있냐고요? 물론 훨씬 많은 수의 사진이 필요합니다. 그러니 영화에 고품질의 사진을 넣을 필요는 없습니다. 어차피 빠른 속도로 지나갈 뿐이니까요. 영화에 들어가는 사진들은 고효율로 압축된 저품질의 사진들입니다. 따라서 2시간 내외의 영화 파일이 기가바이트로 표현될 수 있습니다. DVD 1장에는 대략 4.7 기가바이트 정도가 저장되며, 이것이 영화 1편 내지 2편의 크기입니다. 그러니 기가바이트는 영화 1편을 나타내는 글자 묶음이라고 기억하는 편이 편합니다.

정리하면 1바이트는 1글자, 1킬로바이트는 1페이지, 1메가바이트는 1권의 책(또는 1장의 사진이나 1곡의 음악), 그리고 1기가바이트는 1편의 영화 정도를 의미한다고 기억해두면 편리합니다. 내 스마트폰에 파일을 보관할 때마다 어떤 파일로 인해 어느 정도의 용량이 줄어드는지를 감으로 알고 있을 필요가 있습니다. 그래서 스마트폰을 구입할

CHAPTER 4

때 영화 파일을 수십 개 이상, 또는 음악 파일이나 사진 파일을 수천, 수만 개 이상 보관하고 싶은 사람은 고용량의 스마트폰을 선택해야 할 것이고, 그렇지 않다면 저용량의 스마트폰으로도 충분할 것입니다.

기가바이트가 1,024개 모이면 테라바이트TB가 됩니다. 2018년도 현재, 테라바이트급의 하드디스크가 보편적으로 판매되고 있습니다. 누구나 개인 저장 공간에 수천 편 이상의 영화를 저장할 수 있게 된 거죠. 테라바이트가 1,024개 모이면 페타바이트PB가 되고, 페타바이트가 1,024개 모이면 엑사바이트EB가 됩니다. 테라바이트를 넘는 단위들은 아직 잘 쓰이지 않으니 더 이상 다루지 않겠습니다. 비트, 바이트, 킬로바이트, 메가바이트, 기가바이트가 담을 수 있는 것들에 익숙해지면 비트의 세계가 한결 친숙하게 느껴질 것입니다.

6. 고작 글자 수 줄이는 게 사업 아이템이라고?

0과 1이 너무 많아

2017년도에 구글은 새로운 JPEG 인코더를 개발했으며, 이것을 이용하면 JPEG 사진 크기를 무려 35퍼센트까지 줄일 수 있다고 발표했습니다. 사진 크기를 좀 줄이는 것이 뭐가 그렇게 대수라고 언론 발표까지 하는 걸까요? 컴퓨터에서는 1장의 사진도, 1곡의 음악도, 그리고 1편의 영화도 모두 디지털 언어로 표현됩니다. 1장의 사진은 보통 가로세로 수천 개의 픽셀로 이루어져 있습니다. 그리고 요즘 사진들은 각 픽셀마다 24비트 컬러로 표현합니다. 그러니 조그만 사이즈의 사진이 1000×1000이라고 가정할 때, 이 사진은 '1,000픽셀 곱하기 1,000픽셀 곱하기 24비트'인 2,400만 개의 0과 1을 갖게 됩니다. 매번 이렇게나 많은 0과 1을 보관한다는 것은 심각한 낭비가 아닐 수 없습니다. 아무리 메모리 크기가 커진다 하더라도, 그리고 데이터 전송 속도가 빨라진다 하더라도 글자 수를 줄일 방법을 간구해야만 합니다.

글자 수를 줄이는 기술은 산업계에 미치는 파급력이 큽니다. 많은 사용자들이 스마트폰으로 하루에도 수십 내지 수백의 웹페이지를 서핑합니다. 하나의 웹페이지는 여러 개의 사진들을 포함하고 있는 경우가 많죠. 최근 조사에 의하면 하나의 웹페이지에 들어간 사진들을 합치면 그 크기가 평균 2메가바이트를 넘는다고 합니다. 그러니 웹페이지 하나가 브라우저에 로딩될 때마다 스마트폰은 2메가바이트가 넘는 0과 1을 웹서버로부터 받아 와야 합니다. 이 데이터의 대부분은 텍스트보다는 사진과 관련된 것들입니다. 텍스트에 비해 사진은 훨씬 많은 글자로 되어 있으니까요. 그러니 사진 크기만 조금 줄여도 사용자들이 체감하는 웹페이지 로딩 속도는 훨씬 빨라집니다. 그리고 소비자가 통신사에 납부할 데이터 요금도 줄어들 것이고, 그에 따라 통신사들은 기지국이나 중계기를 덜 증설해도 될 것입니다. 그리고 하루에 수억 내지 수십억 개의 웹페이지들을 전송해주던 포털 사이트들은 굉장한 비용을 절감할 수 있을 겁니다.

컴퓨터에서 글자 수를 줄이는 것을 흔히 압축compression한다고 표현합니다. 우리가 흔히 보는 zip 파일이 대표적인 압축 파일입니다. 여러 개의 파일을 하나로 묶어서 압축하는 형태죠. 물론 그 안에는 다양한 압축 알고리즘이 사용됩니다. 2014년에 미국에서 방영되었던 드라마 〈실리콘밸리〉에서 주인공이 창업을 했던 아이템도 다름 아닌 '파일 압축 기술'이었습니다. 어떻게 하면 파일에 들어간 글자 수를 줄일 수 있을까요?

비슷한 곳은 뭉개라(이미지 압축하기)

이미지 파일 안에는 동일한 컬러, 즉 동일한 숫자가 반복되는 영역이 많습니다. 어린이들이 즐겨 하는 색칠공부를 떠올려보면 쉽습니다. 가령 뛰어가는 남자아이를 색칠할 경우, 머리카락은 무슨 색으로 칠할까요? 검은색으로 칠하기로 결정한 경우, 어린이는 분명 검정 크레파스를 집어서 머리카락 영역을 쓱쓱 문질러 칠할 겁니다. 머리카락 영역에서 검정 크레파스를 한 점 한 점 꼭꼭 찍어가며 칠하는 어린이는 아마 없을 겁니다. 그런 행동은 시간 낭비니까요. 비슷한 색깔로 칠해도 되는 곳은 최대한 뭉개는 것이 좋습니다. 어린이도 머리카락 영역에서는 모든 픽셀들이 전부 비슷한 컬러를 갖는다는 것을 알고 있는 거죠. 머리를 다 칠한 어린이는 다른 색 크레파스를 들어 얼굴 영역과 팔다리 영역을 칠하기 시작할 겁니다.

컴퓨터가 글자 수를 줄이는 방법도 이와 같습니다. 다음과 같은 그림을 컴퓨터에 저장할 경우를 가정해보겠습니다. 왼쪽 맨 위에서 출발해서 오른쪽으로 1칸씩 가며 모든 픽셀값을 기록할 겁니다. 그러다 오른쪽 맨 끝에 이르러서는 1칸 아래로 내려와서 왼쪽 맨 끝을 향해 지그재그로 나아갈 거고요. 그럼 첫 줄은 '파란색, 파란색, 파란색, 파란색, 파란색, 파란색, 파란색, 파란색, 파란색', '빨간색, 빨간색, 빨간색'으로 기록될 겁니다. 똑같은 파란색 픽셀을 9번이나 반복해서 기록하려니 어쩐지 아까운 기분이 듭니다. 어린아이가 하듯이 파랑 크레파스로 죽 그어버리면 그만일 텐데요. 그래서 컴퓨터는 다음과 같은 방식으로 글자를 기록하기로 했습니다. 첫 줄은 '파란색 9개, 빨간색 3개'

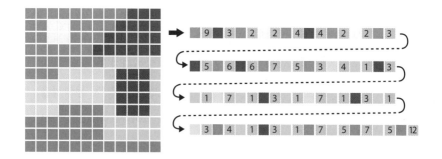

라고요.

　이런 압축 방식을 전문 용어로 런 렝스 부호화Run-length encoding, RLE라고 부릅니다. 컴퓨터는 나중에 사진 파일에 적힌 값을 읽어서 파란색 9개라고 되어 있으면, 파란색 점을 9개 찍고, 다음에 빨간색 3개라고 되어 있으면 빨간색 점을 3개 찍어서 모니터에 출력합니다. 이 과정에서 원본 그림은 조금도 손실되지 않고 그대로 재현됩니다. 그래서 이런 압축 방법을 무손실 압축이라고 부릅니다. 글자 수는 줄어들었지만, 줄어든 글자로도 원본을 손실 없이 재현해냈다는 의미입니다. 실제로 이미지 파일 중 '*.bmp' 파일이 이 방식으로 압축되어 있습니다. 가장 간단한 압축 방식이기 때문에, 경우에 따라서는 글자 수가 별로 줄어들지 않을 수도 있습니다. 만화나 애니메이션과 같이 특정 영역이 동일할 색깔로 칠해질 때 압축률이 높아질 겁니다.

안 바뀐 부분은 재활용하라(동영상 압축하기)

동영상 파일은 이미지 파일보다 훨씬 더 많은 0과 1을 필요로 합니다. 무수히 많은 이미지 파일이 모인 것이 동영상이니까요. 평범한 화질의 동영상도 1초에 20프레임 이상을 담고 있습니다. 즉, 동영상을 플레이하기 위해 1초에 20장 이상의 사진을 돌려야 한다는 의미입니다. 그러다 보니 앞의 사진과 뒤의 사진은 거의 비슷할 확률이 높습니다. 화면 변화가 매우 큰 스펙터클한 장면이 아니라면, 대부분의 장면에서 앞의 사진과 뒤의 사진은 아주 조금만 변화합니다. 자동차끼리 충돌하는 장면일지라도, 두 자동차를 제외한 배경 영상은 거의 변화가 없습니다. 이런 상황에서 모든 사진에 대한 0과 1을 반복해서 똑같이 저장하는 것은 커다란 낭비일 겁니다. 그래서 컴퓨터는 앞의 사진과 뒤의 사진을 비교해서 달라진 부분만을 골라서 저장하기로 했습니다. 달라지지 않은 부분은 앞의 사진에 들어간 글자를 그대로 재활용하는 거죠.

나무가 서 있는 숲속 길을 1대의 자동차가 달리는 장면의 영상이 있다고 가정해보겠습니다. 이 영상의 앞의 사진과 뒤의 사진에서 달라진 부분은 오직 자동차의 위치입니다. 이럴 경우, 2장의 사진에 대한 모든 0과 1을 저장할 필요는 없습니다. 단지 자동차가 어느 위치에서

어느 위치로 바뀌었는지에 대한 정보만 저장해두면 됩니다. 동영상을 플레이할 땐 앞의 사진에서 등장한 자동차에 관한 비트를 뒤의 사진에서 그대로 재활용하면 됩니다.

인코딩과 디코딩

간단한 예만 몇 개 설명했지만 컴퓨터가 글자 수를 줄이는 방법은 매우 다양하고 복잡합니다. 동영상 압축 기술을 연구하는 단체인 MPEG에서는 전 세계의 수많은 전문가가 참여해서 수십 년째 연구 활동을 지속하고 있습니다. 우리나라에서도 삼성, KT, LG, SKT를 비롯한 대기업들과 각종 연구기관들이 활발히 참여해서 어떻게 하면 글자 수를 더 효율적으로 줄일 수 있을지를 연구하고 있습니다. 그리고 이곳에서 표준으로 채택된 압축 기술을 이용해서 TV, 스마트폰, 셋톱박스, 각종 미디어 플레이어들이 만들어집니다.

또한 이런 기술들만 전문적으로 연구하는 단체인 MPEG에 등록된 특허권의 개수만도 수천 개가 넘습니다. 우리는 무심코 TV를 틀어보고 유튜브YouTube로 동영상을 보지만 그 안에서 플레이되는 영화들은 수천 개의 특허 기술로 압축되어 있습니다. 바로 0과 1의 개수를 절약하는 방법에 관한 특허들입니다. 그래서 동영상이나 음악을 플레이하는 기계를 만들고 싶은 사람은 기계 1대당 이런 MPEG 같은 단체에 일정 금액을 지불해야만 합니다. 바로 특허 라이선스 비용이죠.

압축과 비슷한 표현으로는 부호화나 암호화 그리고 인코딩encoding

같은 단어가 있습니다. 부호화 또는 인코딩이란 대상이 되는 글자를 특정 목적을 가지고 바꾸는 것을 의미합니다. 그 목적이 절약이 될 수도 있지만 때로는 남들이 보지 못하게 암호화하는 것일 수도 있습니다. 부호화의 반대말은 복호화나 디코딩decoding 혹은 암호 해제, 압축 해제 같은 말들입니다. 글자를 보내려는 컴퓨터는 거의 대부분의 상황에서 글자를 인코딩해서 보냅니다. 그리고 글자를 받는 컴퓨터는 인코딩된 글자를 디코딩해서 봅니다. 따라서 인코더와 디코더는 컴퓨터 간의 글자 교환 시에 필수적인 요소입니다. 이런 인코더와 디코더를 합쳐서 코덱codec이라고 부릅니다. 모든 미디어 플레이어엔 이 코덱이 필수적으로 내장되어 있습니다. 세상의 모든 것을 디지털 언어로 표현하는 컴퓨터에게 글자 수를 1개라도 줄일 수 있는 '압축 기술'은 대단히 유용하고도 필수적인 기술임에 분명합니다.

7. '복붙' 할 때 에러가 난다면?

DNA에도 에러가 난다고?

인간 DNA는 A, T, C, G로 구성된 글자를 30억 개 저장하고 있다고 했습니다. 생물학적 컴퓨터인 세포는 이 글자들을 보며 원자와 분자들을 순서대로 조립해서 사람 몸을 만들어냅니다. 하지만 사람 몸에 들어 있는 이 30억 개의 소스코드는 자외선이나 각종 발암물질 등에 의해 손상됩니다. 다음 그림에서처럼 알파벳 G를 A로 잘못 복사하는 실수가 발생하는 거죠. 이런 실수는 A, T, C, G로 구성된 글자를 1,000만 개 복사할 때마다 1번 정도 발생하는 것으로 알려져 있습니다. 이것이 반복되면 암이 발생하거나 각종 병에 걸리게 됩니다. 우리가 늙고 병드는 이유는 대부분 이런 '복붙'(Ctrl-C, Ctrl-V) 과정에서 발생하는 에러 때문입니다. 고작 글자 복사를 잘못해서 늙거나 병들어야 한다니 억울한 기분이 들 수도 있습니다. 다행히 세포 내에는 DNA 복구 알고리즘이 돌아가고 있어 이런 에러들이 상당 부분 수정되고 있습니다. 2015년 노벨 화학상은 우리 몸이 이런 디지털 언어를 복구하는 방법

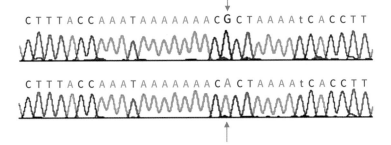

을 밝혀낸 과학자들[+]에게 수여되었습니다.

0이야, 1이야? 헷갈려!

컴퓨터끼리도 디지털 언어를 주고받을 때 에러가 발생할까요? 당연히 발생합니다. 주파수 변조 방식으로 글자가 전송된 경우 해당 글자의 주파수가 높은 것인지 낮은 것인지 헷갈려 0과 1을 틀리게 판단할 수 있습니다. 진폭 변조 방식으로 글자가 전송된 경우 해당 글자의 진폭이 큰 것인지 작은 것인지 헷갈려 0과 1을 틀리게 판단할 수 있습니다. 이런 에러 발생이 희귀한 일은 아니기 때문에 비트 에러율bit error rate을 계산해서 데이터 신뢰도를 검증하기도 합니다. 컴퓨터 과학자가 개발한 전기적 컴퓨터는 인체 세포보다 더 빈번하게 실수합니다. 사람

[+] 노벨위원회는 2015년 토머스 린달(영국 프랜시스크릭 연구소 명예교수), 폴모드리치(미국 듀크대 의대 생화학부 교수), 아지즈 산자르(미국 노스캐롤라이나대 의대생화학 및 생물리학과 교수)를 세포 내 DNA 복구 메커니즘을 밝혀냈다는 이유로 노벨 화학상 수상자로 선정했습니다.

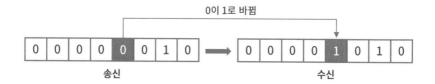

0이 1로 바뀜

| 0 | 0 | 0 | 0 | 0 | 0 | 1 | 0 | → | 0 | 0 | 0 | 0 | 1 | 0 | 1 | 0 |

송신   수신

몸에서 G와 A가 뒤바뀌는 것은 죽고 사는 문제를 초래할 수 있기 때문에 세포는 스스로 에러를 검출해서 복구하고 있습니다. 마찬가지로 디지털 세상에서도 0과 1이 뒤바뀌는 것은 때론 심각한 문제를 일으킬 수 있습니다. 그러니 그 에러를 검출해서 수정해야 하죠. 그래야 디지털 세상이 완전무결하게 보존될 수 있습니다.

짝수 개 줄까, 홀수 개 줄까?(패리티 비트)

실수를 방지하는 방법 중 가장 쉬운 것은 패리티 비트paritiy bit를 사용하는 것입니다. 이 기법은 일정 길이의 글자마다 에러 검출을 위한 비트를 집어넣습니다. 예를 들어, 전송하려는 데이터가 10101100인 경우, 1의 개수는 4개로 짝수입니다. 짝수 규칙을 따를 경우에는, 전체 데이터의 1의 개수가 짝수가 되도록 패리티 비트를 삽입합니다. 10101100은 이미 1의 개수가 짝수(4개)이니 패리티 비트는 0이 되어야 전체적으로 1의 개수가 짝수(4개)가 됩니다. 이와 달리 홀수 규칙을 따를 경우에는 전체 데이터의 1의 개수가 홀수가 되도록 패리티 비트를 삽입해야 합니다. 10101100은 1의 개수가 짝수(4개)이니 패리티 비트는 1이 되어야 전체적으로 1의 개수가 홀수(5개)가 됩니다. 이와

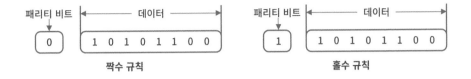

패리티 비트	데이터		패리티 비트	데이터
0	1 0 1 0 1 1 0 0		1	1 0 1 0 1 1 0 0
짝수 규칙			홀수 규칙	

같이 패리티 비트를 삽입해서 글자를 보낼 경우, 받는 컴퓨터에서는 패리티 비트를 보고 짝수 규칙 혹은 홀수 규칙에 부합하는지를 검사합니다. 만일 틀릴 경우에는 어느 글자에선가 에러가 발생한 것을 눈치챌 수 있습니다. 이때는 다시 데이터를 보내달라고 요청해서 해결하면 됩니다.

Check it out!(체크섬)

체크섬checksum이라고 알려진 기법도 있습니다. 0과 1이 중간에 바뀌지는 않았는지 체크할 수 있는 체크용 비트를 더 보내는 겁니다. 받는 측에선 그것을 보고 오류가 없는지를 체크할 수 있습니다. 예를 들어, 보내려는 글자가 10101001 00111001이라고 가정해보겠습니다. 총 16비트의 글자를 8비트씩 끊어서, 두 숫자를 더하면 10101001+00111001=11100010이 됩니다. 이때 체크섬값은 합계인 11100010의 보수complement입니다. 보수란 0과 1을 반대로 적은 것이니, 1이 있는 자리는 0으로 만들고, 0이 있는 자리는 1로 만들면 됩니다. 그 후에, 원래 보내려던 글자 10101001 00111001과 체크섬 11100010을 함께 보냅니다.

CHAPTER 4

```
                    10101001
                    00111001

합계                 11100010
체크섬               00011101
보내는 글자          10101001 00111001 00011101
```

그 후에 받는 컴퓨터에서는 이 숫자들을 다시 8비트씩 끊어서 3개의 숫자를 더합니다. 그리고 세 숫자의 합이 11111111(또는 그 보수가 00000000)이면 수신한 글자에는 오류가 없는 것입니다. 만일 오류가 있다면 데이터를 다시 보내달라고 요청하면 됩니다.

```
                    10101001
                    00111001
                    00011101
                    ---------
합계                 11111111          ➡    OK
보수                 00000000
```

디지털에 원본이 어디 있어?

앞에서 설명한 오류 정정 방법은 가장 간단한 예시들 중 일부입니다. 현실적으로는 더 복잡하고 다양한 방식들이 개발되어 디지털 언어에서 발생한 글자 오류를 수정하고 있습니다. 우리가 디지털카메라로 찍은 사진을 수백 번, 수천 번 복사해서 나눠줘도 원본과 동일하게 유지되는 이유는 이런 기술 덕분입니다. 사진을 복사하거나 보내줄 때는

```
I 0 I 0 I 0 I 0 0 I I 0 I 0 I 0 I 0 0 I I 0 I 0 I 0 I 0 0 I I 0
I I 0 I I 0 I 0 I I I I 0 I I 0 I 0 I I I I 0 I I 0 I 0 I I I I
I 0 0 I 0 I 0 0 I 0 I 0 0 I 0 I 0 0 I 0 I 0 0 I 0 I 0 0 I 0 I 0
0 0 I 0 0 0 0 0 0 0 I 0 0 0 0 0 0 0 0 0 I 0 0 0 0 0 0 0 0 0
I 0 I 0 I 0 I 0 I I 0 I I 0 I 0 I 0 I I 0 I I 0 I 0 I 0 I 0 I 0
I 0 0 I I 0 0 I I 0                              I I 0 0 I I 0 I 0
I I I 0 0 0 0 0 I            원본                  0 0 0 0 0 I I I
0 I I 0 I 0 I 0 0 I                              0 I 0 I 0 0 I 0 I
0 I 0 0 0 I 0 I 0 I 0 I 0 0 0 I 0 I 0 I 0 I 0 0 0 I 0 I 0 I 0 I
I 0 0 0 I 0 I I I I I 0 0 0 I 0 I I I I I 0 0 0 I 0 I I I I I 0
I 0 I 0 I 0 0 I I I 0 I 0 I 0 I 0 0 I I 0 I 0 I 0 I 0 0 I I 0 I
I I 0 I I 0 I 0 I I I I 0 I I 0 I 0 I I I I 0 I I 0 I 0 I I I I
I 0 0 I 0 I 0 0 I 0 I 0 0 I 0 I 0 0 I 0 I 0 0 I 0 I 0 0 I 0 I 0
```

```
I 0 I 0 I 0 I 0 0 I I 0 I 0 I 0 I 0 0 I I 0 I 0 I 0 I 0 0 I I 0
I I 0 I I 0 I 0 I I I I 0 I I 0 I 0 I I I I 0 I I 0 I 0 I I I I
I 0 0 I 0 I 0 0 I 0 I 0 0 I 0 I 0 0 I 0 I 0 0 I 0 I 0 0 I 0 I 0
0 0 I 0 0 0 0 0 0 0 I 0 0 0 0 0 0 0 0 0 I 0 0 0 0 0 0 0 0 0
I 0 I 0 I 0 I 0 I I 0 I I 0 I 0 I 0 I I 0 I I 0 I 0 I 0 I 0 I 0
I 0 0 I I 0 0 I I 0                              I I 0 0 I I 0 I 0
I I I 0 0 0 0 0 I            사본                  0 0 0 0 0 I I I
0 I I 0 I 0 I 0 0 I                              0 I 0 I 0 0 I 0 I
0 I 0 0 0 I 0 I 0 I 0 I 0 0 0 I 0 I 0 I 0 I 0 0 0 I 0 I 0 I 0 I
I 0 0 0 I 0 I I I I I 0 0 0 I 0 I I I I I 0 0 0 I 0 I I I I I 0
I 0 I 0 I 0 0 I I I 0 I 0 I 0 I 0 0 I I 0 I 0 I 0 I 0 0 I I 0 I
I I 0 I I 0 I 0 I I I I 0 I I 0 I 0 I I I I 0 I I 0 I 0 I I I I
I 0 0 I 0 I 0 0 I 0 I 0 0 I 0 I 0 0 I 0 I 0 0 I 0 I 0 0 I 0 I 0
```

적어도 수천만 개의 비트를 전달해야 하는데 이 과정에서 0과 1이라는 글자가 단 1개도 변하지 않았기 때문이죠. 아니, 변했어도 그 오류가 지속적으로 수정되고 있기 때문입니다.

그런 측면에서 보면 디지털 세상에서 원본과 사본의 구별은 큰 의미가 없습니다. 아날로그 세상에서는 사본이 원본보다 조금 흐릿하지만 디지털 세상에서는 사본이 원본보다 흐리지 않습니다. 그러니 서로가 원본이라 주장해도 그 진위를 가려낼 방법이 없습니다. 왜냐하면 사본과 원본이 완벽하게 동일하기 때문입니다. 물론 특수한 코드를 집어넣어서 복사를 할 때마다 그것이 복사본이라는 꼬리표를 달 수는 있겠지만 이것은 어디까지나 특수한 경우에 해당할 뿐입니다. 그러니 스파이가 비밀 데이터가 담긴 USB메모리를 건네주면서 이것이 원본이라고 말하는 것은 아주 우스운 일입니다. 어떤 디지털 데이터가 존재할 때 그것이 원본일지 복사본일지 그리고 복사본이 수천 개가 존재할지 수만 개가 존재할지는 아무도 알 수 없습니다.

영생하는 사진

디지털 세계에 존재하는 글자들은 세월이 흘러도 늙거나 변하지 않습니다. 흐릿한 0이나 찌그러진 1 따위는 없습니다. 0은 영원히 0일 뿐이고, 1은 영원히 1일 뿐입니다. 따라서 우리가 신경 써서 보관만 한다면 디지털 데이터는 영구 보존이 가능합니다. 디지털 데이터를 보관하는 물리적 매체인 CD나 DVD, 하드디스크, USB메모리 같은 것들은 제각기 수명이 있기 때문에 세월이 흐름에 따라 훼손되거나 망가집니다. 그러니 적절한 시점에 최신 하드웨어로 디지털 데이터를 옮겨 담아야 합니다. 이렇게 잘 보관만 해준다면 디지털 데이터는 영원히 변하지 않습니다.

아날로그 풍경을 디지털카메라로 촬영하는 순간, 그 풍경은 영원히 변하지 않는 0과 1로 남습니다. 그런 의미에서 디지털 세상 속 0과 1은 '영생의 존재'이자 '불멸의 존재'입니다. 아톰 세계에서 원자가 불멸의 존재이듯, 비트 세계에서도 비트가 영생의 존재입니다. 그리고 이런 영생이 가능한 이유는 바로 디지털 오류를 복구해주는 기술 덕분입니다.

컴퓨터는
책 읽는 기계다
컴퓨터 이해하기

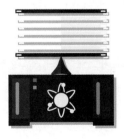

1. 비트 세계의 장인, 데미우르고스

이데아의 비트를 출력하라

플라톤이 주장한 이데아는 모든 사물의 원인이자 본질입니다. 그에 따르면 현실 세계에 인간이 존재하는 이유는 인간의 이데아가 있기 때문입니다. 그리고 현실 세계에 나무가 존재하는 이유도 나무의 이데아가 있기 때문입니다. 비록 현실 세계의 인간이나 나무가 낡아 없어지더라도 그들의 이데아는 그대로 남아 있을 겁니다. 그런데 어떻게 이데아로부터 사물이 만들어졌을까요? 플라톤은 그 장본인을 '데미우르고스Demiourgos'라고 불렀습니다. 그는 이 우주의 제작자이자 장인craftsman입니다. 그를 창조주라고 부르지 않는 이유는 그가 이데아를 설계한 것은 아니기 때문입니다. 데미우르고스는 이미 존재하던 이데아를 복사해서 사물을 제작했습니다. 설계도(이데아)를 보고 조립을 한 거죠.

디지털 언어로 코딩된 비트도 영화나 음악 그리고 프로그램의 원인이자 본질입니다. 이 비트는 마치 플라톤의 이데아와 같습니다. 이 이

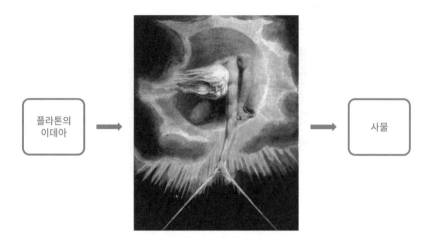

데아의 비트를 만들어낸 것은 다름 아닌 사람입니다. 그러니 사람은 가상 세계의 조물주로 불릴 만합니다. 우리가 스마트폰으로 영화를 보고, 음악을 듣고, 문자 메시지를 보낼 수 있는 이유는 어딘가에 그것을 가능케 하는 원본 비트가 있기 때문입니다. 그 비트는 스마트폰 내부에 있을 수도 있고, 지구 반대편에 떨어진 외부 서버에 있을 수도 있습니다. 비록 영화 재생이 멈추고, 음악이 플레이되지 않고, 프로그램이 종료된다 하더라도 그 원본 비트는 항상 그 자리에 남아 있습니다.

　하지만 사람이 이런 이데아의 비트를 창조한 것만으로는 할 일을 다 한 것이 아닙니다. 이것을 세상에 실재적인 모습으로 출력해줄 존재가 필요합니다. 이제부터 설명하려는 것이 바로 이 이데아의 비트를 읽어서 현실 세계에 출력해주는 기계입니다. 비트 세계에서 데미우르고스의 역할을 하는 것은 바로 컴퓨터computer입니다. 컴퓨터 역시 비트 세계의 창조주는 아닙니다. 원본 비트는 사람이 만들었으니까요. 컴퓨

터는 원본 비트를 바탕으로 가상 세계를 만들어내는 장인입니다. 컴퓨터가 없다면 소스코드는 글자 상태 그대로 이데아의 세계에 갇혀 있는 불쌍한 존재일 뿐입니다. 하지만 컴퓨터가 그 글자를 읽어준다면 그것은 세상에 유의미한 형태로 출력됩니다.

아버지의 세금 계산을 도와라

컴퓨터라는 단어는 본래 계산compute하는 존재-er를 의미했고, 그래서 '컴퓨터=계산기'라고 하던 시절도 있었습니다. 인류가 발명한 계산기의 시초는 주판이었습니다. 그 후로 수천 년이 지난 17세기에 수학자 파스칼이 '덧셈'과 '뺄셈'이 가능한 세계 최초의 기계식 계산기인 파스칼린Pascalin을 만들었습니다. 그는 세무 공무원이었던 아버지의 세금 계산을 도울 목적으로 이 기계를 설계했고, 그 계산기들은 지금도 유럽의 박물관들에 전시되어 있습니다. 그 후 수학자 라이프니치가 덧셈과 뺄셈뿐만 아니라 '곱셈'과 '나눗셈'까지 가능한 기계식 계산기를

VS

파스칼 계산기   라이프니츠 계산기

개발해 사칙연산이 모두 가능한 기계를 탄생시켰습니다. 하지만 라이프니치가 컴퓨터 역사에서 기여한 부분은 고작 사칙연산 계산기에서 그치지 않습니다. 그의 가장 위대한 업적을 꼽으라면 바로 2진법, 즉 비트(0과 1)를 발명한 것입니다. 이것은 디지털의 근간이 되었고, 오늘날의 컴퓨터가 탄생하는 데 결정적인 공헌을 했습니다.

미완의 작품

19세기에 들어서 컴퓨터의 아버지라 불리는 찰스 배비지가 차분기관을 만들었는데, 이 기계는 한층 고도화된 계산기로서 다항 함수 계산을 통해 로그함수와 삼각함수까지 계산할 수 있었습니다. 그는 여기서 만족하지 않고 해석기관이란 것을 설계하기 시작했는데, 이 기계는 '프로그래밍이 가능한' 디지털 컴퓨터의 원형이 되었습니다. 이전에는 아무리 복잡한 계산기라 하더라도 하드웨어적으로 미리 정해진 계산밖에 할 수 없었는데, 해석기관은 프로그램이 무엇이냐에 따라 할 줄 아는 계산이 달라지도록 설계되었습니다. 즉, 코딩을 통해 기계가

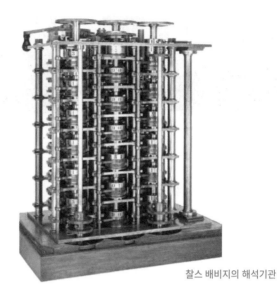

할 줄 아는 일에 변화를 줄 수 있게 된 겁니다.

이처럼 찰스 배비지는 앨런 튜링보다 무려 100년 이상 앞선 시점에 튜링 머신의 조건을 충족하는 기계를 설계했습니다. 아쉬운 점은 시간과 예산의 문제로 인해 그 실물이 결국 완성되지는 못했다는 사실입니다. 하지만 이 미완의 작품은 인류 역사상 최초의 프로그래머를 낳았으니, 바로 에이다 러브레이스라는 여성입니다. 유명한 시인의 딸로 태어난 그녀는 찰스 배비지를 만나서 그가 설계한 해석기관을 이용해 베르누이 수를 구하는 알고리즘을 코딩하게 되는데, 이것이 현재까지 알려진 최초의 컴퓨터 프로그램입니다. 찰스 배비지는 해석기관의 완성을 보지는 못했지만 "해석기관이 완성되자마자 이 기계는 필연적으로 과학의 미래를 이끌어 갈 것이다"라고 예언했습니다.

튜링 머신과 폰 노이만 구조

지금과 같은 형태의 컴퓨터에 대한 이론적 모델을 제시한 사람은 잘 알려진 대로 20세기의 앨런 튜링입니다. 그리고 폰 노이만은 오늘날의 모든 컴퓨터가 채택하고 있는 폰 노이만 구조를 제안했습니다. 현대 컴퓨터의 모델이 '튜링 머신'인지 '폰 노이만 구조'인지에 대해서는 의견이 엇갈리지만 결론적으로는 2가지 다 맞는 말입니다. 튜링 머신은, 종이테이프에 0과 1이 기록되어 있고 이 0과 1을 헤드가 읽어서 행동하는 가상의 기계를 의미합니다. 종이테이프에 기록된 0과 1은 오늘날의 기계어 소스코드에 해당합니다. 즉, 튜링 머신은 프로그래머가 작성한 프로그램에 따라 동작하는 컴퓨터를 의미하는 것입니다. 이에 반해 폰 노이만 구조는 CPU와 메모리가 분리되어 있고, 프로그램과 데이터가 하나의 메모리에 저장되는 구조를 의미합니다. 즉, CPU, 메모리 그리고 프로그램을 갖는 컴퓨터를 말합니다.

튜링 머신이든 폰 노이만 구조든 둘 다 오늘날의 컴퓨터를 다른 관점에서 표현한 것입니다. 앨런 튜링은 폰 노이만 교수의 지도하에 박

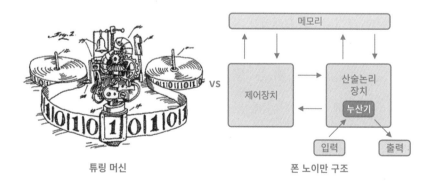

튜링 머신   폰 노이만 구조

사 학위를 마쳤으니 이 둘은 서로 영향을 주고받았을 것입니다. 이들의 연구 성과에 의해, 에니악ENIAC, 에드박EDVAC, ACEAutomatic Computing Engine 같은 실제 컴퓨터들이 만들어지며 현대의 컴퓨터 시대가 열리게 됩니다.

언어 처리 기계

이 책에서는 컴퓨터를 '언어 처리 기계'로 정의해보겠습니다. 컴퓨터란 튜링이 정의한 대로 결국 테이프에 적힌 글을 읽어 그것을 실행하는 기계입니다. 코딩이 컴퓨터가 읽을 책을 쓰는 행위라면 컴퓨터는 코딩된 책을 읽고 저자의 의도를 실현시켜주는 기계입니다. 컴퓨터가 독자적으로 할 수 있는 일이란 아무것도 없습니다. 오로지 책을 읽고 그대로 실행할 뿐입니다. 그러니 독자로서의 컴퓨터에 대해 모른다면 좋은 글을 쓸 수 없습니다. 훌륭한 작가는 자신의 책을 읽을 독자를 떠올리며 그 독자 수준에 맞춰서 글을 씁니다. 따라서 프로그래머도 자신이 쓴 코드를 읽을 컴퓨터를 떠올리며 그 수준에 맞춰서 글을 써야 합니다. 그러니 프로그래머가 되고 싶다면 일단 독자인 컴퓨터부터 이해해야 합니다.

프로그래머가 코딩을 하는 이유 중 하나는 그 일을 사람이 직접 하지 않기 위해서입니다. 한 번만 코딩하면 그 코딩된 일을 컴퓨터가 대신 해주니까요. 물론 한 번 코딩을 하는 것이 그냥 그 일을 직접 하는 것보다 귀찮을 때도 있습니다. 하지만 반복되는 일들을 하다 보면 귀찮음을 무릅쓰고라도 코딩을 하고 싶은 충동을 느끼게 됩니다. '이걸 왜 사람이 해야 하나' 하고 느끼는 순간이 오는 거죠. 그리고 사람보다 컴퓨터가 실수도 적고, 속도도 더 빠릅니다. 게다가 가장 큰 장점은 묵묵히 일한다는 것입니다. 일단 코딩을 하고 나면 그 일을 컴퓨터에게 수천 번이든 수만 번이든 시킬 수 있습니다. 24시간, 365일, 100년 동안 시켜놓을 수도 있습니다. 그러니 웬만하면 코딩을 해서 컴퓨터가 일을 하도록 만드는 편이 인간의 수고를 덜 수 있는 길입니다.

들어와서 머물다 나간다

컴퓨터가 하는 일은 단 3가지밖에 없습니다. 그것은 바로 입력, 연산, 출력입니다. 너무 단순하다고요? 꼭 그렇지는 않습니다. 따지고 보면 사람도 입력, 연산, 출력 3가지만 하니까요. 밥을 먹는 것이 입력, 소화가 연산, 배변이 출력입니다. 귀로 듣는 것이 입력, 머리로 이해하는 것이 연산, 말하는 것이 출력입니다. 눈으로 보는 것이 입력, 본 것 중 인상 깊은 것을 추려내는 것이 연산, 추려낸 것을 기억 세포로 보내는 것이 출력입니다. 사실 자연에 존재하는 모든 존재가 이 3가지 일만 한다고 말할 수 있습니다. 자연 세계에서는 어떤 존재로 끊임없이 무언가가 흘러 들어와서 머물다가 나갑니다. 들어오는 것이 입력, 머무는 것이 연산, 나가는 것이 출력입니다.

컴퓨터를 이해하기 위해서는 이 3가지 일이 모두 디지털 언어를 기반으로 처리된다는 사실을 알아야만 합니다. 그래서 컴퓨터를 언어 처

입력 ➡ 연산 ➡ 출력

리 기계라고 부른다는 것입니다. 디지털 언어란 0과 1, 즉 디지털 코드를 말합니다. 컴퓨터가 처리하는 0과 1을 글자나 숫자라고 부를 수도 있습니다. 컴퓨터로 들어오는 것은 모두 글자입니다. 그리고 머무는 것도 글자이고, 나가는 것도 글자입니다. 마우스로 인터넷 브라우저(예를 들어, MS의 익스플로러나 구글의 크롬)의 아이콘을 더블클릭 하면, 모니터에서 어떤 아이콘이 더블클릭 되었는지를 알려주는 명령 '글자'가 CPU로 '입력'됩니다. 그러면 CPU는 그 아이콘과 연결된 프로그램을 하드디스크에서 읽어서 메모리에 옮겨 적은 후 그 프로그램에 적힌 '글자'대로 '연산'합니다. 그리고 그 연산 결과로 만들어진 '글자'들을 모니터에 '출력'합니다. 이제 컴퓨터가 어떻게 글자로 이 3가지 일들을 처리하는지를 좀 더 구체적으로 살펴보겠습니다.

2. 컴퓨터로 들어가는 것은 0과 1이다

컴퓨터의 귀

우리는 마우스나 키보드를 통해 컴퓨터에게 명령을 입력합니다. 마우스로는 드래그나 클릭을 하고 키보드로는 키 버튼을 누를 뿐입니다. 스마트폰에서는 터치스크린 화면을 손가락으로 두드리거나 밀거나 할 뿐입니다. 반면, CPU는 0과 1만을 입력으로 받아들입니다. 다시 말해, 우리는 컴퓨터에게 0과 1을 입력한 적이 없습니다. 그런데 컴퓨터는 어떻게 우리의 명령을 이해하는 걸까요? 그것은 무엇인가가 중간에서 우리를 대신해 컴퓨터에게 0과 1을 전달해주기 때문입니다. 이런 일을 해주는 것은 다름 아닌 입력장치입니다. 컴퓨터의 CPU에게 말하고 싶은 것을 0과 1로 바꿔서 전달해주는 장치를 말합니다. 우리가 입력장치를 통해 어떤 행동(클릭, 드래그, 터치, 키 누름)을 취하건 그 행동들은 모두 0과 1로 변환되어 CPU로 전달됩니다.

사람이 컴퓨터와 대화하기 위해서는 반드시 입력장치를 통해 컴퓨터에게 말을 걸어야 합니다. 사람 몸에도 외부로부터 데이터를 받아들

이는 많은 입력장치가 있습니다. 우선 다른 사람의 목소리가 입력되는 귀가 있죠. 귀로 입력된 음성 데이터는 아날로그 신호이지만, 뇌로 전달되기 전에 디지털 신호로 변환됩니다. 뇌 속 뉴런들이 디지털로 동작하기 때문에 귀와 뇌 사이에는 아날로그-디지털 변환ADC 세포가 있습니다. 이 디지털 신호(청각 신호)가 뇌로 전달되면 뇌가 그 디지털 신호를 분석해서 어떤 말인지를 이해합니다. 컴퓨터도 우리 몸과 유사합니다. 컴퓨터에서 귀에 해당하는 입력장치는 바로 마이크microphone입니다. 뇌에 해당하는 장치는 CPU고요. 우리가 스마트폰을 입 근처에 갖다 대고 말을 하면 그 소리가 스마트폰의 마이크에 입력됩니다. 입력

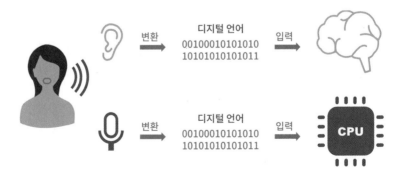

된 소리는 마이크에 내장된 아날로그-디지털 변환 회로에 의해 디지털 신호로 변환되어 CPU로 전달됩니다. 즉, 입력되는 모든 소리를 마이크가 0과 1로 바꾸어 CPU로 전달하고 있는 것입니다.

컴퓨터의 눈, 코, 입

사람의 감각 기관은 모두 입력장치에 해당합니다. 눈은 컴퓨터의 카메라에 해당하는데, 카메라 역시 모든 사물의 형상을 0과 1로 변환해서 CPU로 전달합니다. 나머지 감각 기관인 코, 입, 피부에 해당하는 컴퓨터의 입력장치는 본격적으로 상용화되지 않았습니다. 컴퓨터에게 코나 입이나 피부를 만들어줄 필요가 별로 없었기 때문입니다. 다시 말해, 컴퓨터에게 냄새를 맡게 하고, 맛을 보게 하고, 촉각을 느끼게 할 필요성이 아직까지는 그다지 크지 않습니다. 하지만 최근에는 인공지능이 발달하면서 점차 사람을 대신해서 냄새와 맛과 촉각을 분석할 필요성이 커져가고 있습니다. 냄새 센서(전자 코)는 냄새만으로 공기 오염도를 측정하거나 농산물의 신선도를 파악할 수 있습니다. 사실 사람의 후각은 그다지 예민하지 못한 편이니 앞으로 전자 코가 훨씬 더 냄새를 잘 맡게 될 것이고, 이런 전자 코가 모든 스마트폰에 탑재될 날이 올지도 모르겠습니다. 전자 코가 모든 냄새를 0과 1로 변환해서 CPU로 보내는 것처럼, 전자 피부나 전자 혀 역시 사람을 대신해서 촉각이나 미각을 측정한 후에 이를 디지털 언어로 변환해서 CPU로 전달합니다.

키보드와 마우스

컴퓨터에겐 사람에게 없는 입력장치가 있습니다. 우리가 가장 흔히 접하는 키보드나 마우스입니다. 사실 이런 것들은 지금까지 컴퓨터의 눈과 귀를 대신해왔습니다. 비록 눈과 귀에 해당하는 카메라와 마이크가 있긴 하지만, 컴퓨터가 이것들을 통해 사물을 인식하거나 소리를 듣기에는 기술적으로 부족한 면이 많았습니다. 컴퓨터 개발 초기에 음성 인식이나 영상 인식이란 상상도 할 수 없었으니까요. 그래서 컴퓨터에게 하고 싶은 말을 타이핑해서라도 전달하기 위해 키보드가 개발되었습니다. 그리고 타이핑도 귀찮아지자 마우스가 등장했습니다.

키보드로 글자를 입력하면 그 글자는 곧바로 CPU에게 전달됩니다. 그러니 음성 인식이 안 되는 상태에선 키보드가 최고의 입력 수단이 됩니다. 키보드에서 'a'에 해당하는 키를 누르면, 알파벳 'a'에 해당하는 디지털 코드가 CPU로 전달됩니다. 더 정확히 말하자면 키보드에 내장된 마이크로프로세서가 어떤 키가 눌러졌는지를 판단해서, 눌러진 키를 숫자로 재빨리 변환한 뒤 그 숫자를 CPU에게 보냅니다. CPU는 그 숫자를 보고 사용자가 자신에게 'a'라는 글자를 입력했다는 사실을 알아채고 프로그램에 적힌 대로 그에 따른 명령을 수행합니다.

마우스 커서를 움직이면 모니터 내에서 커서 위치를 나타내는 좌푯값이 CPU에게 실시간 전달됩니다. 예를 들어, 모니터가 1920×1080 크기인 경우, 화면 좌측 상단에 커서가 위치하면 그 좌푯값인 (0, 0)이 전달되고, 화면 우측 하단에 위치하면 (1919, 1079)가 전달됩니다. 이렇게 마우스가 이동할 때마다 커서의 위치가 변하면서 실시간으로 변

화하는 좌푯값(숫자)이 계속 CPU로 전달됩니다. 마우스가 CPU에게 '입력'해주는 것은 커서의 위치를 나타내는 '숫자'입니다. 이 숫자를 보고 CPU는 해당 좌표에 커서 모양의 아이콘을 그려낼 수 있습니다.

마우스 왼쪽 버튼을 클릭하면, 클릭이 일어난 곳의 좌푯값(숫자)과, 왼쪽 버튼 클릭이 일어났다는 이벤트 정보(이 경우에도 미리 정해진 숫자)가 CPU에 '입력'됩니다. 만일 왼쪽 버튼이 클릭된 위치(숫자)가 윈도(창)의 닫기 버튼이 있던 위치(숫자)와 일치한다면, CPU는 해당 윈도가 화면에서 사라지도록 처리할 겁니다. 마우스로 어떤 동작을 취하든지, 키보드로 무슨 키를 누르든지, 터치스크린에 어떤 터치를 하든지 간에 그 행동들은 모두 0과 1로 변환되어 CPU에 전달됩니다.

3. 컴퓨터가 내놓는 것은 0과 1이다

컴퓨터의 입, 손, 얼굴

컴퓨터는 0과 1을 출력할 뿐인데 왜 스피커는 소리를 내고, 모니터는 그림을 그리고, 프린터는 인쇄를 할까요? 그 이유는 출력장치가 이런 비트를 받아서 물리적인 결과물들을 세상에 내놓기 때문입니다. 출력장치란 컴퓨터 CPU가 계산한 숫자들을 우리가 보거나 들을 수 있는 형태로 바꿔주는 장치를 말합니다. 출력장치는 빛이나 소리나 종이 같은 것들을 통해 CPU가 계산한 결과를 나타냅니다. 예를 들어, 모니터나 LCD 프로젝터는 숫자를 '빛'으로 표시하고, 스피커나 헤드폰은 비트를 '소리'로 출력합니다. 그리고 프린터는 0과 1을 '종이'에 문자나 그림으로 인쇄하고, USB메모리는 전자를 가두거나 내보내는 형태로 비트를 표현합니다.

컴퓨터 출력장치처럼 사람 몸에도 외부로 정보를 내보내는 많은 출력 기관이 있습니다. 우선 다른 사람에게 자신의 생각을 말하는 '입'이 있죠. 입은 뇌에서 연산한 결과를 발성기관을 통해 출력합니다. 마치 스피커와 비슷한 역할입니다. 또한 '손'으로 그림을 그려서 뇌가 상상한 이미지를 출력하기도 하고, '얼굴 표정'으로 자신의 감정을 드러내기도 합니다. 이때 손은 프린터 노즐과 비슷한 역할을 담당한 것이고, 얼굴 표정은 인공지능 로봇의 얼굴 모니터와 비슷한 기능을 수행한 것입니다. 그 밖에 사람이 걷고, 뛰고, 운동하는 행동 하나하나가 모두 뇌에서 연산한 결과를 운동기관들을 통해 출력한 것입니다.

우리가 느끼기엔 출력장치가 빛이나 소리로 정보를 표현했지만, 실제로는 CPU가 단지 0과 1을 출력장치로 전달했을 뿐입니다. 컴퓨터가 할 줄 아는 일이라곤 숫자를 읽어서(입력), 그 숫자들을 가지고 계산(연산)한 다음에, 계산 결과를 숫자로 내놓는(출력) 일뿐이니까요.

0과 1을 소리로 바꾸는 스피커

CPU가 출력한 숫자를 소리로 바꾸는 것은 스피커입니다. 숫자를 어떻게 소리로 바꾸냐고요? 스피커에는 진동판이 들어 있고, 그 진동판이 진동을 하면 소리가 납니다. 그 진동판은 뒷면에 붙어 있는 코일

에 전류가 흐르면 움직이게 되어 있고요. 자석 옆에 있는 코일에 전류가 흐르면 전자기법칙(플레밍의 왼손 법칙)에 따라 코일이 힘(로렌츠힘)을 받습니다. 따라서 코일에 흐르는 전류에 따라 진동판이 움직이고, 이것은 소리로 변합니다. 이 코일에 흐를 전류의 세기나 방향을 결정하는 것이 바로 CPU입니다. CPU가 내보내는 숫자(0과 1)가 DAC(디지털-아날로그 변환기) 회로에 의해 전기신호(아날로그 신호)로 바뀌고, 이 전기신호가 코일에 흐릅니다. 그러면 코일이 힘을 받아 진동판이 흔들리고 소리가 출력됩니다. 이런 방식으로 스피커는 숫자를 소리로 바꿉니다.

0과 1을 빛으로 바꾸는 모니터

모니터는 숫자를 빛으로 바꿔줍니다. 흑백 모니터는 0을 검은색 빛

0	1	2	3	4	5	6	7	8	9
10	11	12	13	14	15	16	17	18	19
20	21	22	23	24	25	26	27	28	29
30	31	32	33	34	35	36	37	38	39
40	41	42	43	44	45	46	47	48	49
50	51	52	53	54	55	56	57	58	59
60	61	62	63	64	65	66	67	68	69
70	71	72	73	74	75	76	77	78	79
80	81	82	83	84	85	86	87	88	89
90	91	92	93	94	95	96	97	98	99
100	101	102	103	104	105	106	107	108	109
110	111	112	113	114	115	116	117	118	119
120	121	122	123	124	125	126	127	128	129
130	131	132	133	134	135	136	137	138	139
140	141	142	143	144	145	146	147	148	149
150	151	152	153	154	155	156	157	158	159
160	161	162	163	164	165	166	167	168	169
170	171	172	173	174	175	176	177	178	179
180	181	182	183	184	185	186	187	188	189
190	191	192	193	194	195	196	197	198	199
200	201	202	203	204	205	206	207	208	209
210	211	212	213	214	215	216	217	218	219
220	221	222	223	224	225	226	227	228	229
230	231	232	233	234	235	236	237	238	239
240	241	242	243	244	245	246	247	248	249
250	251	252							

으로, 1을 하얀색 빛으로 바꿉니다. 256컬러 모니터는 0부터 255까지의 숫자를 해당하는 색깔의 빛으로 바꿉니다. 예컨대, 0은 검은색, 1은 붉은색, 2는 초록색 빛으로 바꿉니다. 24비트 트루컬러 모니터는 0부터 16,777,215까지의 숫자를 해당하는 색깔의 빛으로 바꿉니다.

0과 1을 실물로 바꾸는 3D 프린터

3D 프린터는 어떻게 숫자를 실물 모형으로 바꿀까요? 3D 프린터의 소스파일 중 가장 대표적인 것이 STL^{StereoLithography} 파일입니다. 이 STL 파일은 여러 개의 삼각형들에 대한 정보를 담고 있습니다. 왜냐하면 3D 프린터가 사물을 삼각형들의 집합으로 표현하기 때문입니다.

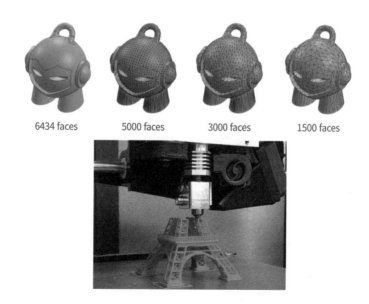

6434 faces   5000 faces   3000 faces   1500 faces

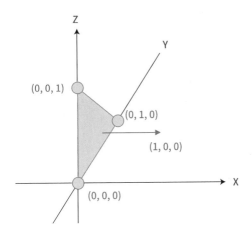

앞의 그림에는 4개의 캐릭터가 있습니다. 그림 오른쪽에서처럼 1,500 개의 삼각형 면faces으로 표현한 캐릭터는 거친 모습을 갖고 있습니다. 그렇지만 3,000개의 삼각형이나 5,000개의 삼각형으로 표현하면 점 점 부드러운 형태를 갖게 되죠. 그림 왼쪽에서처럼 약 6,400여 개의 삼 각형으로 표현하면 한층 부드러운 형태가 됩니다. 자연 그대로의 모습 (아날로그)을 숫자(디지털)로 표현할 때도 사람이 분별할 수 없을 만큼 정교한 숫자로 표현하듯이, 3D 프린터도 사람이 분별할 수 없을 만큼 많은 삼각형으로 사물을 인쇄합니다.

  3차원 공간에서 삼각형을 표현할 때는 총 4가지 정보만 있으면 됩 니다. 바로 꼭짓점의 좌푯값 3개와, 삼각형의 면이 향하는 방향에 대한 값입니다. 이 4가지 값만 알면, 하나의 삼각형을 3차원 공간에 완벽하 게 그려낼 수 있습니다. 예컨대, 위의 그림에서 삼각형의 첫 번째 꼭짓 점의 좌표는 $(0, 0, 0)$, 두 번째 꼭짓점의 좌표는 $(0, 0, 1)$, 세 번째 꼭짓

$$
\begin{array}{l}
\textbf{solid } \textit{name} \\
\quad \left\lceil \textbf{facet normal} \quad n_i \quad n_j \quad n_k \right\rceil + \\
\quad \left\{ \begin{array}{l} \textbf{outer loop} \\ \quad \textbf{vertex } v1_x \quad v1_y \quad v1_z \\ \quad \textbf{vertex } v2_x \quad v2_y \quad v2_z \\ \quad \textbf{vertex } v3_x \quad v3_y \quad v3_z \\ \textbf{endloop} \end{array} \right\} \\
\quad \left\lfloor \textbf{endfacet} \right. \\
\textbf{endsolid } \textit{name}
\end{array}
$$

점의 좌표는 (0, 1, 0)입니다. 그리고 삼각형의 면이 향하는 방향은 (1, 0, 0)입니다. 이렇게 4가지 값을 사용하면 3차원 공간 안에 하나의 삼각형을 그려낼 수 있습니다.

그래서 STL 파일 안에는 삼각형마다 4가지 값이 쓰여 있습니다. STL 파일의 소스코드를 분석해보면 다음과 같습니다.

• solid name~endsolid name: 하나의 삼각형에 대한 정보가 이 안에 들어갑니다.

• facet normal (ni, nj, nk)~endfacet: (ni, nj, nk)는 삼각형의 면이 향하는 방향에 대한 값입니다.

• outer loop~endloop: 3개의 꼭짓점 좌표에 대한 정보가 이 안에 들어갑니다.

• vertex v1x, v1y, v1z: 삼각형의 첫 번째 꼭짓점 좌표입니다.

• vertex v2x, v2y, v2z: 삼각형의 두 번째 꼭짓점 좌표입니다.

• vertex v3x, v3y, v3z: 삼각형의 세 번째 꼭짓점 좌표입니다.

이와 같이 facet normal부터 시작해서 endfacet까지 필요한 정보를 써넣으면 총 7줄의 글로 하나의 삼각형을 표현할 수 있습니다.

그렇다면 3D 프린터가 10센티미터의 공을 10미크론micron(100만 분의 1미터)의 정확도로 인쇄하도록 소스코드를 작성해볼까요? 이때는 약 5만 개의 삼각형에 대한 정보를 STL 파일에 적어야 합니다. 그러니 STL 파일 안에는 '5만 개의 삼각형 7줄'인 35만 줄의 글이 적히게 됩니다. 이는 약 13메가바이트 크기를 갖는 텍스트 파일이죠. 이와 같이 숫자와 영어가 잔뜩 들어간 35만 줄의 글을 CPU가 읽어서 3D 프린터로 보내면 우리 눈에 동그랗게 보이는 공이 세상에 출력됩니다. 컴퓨터가 출력한 숫자를 3D 프린터가 사물로 바꾸어낸 것입니다. 기억할 점은 다양한 출력장치들이 빛(모니터)이나 소리(스피커) 또는 실물(3D 프린터)로 물리적인 결과물을 세상에 내놓는다 해도, 컴퓨터가 출력한 것은 단지 비트일 뿐이라는 것입니다. 그러니 '비트=사물'이 됩니다.

4. 책꽂이에서 꺼내서,
책상 위에 펴두고, 연습장에 푼다

컴퓨터는 글자를 받아서 그것을 연산한 후에 결과물을 다시 글자로 내놓습니다. 컴퓨터가 연산하는 방식을 알아보기에 앞서서, 우선 사람이 수학 문제를 푸는 방법부터 살펴보겠습니다. 수학 문제를 풀기로 마음먹은 한 학생이 있습니다. 그 학생은 먼저 '책꽂이'에서 수학과 관련된 책들을 쭉 꺼냅니다. 교과서와 참고서들을 꺼내서 모조리 자기 '책상' 위로 가져옵니다. 그리고 '연습장'에 문제를 풀기 시작합니다. 책상 위에 놓인 책들을 수시로 참고하면서요. 문제풀이가 끝나면 책상 위의 책들을 다시 책꽂이에 돌려놓게 됩니다. 학생이 '책꽂이-책상-연습장'을 거쳐 수학문제를 풀듯이, 컴퓨터도 이와 유사한 과정을 거쳐 연산을 수행합니다. 문제를 푸는 학생은 CPU를, 책은 프로그램이나 데이터를 비유한 것입니다. 이제부터는 컴퓨터에서 책꽂이, 책상, 연습장 역할을 하는 것들이 각각 무엇인지를 살펴볼 차례입니다.

책꽂이는 하드디스크

책꽂이는 보조기억장치인 하드디스크HDD나 SSDSolid State Disk를 비유한 것입니다. 책꽂이(HDD/SSD)는 많은 책(프로그램)들을 보관할 순 있지만, 책상에 앉아 있는 학생(CPU)과의 거리가 너무 멀어서 가져오는 데 오랜 시간이 걸립니다. 필요한 책이 생각날 때마다 매번 자리에서 일어나서 몇 발자국을 걸은 후에 책꽂이를 뒤져야 한다면 수학문제를 푸는 데 오랜 시간이 걸릴 것입니다. 실제로 HDD나 SDD에 기록된 데이터를 읽어 오기 위해서는 시간이 많이 필요합니다. 물론 방대한 양의 책들을 책꽂이에 보관하고 있다는 사실은 매우 든든한 일입니다. 컴퓨터에 새로운 프로그램을 설치할 때마다 책꽂이에 책이 하나씩 늘어나게 됩니다. 그리고 컴퓨터 전원이 꺼진 채 오랜 시간이 지난다 해도 책들은 늘 그 자리에 있습니다.

책상은 램

책상은 주기억장치인 램RAM을 비유한 것입니다. 학생(CPU)은 책꽂이(HDD/SSD)로부터 필요한 책(프로그램)들을 꺼내 와서 책상(램)에 두고 수시로 참조합니다. CPU가 램으로부터 글자를 읽어 들이는 속도는 하드디스크로부터 읽어 들이는 속도보다 훨씬 빠릅니다. 일단 책상에 책이 놓이게 되면 학생이 팔을 뻗어 언제든지 수시로 접근할 수 있기 때문입니다. 실제로 대용량 프로그램인 PC 게임을 처음 실행하면 '로딩 중'이라는 화면을 보게 될 때가 있습니다. 이 '로딩 중'이 의미하는 것이 하드디스크에서 램으로 필요한 데이터를 복사해서 옮기고 있다는 뜻입니다. 모든 연산이 끝나면 책상 위의 책들이 치워지듯이 램에 저장되었던 글자들도 사라집니다.

연습장은 CPU 캐시

연습장은 CPU 캐시cache를 비유한 것입니다. 캐시는 읽기/쓰기를 매우 빠르게 할 수 있는 작은 메모리입니다. 실제로 CPU 내부 면적의 절반 이상은 캐시 메모리로 채워져 있습니다. CPU가 캐시로부터 글자를 읽어 들이는 속도는 램으로부터 읽어 들이는 속도보다 훨씬 빠릅니다. 그래서 학생(CPU)은 책상(램)에서 필요한 글자들을 꺼내 와서 연습장(캐시)에 옮겨 적고 연산을 시작합니다. 학생이 연산을 할 때 직접 사용하는 것은 책상 위의 책(램에 복사된 글자)이 아니라 연습장에 있는 글자들(캐시에 복사된 글자)입니다. 학생은 이 글자들로 필요한 계산을 마친 후에, 계산 결과를 답안지(출력장치)에 적습니다.

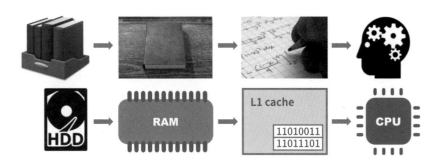

정리하자면, CPU가 하는 일이란 0과 1로 이루어진 일련의 숫자들을 입력장치와 보조기억장치(HDD/SDD)로부터 받아서, 램과 캐시에 옮겨 적은 후에 연산을 통해 새로운 배열의 0과 1을 만들어내고, 이 숫자들을 출력장치(모니터, 프린터)로 내보내는 일입니다. 이렇게 보조기억장치로부터 램으로, 그리고 다시 CPU 캐시로 글자가 이동할 때 이동 경로가 되는 전선을 버스BUS라고 부릅니다.

복잡한 일도 결국 단순한 일의 반복이다

CPU는 한 번에 단 1개의 명령만을 실행합니다. 책(프로그램)에 적힌 복잡한 지침들은 CPU가 실행할 수 있는 다수의 단순 명령어들로 분해됩니다. 그러면 CPU는 이렇게 분해된 단순 명령어들을 하나씩 읽어서 순서대로 실행합니다. 프로그램 카운터program counter는 이번에 실행할 명령이 들어 있는 주소를 보관하고 있습니다. CPU는 그 주소를 찾아가 해당 주소에 들어 있는 단순 명령어를 읽어 들여 실행하고, 카운터 값을 하나 증가시킵니다. 그리고 증가된 카운터 값에 따라 다음 주소를 찾아가 그 주소에 들어 있는 단순 명령어를 읽어 들여 또 실행합니다. 이런 과정들을 수도 없이 반복해서 컴퓨터가 돌아갑니다.

CPU가 실행할 수 있는 명령은 3가지 종류가 있습니다.

첫 번째는 글자를 복사copy하는 것입니다. 램에서 캐시로 다시 캐시에서 램으로 글자를 복사합니다. 두 번째는 산술 연산 또는 논리 연산입니다. 산술 연산은 말 그대로 더하기, 빼기, 곱하기, 나누기를 의미합니다.[+] 논리 연산은 논리곱(AND), 논리합(OR), 부정(NOT)을 의미합니다.[++] 이 논리 연산은 19세기의 수학자이자 논리학자인 조지 불George Boole이 처음 제안한 것입니다. 지금은 이 논리 연산이 디지털 컴퓨터의 근간을 이루게 되었습니다. 세 번째는 분기입니다. 한곳에서 다른 곳으로 점프하는 거죠.

놀라운 것은 CPU가 하는 일이 이 3가지가 전부라는 겁니다. 즉, 1) 복사하거나 2) 연산(더하기, 빼기, 곱하기, 나누기, AND, OR, NOT)하거나 3) 분기(점프)밖에 할 줄 모른다는 겁니다. 그런데 이런 단순한 명령들의 조합으로 냉장고나 TV, 게임기가 돌아갑니다. AND 연산, OR 연산, 곱하기, 나누기를 여러 번 했을 뿐인데 알파고가 바둑을 두고 자동차가 자율 주행을 합니다. 심지어 이런 단순 작업만 반복해서 주가 흐름을 예측하고 인간의 심리를 분석하고 초지능을 탄생시킬 수 있다고 합니다. 사실 어마어마하게 어려운 일도 결국 단순한 일의 반복일 뿐입니다.

프로그래머가 코딩한 소스코드는 모두 복사, 연산, 분기로 분해되어 번역됩니다. 컴퓨터는 이런 단순 명령을 여러 번 실행했을 뿐인데 우리가 인터넷을 서핑하게 됩니다. 컴퓨터가 복사하고 더하고 빼고 점프하는 것을 몇 번 했을 뿐인데 우리가 전화 통화를 하고 영화를 감상

[+] 그 외에 값을 1 증가시키는 연산increment도 산술 연산의 일종입니다.

[++] AND 연산: 입력값이 둘 다 1일 때만 출력값이 1이고, 나머지 경우(0과 0, 0과 1, 1과 0)는 출력값이 0입니다. OR 연산: 입력값이 둘 다 0일 때만 출력값이 0이고, 나머지 경우(0과 1, 1과 0, 1과 1)는 출력값이 1입니다. NOT 연산: 입력값 1은 0으로 바꾸어 출력하고, 반대로 입력값 0은 1로 바꾸어 출력합니다.

하게 됩니다.

물론 이런 단순 명령들이 상상을 초월할 만큼 빠른 속도로 실행되긴 합니다. 3.5기가헤르츠의 클럭clock[+] 스피드를 갖는 CPU는 이런 단순 명령을 1초에 '35억 번' 실행합니다. 저차원적인 단순 명령들이 초당 수십억 번 실행되면 우리 눈앞에는 고차원적인 일들이 펼쳐지기 시작합니다. 컴퓨터는 초당 수십억 번 혹은 그 이상의 속도로 0과 1을 이리저리 복사하고 더하고 할 뿐인데, 그 결과로 세상에 존재하는 모든 것을 흉내 내거나 만들어냅니다. 그 이유는 아무리 고차원적으로 보이는 일들도 결국 저차원적인 단순 명령들로 분해될 수 있기 때문입니다. 컴퓨터는 이런 방식으로 이데아의 비트를 세상에 실현해냅니다.

[+] CPU는 일정 간격의 신호에 맞추어 동작하는데, 이 신호를 '클럭'이라고 부릅니다. CPU가 이 클럭 신호마다 동작하므로, 클럭 속도가 높을수록 빠른 성능의 CPU라고 할 수 있습니다.

5. 교과서와 참고서

소프트웨어가 없다면 컴퓨터는 텅 빈 기계에 지나지 않습니다. 스스로는 아무것도 할 수 없기 때문입니다. 그래서 컴퓨터 전원을 켜면 컴퓨터는 자신이 무엇을 해야 할지를 적어놓은 책부터 꺼내 읽기 시작합니다.

자가 점검을 위한 바이오스

제일 처음으로 꺼내 읽는 것은 바로 바이오스BIOS라는 책입니다. BIOS는 Basic Input/Output System의 약자로, 기본 입출력 시스템에 관한 책입니다. 본격적인 독서를 시작하기에 앞서서 자신의 상태부터 점검하기 위함입니다. 이 바이오스에 적힌 글자들을 따라서 메모리나 하드디스크에 이상이 없는지를 조사합니다. 그리고 마우스나 키보드 모니터가 정상 작동하는지도 조사합니다. 이런 기본적인 것들에 이상이 있다면 컴퓨터가 제대로 동작할 수 없으니까요.

예전에는 컴퓨터 부팅 시에 흑백 화면에 그 과정이 표시되어서, 컴퓨터가 바이오스를 읽고 있음을 쉽게 확인할 수 있었습니다. 이 바이오스라는 책에 있는 글자가 지워진다면 컴퓨터는 시작조차 할 수 없습니다. 그래서 BIOS라는 프로그램은 롬ROM이라는 특수 메모리에 적혀 있습니다. ROM은 Read Only Memory의 약자로, 앞서 언급했듯 글자를 읽기만 할 수 있을 뿐 지우거나 쓸 수 없습니다. 공장에서 글자가 지워지지 않는 형태로 새겨져서 출하되었기 때문입니다. 바이오스라는 책의 끝부분에는 모든 조사를 마친 후에 컴퓨터가 정상 작동할 환경이라고 판단되면 이제부터 OS라는 책을 읽으라고 적혀 있습니다.

OS라는 교과서

OS(운영체제)는 Operating System의 약자로 컴퓨터를 운영하는 데 필요한 기본적인 지침이 모두 적혀 있습니다. 컴퓨터 입장에서는 OS가 '교과서'라고 할 수 있습니다. 일반 컴퓨터에서는 MS가 만든 윈도, 애플이 만든 맥 OS, 리눅스Linux, 스마트폰에서는 구글이 만든 안드로이드나 애플이 만든 iOS 같은 것들이 OS에 해당합니다. 윈도를 제외한, 맥 OS, 리눅스, 안드로이드, iOS는 모두 유닉스를 모태로 하고 있는 운영체제입니다. 그리고 C 언어는 이 유닉스를 만들기 위해 만들어진 프로그래밍 언어입니다. 개인 PC 시장의 대부분을 윈도가 점유하고 있고, 스마트폰 시장의 대부분을 안드로이드와 iOS가 양분하고 있으니, 현존하는 교과서는 윈도 계열과 유닉스 계열로 양분되어 있는

셈입니다.

 컴퓨터는 이 OS를 읽어서 키보드로 어떤 글자가 눌러졌는지를 인식하고, 마우스가 어디로 이동했는지를 파악하고, 모니터에 글자를 출력합니다. OS라는 교과서에는 컴퓨터에서 공통적으로 이용되는 모든 지침들이 적혀 있습니다. 그래서 OS라는 책을 읽은 다음부터는 키보드나 마우스로부터 입력되는 명령을 CPU가 이해할 수 있게 됩니다. 만일 마우스로부터 더블클릭이 입력되었는데, 그때 마침 마우스 포인터의 위치가 특정 애플리케이션을 실행시키는 아이콘 위에 있었다면, 이제 그 아이콘에 해당하는 책을 꺼내 읽기 시작합니다.

앱이라는 참고서

 일반적인 프로그래머들이 작성하는 글들은 대부분 애플리케이션

application이라는 책입니다. 이 애플리케이션은 바이오스나 OS가 아닌 모든 응용 프로그램들을 지칭합니다. 즉, 교과서가 아닌 '실용 서적'이나 '응용 서적'을 일컫죠. 컴퓨터 역사에서 어느 날인가부터 '애플리케이션'이란 단어를 잘 사용하지 않게 되었는데, 그 이유는 MS가 애플리케이션이란 단어 대신에 '응용 프로그램'이란 단어를 밀기 시작했기 때문입니다. MS의 영향력으로 애플리케이션이란 단어는 점점 자취를 감추고 어느새 그 자리를 '프로그램'이 대신하게 되었습니다.

그러던 어느 날 아이폰이 등장하면서, 애플은 애플리케이션의 약어인 앱app이라는 단어를 밀기 시작했습니다. 아마도 자사의 명칭인 애플과 비슷하기 때문으로 추정됩니다. 그 결과 지금은 윈도에서도 애플리케이션이라는 명칭이 사용되고 있습니다. 우리가 흔히 사용하는 워드 프로세서, 사진 뷰어, 동영상 플레이어, 음악 플레이어, 웹브라우저 같은 것들이 다 애플리케이션입니다. 교과서(OS)에 적힌 공통 지침들까지 프로그래머들이 실용서(애플리케이션)에 코딩할 필요는 없습니다. 공통 지침들은 교과서를 참고하면 되니까요. 그래서 애플리케이션과

OS는 끊임없이 대화를 나눕니다.

차례대로 줄을 서시오

지금부터는 컴퓨터가 OS라는 책을 통해 처리하는 일들을 설명해보겠습니다. OS에 대한 엄밀한 정의를 내리기는 힘듭니다. 그 이유는 OS가 어떤 일까지 해줘야 하는가에 대해 OS 제조사마다 입장이 다르기 때문입니다. 하지만 OS에 대해 간단히 정의하자면 컴퓨터 하드웨어, 그리고 거기 설치된 애플리케이션들을 관리해주는 소프트웨어라고 할 수 있습니다. 아무리 간단한 애플리케이션도 하드웨어를 사용하지 않을 수는 없습니다. 그리고 하드웨어는 모든 애플리케이션이 공유해서 쓰는 공유 자원(리소스)입니다. 애플리케이션은 마우스나 키보드라는 하드웨어로부터 입력을 받아들이고, 메모리라는 하드웨어를 일정 공간 빌려 쓰며, 때론 네트워크 어댑터라는 하드웨어를 통해 인터넷과 연결되어야 합니다.

이렇게 하드웨어를 사용할 때마다 애플리케이션은 OS와 지속적으로 정보를 주고받아야 합니다. 그런데 OS마다 약속된 대화 방식이 다릅니다. 애플리케이션이 OS로부터 도움을 받으려면 이 대화 방식을 지켜야만 합니다. 그래서 스마트폰에서 안드로이드용 앱과 iOS용 앱이 따로 존재하는 겁니다. 앱 개발사 입장에서는 2가지 OS를 위한 앱을 만들어야 하니 비용 손실이 클 수밖에 없습니다.

OS가 담당하는 주요 기능 중 하나는 하드웨어와 애플리케이션들을

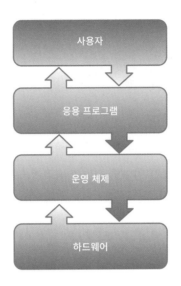

잇는 중간 다리 역할입니다. 컴퓨터마다 하드웨어 상황은 제각각입니다. CPU 종류도 다르고, 메모리 용량도 다릅니다. 내장 스피커가 연결되어 있을 수도 있고, 블루투스 이어폰이 연결되어 있을 수도 있습니다. 입력 디바이스가 USB 포트에 연결된 마우스일 수도 있고, 트랙 패드나 터치패널일 수도 있습니다. 이런 하드웨어 상황을 일개 애플리케이션이 관리할 수는 없습니다. 따라서 이런 것들은 OS가 알아서 관리하면서 애플리케이션이 필요한 정보를 요청하면 그때그때 보내줘야 합니다.

애플리케이션을 코딩하는 프로그래머는 마우스라는 하드웨어가 어떻게 움직이는지 감시하는 코드를 적을 필요가 없습니다. 단지 마우스라는 하드웨어가 움직인 정보를 OS로부터 받아 와서 그다음에 실행할 문장들만 작성하면 됩니다. 그리고 프린터나 모니터라는 하드웨어로 출력하고 싶은 정보가 있으면 그 정보들을 정리해서 OS에 전달하면 그만입니다. 또한, 공동으로 사용 중인 하드웨어 자원을 어느 한 애플리케이션이 독점해버리면 안 되기 때문에, OS는 이런 자원들을 여러 애플리케이션이 골고루 이용할 수 있게 분배해줍니다.

OS가 담당하는 다른 주요 기능은 여러 애플리케이션들로부터 오는 수많은 요청을 우선순위를 매겨 처리해주는 것입니다. 컴퓨터 안에는 여러 애플리케이션들이 동시에 돌아가고 있습니다. 웹페이지를 여러 개 띄워놓은 상태에서 음악도 듣고 문서 편집도 하고 이메일 확인도 하니까요. CPU는 1초에 수십 억 개 이상의 명령을 처리할 수 있지만, 한 번에 1가지 명령밖에 처리하지 못합니다. 그러니 많은 애플리케이션들이 보내오는 요청 사항들을 1줄로 세워놓고 이것저것 골고루 처리해줄 수밖에 없습니다.

많은 애플리케이션들은 OS 앞에 줄을 서서 대기합니다. 문서를 편집하고 있다고 해서 음악이 멈추면 안 되겠죠? 실제로 OS는 1초에도 수백 번 또는 수천 번 이상 여러 애플리케이션들을 바꿔가며 골고루 민원을 해결해줍니다.[+] 여러 애플리케이션이 보내오는 요청들을 빠른 시간 안에 나눠서 처리해주면, 사용자는 이것들이 '동시에' 돌아가고 있다고 착각하게 됩니다. 하지만 CPU가 동시에 처리할 수 있는 일이란 없습니다. 앞서 설명했듯이 CPU는 복사, 더하기, 빼기 같은 단순 명령들을 1초에 수십억 번 계산할 뿐입니다.

[+] 시간을 쪼개어 여러 애플리케이션들의 민원을 해결해주기 때문에, 이를 '시분할 멀티태스킹'이라고 부릅니다.

경우에 따라서는 OS가 특정 애플리케이션으로부터 오는 요청을 좀 더 빨리 처리해주거나 많이 처리해줘야 할 때도 있습니다. 그러니 애플리케이션들은 민원 창구에 줄을 서서 OS로부터 오는 응답을 기다려야 하는 입장입니다. 아무리 기다려도 내 차례가 오지 않는 경우가 우리가 흔히 접하는 '응답 없음'입니다. 컴퓨터 사용자는 이런 문구를 하루에도 수차례 보게 됩니다. 컴퓨터에서 돌아가는 다수의 애플리케이션들은 동시가 아니라 시간 차를 두고 교대로 실행되고 있음을 이해해야 합니다. CPU가 0.1초 동안은 A 애플리케이션의 일을 처리해주고, 그다음 0.1초 동안은 B 애플리케이션의 연산을 처리해주는 식입니다. 익스플로러 아이콘을 더블클릭 하여 창이 채 뜨기도 전에 MS 워드도 실행시키고, 바이러스 백신 프로그램도 돌린다면 3개의 애플리케이션이 조금씩 교대로 실행되다가 한참 후에야 제 모습을 드러낼 겁니다.

이와 같이 컴퓨터는 바이오스라는 책을 읽은 후에 OS라는 책을 읽고, 그다음에 애플리케이션이라는 책을 읽습니다. 보통의 프로그래머가 코딩하게 될 프로그램은 주로 애플리케이션이라는 책에 해당하며, 이 애플리케이션은 시도 때도 없이 OS에게 묻거나 요청하고, OS로부터 각종 정보를 받아 와야 합니다.

6. 공중에 떠다니는 글자들

컴퓨터는 커뮤니케이션이다

컴퓨터는 글자를 받아들여 그것을 연산한 후에 출력합니다. 통신 인프라가 갖추어지지 않았던 시절에는 컴퓨터가 자신과 유선으로 연결된 모니터나 프린터, 스피커로만 글자를 출력했습니다. 그 시절에는 대부분의 개인용 컴퓨터가 혼자 고립된 상태로 존재했습니다. 해킹이니 바이러스니 하는 것들은 다른 세상 이야기였죠. 물론 그 시절에도 어떤 사람들은 자신의 컴퓨터가 해킹당하거나 바이러스에 걸릴까 봐 쓸데없는 걱정을 하기도 했습니다. 전화선조차 연결되어 있지 않은 상

태였음에도 불구하고요. 해킹이나 바이러스 감염은 외부로부터 글자가 침입해 들어올 수 있는 환경이 되어야지만 가능합니다. 랜선이 뽑혀 있거나 와이파이가 연결되지 않은 상태에서는 외부로부터 글자가 침입해 들어올 방법이 없습니다. 물론 플로피 디스크나 CD를 통해 글자가 들어오는 경우는 예외입니다.

정보화 시대를 맞아 이제 대부분의 컴퓨터는 네트워크에 접속된 상태로 존재하게 되었습니다. 네트워크에 접속되어 있다는 것은 다른 컴퓨터와 0과 1이라는 디지털 언어를 주고받을 수 있는 상태에 있다는 뜻입니다. 컴퓨터와 케이블로 연결된 모니터나 프린터로만 글자를 보내는 것이 아니라 지구 반대편에 있는 컴퓨터로도 글자를 보낼 수 있게 된 겁니다. 즉, 내 컴퓨터와 지구 반대편에 있는 컴퓨터가 어떤 연결 고리를 통해서 서로 연결되어 있는 겁니다.

컴퓨터는 이런 상태로 존재해야 비로소 그 가치를 십분 발휘할 수 있습니다. 3G 또는 4G 통신에 연결되지 않은 스마트폰을 상상할 수 있나요? 와이파이에 연결되지 않은 태블릿이 쓸모가 있을까요? 인터넷에 연결되지 않은 컴퓨터는 무용지물에 불과합니다. 인터넷의 모체가 된 아르파넷ARPANET의 책임자였던 릭라이더Joseph Carl Robnett Licklider는 "컴퓨터는 커뮤니케이션이다"라는 유명한 말을 남겼습니다. 이제부터 설명하려는 것은 바로 컴퓨터가 글자를 전송하는 기술, 즉 통신 기술에 관한 것입니다. 이 기술 덕택에 전 세계의 모든 컴퓨터가 하나로 연결될 수 있었으며 수십만의 유저가 온라인 게임에서 만날 수 있게 되었습니다.

전선 속을 이동하는 글자들(단거리 전선 통신)

가까운 컴퓨터끼리 글자를 주고받는 가장 간단한 방법은 전선을 통해 '전기신호'로 글자를 보내는 것입니다. 이 방식은 컴퓨터가 인터넷에 연결되지 않은 경우에도 사용되어왔습니다. 키보드나 마우스가 컴퓨터로 글자를 보낼 수 있어야 하고, 컴퓨터도 프린터로 글자를 보낼 수 있어야 했기 때문입니다. 오늘날에도 스마트폰의 연결 단자와 컴퓨터의 USB 포트를 케이블로 연결하면 서로 글자를 주고받을 수 있는 상태가 됩니다. 스마트폰이 컴퓨터로 0을 보내고 싶을 땐 낮은 전압을 전선으로 흘려서 보냅니다. 그리고 1을 보내고 싶을 때는 높은 전압을 전선으로 흘려서 보냅니다. 그러면 컴퓨터는 스마트폰으로부터 오는 전압을 읽어서 이것이 0인지 1인지를 알아냅니다. 결국 컴퓨터와 스마트폰은 전선을 통해 높은 전압과 낮은 전압을 주고받음으로써 0과 1이라는 글자를 주고받습니다.

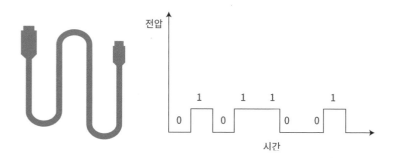

번쩍이는 빛을 타고 날아가는 글자들(가시광 통신)

컴퓨터끼리 서로 멀리 떨어져 있을 경우에는 어떻게 글자를 주고받아야 할까요? 이것을 가능케 하기 위해 과학자들은 인류가 오래전부터 사용해오던 방식을 채택했습니다. 바로 멀리 떨어진 사람끼리 서로 불빛으로 신호를 주고받는 봉화 신호 체계입니다. 이 신호 체계에서 횃불 1개는 평상시를 의미하고, 횃불 2개는 적이 국경 근처에 나타난 것을, 횃불 3개는 적이 국경선에 도달한 것을, 횃불 4개는 적이 국경선을 침범한 것을, 횃불 5개는 적과 아군 사이에 전투가 벌어진 것을 나타냅니다. 이런 약속을 전문 용어로 프로토콜protocol이라고 부릅니다. 이 봉화 신호 체계 덕분에 사람이 직접 달려가지 않고도 적의 침략 상황을 먼 곳으로 빠르게 전달할 수 있었습니다. 불빛의 개수만으로 서로 신호를 주고받은 것입니다. 조선 시대에는 이런 방식으로 전국이 무선 네트워크로 묶여 있었습니다.

봉화 신호 체계와 유사한 오늘날의 통신 방식은 바로 라이파이Li-Fi 입니다. Li-Fi는 Light Fidelity를 줄인 말로, 와이파이Wi-Fi와 어원이 비슷합니다. 가장 오래된 통신 기술을 응용한 것이지만 최근에야 비로소 상용화를 앞두고 있는 최신 기술이기도 합니다. 라이파이는 눈에 보이

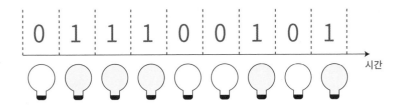

는 가시광선을 이용해서 0과 1을 주고받습니다. LED 램프를 이용해서 와이파이보다 무려 100배나 빠르게 0과 1을 보낼 수 있다고 합니다.

라이파이의 원리는 간단합니다. 집 천장에 달려 있는 LED 램프를 깜박깜박 켜고 끔으로써 0과 1을 보내는 거죠. 예를 들어, 1을 보내고 싶을 때는 LED 램프를 켜고, 0을 보내고 싶을 때는 끄는 식입니다. 집에 있는 조명이 이렇게 꺼졌다 켜졌다 하면 무척 신경 쓰이겠죠? 다행히 사람 눈은 1초에 100번 이상 깜박거리면 이런 깜박거림을 인식하지 못한다고 합니다. 그래서 라이파이에 이용되는 LED 램프는 이보다 훨씬 빠른 속도로 깜박거립니다. 그리고 사람 눈보다 성능이 뛰어난 광 검출기가 이 LED 램프의 깜박거림을 검출합니다. 결국 라이파이 방식에서 컴퓨터는 불빛의 깜박거림으로 0과 1을 전송합니다. 하지만 이런 라이파이 방식은 0과 1을 멀리 보내지는 못합니다. 가시광선이 도달할 수 있는 거리는 기껏해야 건물 안이나 집 안뿐일 테니까요.

안 보이는 전파를 타고 날아가는 글자들(전파 통신)

라이파이보다 더 멀리 0과 1을 보낼 수는 없을까요? 통신에서는 속도가 생명이니 또다시 빛을 이용할 수밖에 없습니다. 하지만 휴대폰에서 기지국까지 수 킬로미터 이상을 날아가야 하는 상황에서 눈에 보이는 가시광선을 이용할 수는 없습니다. 사람들이 들고 다니는 휴대폰에서 빛이 뿜어져 나올 수도 없거니와, 가시광선은 멀리 보낼 수도 없기 때문입니다. 그래서 이번에는 눈에 보이지 않는 빛을 이용해야 합니

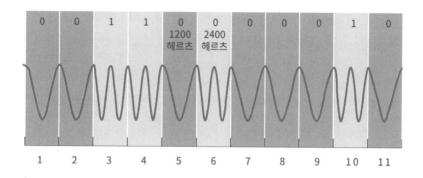

다. 바로 비가시광선입니다.

이것은 흔히 전파라고 불리는 것입니다. 물리 시간에 배운 바와 같이 빛은 전자기파電磁氣波 형태로 공중을 날아다닙니다. 전자기파는 말 그대로 전기와 자기의 파동이기 때문에 진폭과 주파수를 갖습니다. 바닷가 파도를 떠올려보면 파도의 크기가 진폭이고, 파도가 얼마나 자주 밀려오느냐가 주파수입니다. 우리에게 FM^Frequency Modulation 라디오로 친숙한 주파수변조 방식은 전파의 주파수(파도의 빈도)를 바꿔가며 0과 1을 전송합니다. 예를 들어, 1을 보내고 싶을 때는 주파수를 높이고, 0을 보내고 싶을 때는 주파수를 낮추는 식입니다. 이렇게 주파수가 높아졌다 낮아졌다 하며 변조된 전파가 공중으로 날아갑니다. 안테나는 자신이 검출하고자 하는 전파를 잡아내서 높은 주파수는 1로, 낮은 주파수는 0으로 변환합니다. FM 방식에서 컴퓨터는 주파수의 높낮이로 0과 1을 전송합니다.

다른 방식은 없을까요? 주파수가 아닌 진폭을 바꿀 수도 있습니다. 그것이 우리에게 AM^Amplitude Modulation 라디오로 친숙한 진폭변조입니

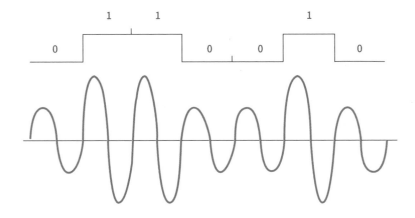

다. 진폭변조는 전파의 진폭(파도의 크기)을 바꿔가며 0과 1을 전송합니다. 예를 들어, 1을 보내고 싶을 때는 진폭을 크게 하고, 0을 보내고 싶을 때는 진폭을 작게 합니다. 안테나는 자신이 검출하고자 하는 전파를 잡아내서 큰 진폭은 1로, 작은 진폭은 0으로 변환합니다. AM 방식에서 컴퓨터는 진폭의 크기로 0과 1을 전송합니다.

우리가 흔히 통신이라고 부르는 것은 대부분 이러한 전파 통신들을 의미합니다. 가장 광범위하게 사용되기 때문입니다. 라디오도 휴대폰도 이 방식을 사용합니다. 휴대폰으로 전화 통화를 할 때 상대방의 목소리를 들을 수 있는 이유는 변조된 전파가 안테나로 들어오기 때문입니다. 스마트폰에 내장된 통신칩은 전파의 주파수, 진폭, 위상 같은 것들을 조작해서 글자를 전송합니다. 그렇다면 전파가 날아갈 수 있는 거리는 얼마나 될까요? 상황에 따라 다르지만 길어봤자 수십 킬로미터를 넘지 못합니다. 가시광선보다 멀리 가긴 하지만 비가시광선인 전파 역시 아주 멀리 가지는 못합니다. 장애물이 워낙 많으니까요.

바닷속을 헤엄치는 글자들(장거리 케이블 통신)

전파가 도달할 수 있는 거리를 벗어나 더 먼 곳으로 글자를 보내려면 어떻게 해야 할까요? 공중으로 날아간 글자들은 얼마 못 가 장애물에 부딪히거나 흡수되어버립니다. 그러니 글자를 아주 먼 곳으로 보내기 위해서는 결국 케이블을 이용할 수밖에 없습니다. 스마트폰에서 전송한 글자들도 가까운 기지국[+]까지만 전파의 형태로 날아갑니다. 가까운 기지국이 없는 경우에는 근처의 중계기[++]까지만 날아가죠. 그 후부터는 글자가 다시 케이블을 타고 이동합니다.

전국에 걸쳐 설치된 기지국들은 다 케이블로 연결되어 있습니다. 그리고 한국과 미국은 태평양 깊은 곳에 설치된 해저 케이블로 연결되어 있습니다. 전 세계 어디에 있는 사람과도 실시간으로 문자 메시지를 주고받고, 전화 통화를 할 수 있게 된 이유는 바로 이 해저 케이블 덕분입니다. 우리가 컴퓨터로 인터넷 검색을 할 때도, 지하철에서 스마트폰으로 영화를 볼 때도 글자는 케이블을 따라 흐릅니다. 어떤 사람들은 인공위성을 통해서 한국 사람과 미국 사람이 통화를 하는 것으로 알고 있지만, 실제로는 한국과 미국 사이에 설치된 해저 케이블을 통해서 글자가 전송됩니다.

태평양뿐만 아니라 아니 전 세계 바다 곳곳에 수도 없이 많은 해저 케이블이 설치되어 있습니다. 그래서 한국 사람과 미국 사람이 통화를

[+] 이동통신회사(SKT, KT, LGU+)마다 자신의 기지국을 전국에 걸쳐 촘촘히 설치해두고 있습니다.

[++] 기지국까지 전파가 도달하지 않는 지역에는 중계기를 중간중간에 설치됩니다. 중계기는 기지국보다 훨씬 저렴합니다. 기지국과 중계기는 무선 또는 유선으로 연결되어 있습니다.

하면 태평양의 해저 케이블을 통해 글자가 전송되고, 한국 사람과 일본 사람이 문자 메시지를 주고받으면 남해 바다의 해저 케이블을 통해 글자가 전송됩니다. 전 세계에 깔려 있는 해저 케이블을 확인할 수 있는 케이블맵[+]도 있습니다. 이곳에 방문하여 원하는 케이블을 선택하면 어느 나라와 어느 나라를 연결하는 케이블인지, 길이가 얼마나 되는지, 누가 소유하고 있는지를 볼 수 있습니다.

케이블 중에는 구리선과 같은 전선도 있고, 광케이블도 있습니다. 구리선에서는 0과 1이 조금 늦게 흘러가기 때문에 대부분의 구리선이 광케이블로 교체되고 있습니다.[++] 광케이블 안에는 머리카락처럼 가

[+] http://www.submarinecablemap.com/

[++] 진공상태에서 전기신호는 빛의 속도로 구리선을 따라 흐릅니다. 하지만 완벽한 진공상태에 있는 구리선은 없습니다. 그러니 실제로 구리선을 따라 흐르는 전기신호의 속도는 잘해야 빛의 속도에 가까운 정도입니다. 열악한 환경에서는 빛의 속도의 반밖에 되지 않을 수도 있습니다.

느다란 광섬유가 잔뜩 들어 있는데, 이 광섬유는 유리나 플라스틱으로 만들어졌습니다. 빛을 이 광섬유 안으로 쏘면 빛이 광섬유 안쪽의 벽에 부딪혀 반사되며 앞으로 직진하게 되어 있습니다. 광섬유의 한쪽에 설치된 LED가 깜박깜박하면 그 빛이 광섬유 반대쪽에 닿습니다. 그러면 LED가 켜진 것을 1로, 꺼진 것을 0으로 인식합니다. 이와 같이 광케이블을 통해 0과 1이 빛의 속도로 한국과 미국 사이를 오갑니다. 봉화 신호 체계의 현대판 버전인 셈입니다. 한국 사람과 미국 사람이 전화 통화를 할 수 있는 이유는 이런 광케이블 속으로 불빛이 왔다 갔다 하고 있기 때문입니다.

소리를 타고 이동하는 글자들(음파 통신)

컴퓨터가 글자를 주고받기 위해 전기나 전파만 사용하는 것은 아닙니다. 다른 수단으로는 어떤 것이 있을까요? 바로 음파입니다. 사실 음파는 가장 오래된 통신 수단입니다. 사람끼리 대화를 하는 것 자체가 일종의 음파 통신이니까요. 모스 부호morse code 방식은 긴 음과 짧은 음을 조합해서 글자를 보냅니다. 100년도 넘은 통신 방식이기 때문에 영화나 드라마에서 낭만적인 소품으로 종종 등장하죠. '뚜우-뚜우-뚜뚜' 하는 소리가 들리면 누군가가 나에게 편지를 보내오는 것 같은 느낌이 듭니다. 모스 부호는 통신 방식이라기보다는 일종의 아스키 테이블 같은 것에 더 가깝습니다. 알파벳을 해당하는 숫자와 짝지어놓은 것이 아스키 테이블이라면, 모스 부호는 알파벳을 장음 또는 단음의 조합과 짝지어놓은 것입니다. 모스 부호는 음파 말고 전파로도 보낼 수 있습니다. 심지어 사람 목소리로 '뚜우-뚜뚜' 하며 보낼 수도 있죠. 이처럼 소리로 글자를 주고받는 것은 가장 고전적인 기술에 속합니다.

최근에는 사람에게 들리지 않는 음파를 사용해서 글자를 주고받는 기술도 등장했습니다. 전파 통신이 비가시광선을 이용하듯이, 음파 통신도 비가청주파수의 음파를 이용하는 것입니다. 사람은 주파수가 20헤르츠~2만 헤르츠인 소리만 들을 수 있습니다. 이 대역을 가청주파수라고 부르죠. 따라서 2만 헤르츠를 넘는 주파수를 사용하면 사람한테는 안 들리게 하면서 전자제품끼리만 음파로 글자를 주고받을 수 있습니다. 치사하게 귓속말을 주고받는 상황과 비슷합니다. 이런 통신 방식의 장점은 마이크와 스피커만 있으면 된다는 것입니다. 즉, 전자제품이 와이파이나 인터넷에 연결되어 있을 필요가 없습니다. 예를 들어, TV 스피커가 사람 귀에 안 들리는 주파수로 말하면 스마트폰의 마이크가 그것을 알아듣습니다. TV 드라마가 방송되는 동안 여주인공이 착용한 액세서리에 대한 정보가 스피커를 통해 안 들리는 주파수로 울려 퍼집니다. 그리고 스마트폰을 켜보면 방금 드라마에서 본 액세서리에 대한 광고가 떠 있습니다. TV랑 스마트폰이 우리 몰래 음파로 대화를 하고 있는 겁니다.

외계인에게 보낸 편지 (외계와의 통신)

지구에 존재하는 컴퓨터끼리만 글자를 주고받을 수 있는 것은 아

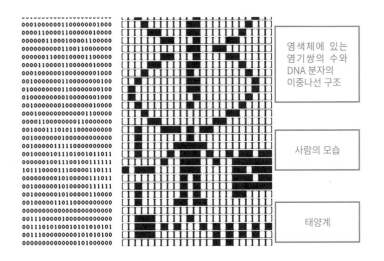

닙니다. 저 멀리 떨어진 다른 별로도 글자를 보낼 수 있습니다. 이때도 역시 전파를 이용해야 합니다. 지구에는 장애물들이 너무 많아서 전파가 멀리 날아갈 수 없지만, 우주 공간은 대부분 텅 비어 있기 때문에 전파가 멀리멀리 날아갈 수 있습니다. 실제로 1974년에 인류는 대서양의 푸에르토리코에 있는 아레시보 천문대에서 우주를 향해 1,679개의 0과 1을 쏘아 올렸습니다. 바로 '아레시보 메시지Arecibo message'입니다. 지구 반대편도 아닌 지구 대기권 밖으로 글자를 전송한 것입니다. 저 멀리 어딘가에 존재할지도 모르는 외계인이 이 글자를 받아보길 원하면서요.

외계인에게는 어떤 언어로 글자를 보내야 할까요? 할리우드 영화에서는 외계인이 영어를 구사하는 것으로 묘사되기도 하지만, 실제 외계인은 영어를 이해할 수 없을 겁니다. 그래서 인류가 선택한 것은 디지털 언어입니다. 0과 1을 '우주 공통어'라고 생각한 것입니다. 만일 외계인이 1,679개의 0과 1을 받게 된다면 일단은 한참을 고민할지도 모릅니다. 그러다가 0은 하얀색으로 1은 검은색으로 칠해보겠죠. 그림에서 왼쪽은 지구인들이 보낸 0과 1을 의미합니다. 그리고 그림 오른쪽은 외계인이 칠한 검은 점들과 하얀 점들입니다. 1장의 그림엽서가 완성된 셈입니다. 이 엽서에는 지구에 살고 있는 생명체의 DNA 구조, 사람의 모습, 태양계의 모습 같은 것들이 그려져 있습니다.

반대로 외계로부터 지구로 글자가 전송되어 올 가능성도 생각해볼 수 있습니다. 우리가 보낸 그림엽서에 대한 답장일 수도 있고, 그와 무관하게 외계인이 그냥 보낸 전파일 수도 있습니다. 외계 지적 생명체 탐사SETI, Search for Extra-Terrestrial Intelligence 프로젝트도 이런 가정에 바탕을 두고 있습니다. SETI 프로젝트에서 하는 일 중 하나는 다른 별에서 오는 전파 중에서 인공 전파를 찾아내는 일입니다. 우리가 살고 있는 지구에는 이미 온갖 인공 전파들이 넘쳐나고 있습니다. 우리만 인식하지 못할 뿐 우리 몸을 통과해서 하루에도 수도 없이 많은 인공 전파들이 왕래합니다. 자연 발생 전파는 주기성이 없고 파장 분포가 넓은 데 반해, 인공 전파는 주기성이 있고 파장 분포가 좁은 편입니다. 그 안에 글자를 담고 있기 때문이죠.

행선 간 통신에선 너무나 느린 빛의 속도(통신 속도의 한계)

우리는 지구 반대편에 사는 사람들과 하루에도 수없이 많은 글자를 주고받습니다. 지하철에서 유튜브 영상을 볼 때 그 비디오 클립을 구성하는 글자들은 굉장히 먼 곳에서 내 스마트폰까지 날아옵니다. 해외에 사는 친구와 채팅을 하거나 전화 통화를 할 때도 국가 간에 '거의' 실시간으로 글자가 이동합니다. 한국 사람과 미국 사람이 전화 통화를할 때 별다른 시간 지연을 못 느끼는 이유는 빛이 1초에 지구를 7바퀴반이나 돌 수 있기 때문입니다. 만일 빛이 없었다면 지금처럼 지구 반대편의 사람과 실시간으로 통신하는 것은 불가능했을 겁니다.

하지만 이 지구를 떠나 우주로 나간다면 어떻게 될까요? 안드로메다은하는 지구로부터 250만 광년 떨어져 있습니다. 그러니 안드로메다은하에 속한 별로 문자 메시지를 보내면 적어도 250만 년이 걸리게됩니다. 지구 안에서야 빛을 이용해 실시간 통신을 할 수 있었지만 행성과 행성 간에는 실시간 통신이 불가능합니다. 먼 미래에 우주 개척시대가 열려 행성 간에 통신을 하게 되더라도, 현재보다 빨리 글자를주고받게 될 가능성은 거의 없습니다. 그 이유는 이미 우주에서 가장빠른 물질로 통신을 하고 있기 때문입니다. 물론 양자 통신을 연구하는 사람들은 빛보다 빨리 통신하게 될 가능성을 주장합니다. 멀리 떨어져 있는 양자가 서로 얽혀 있는데, 빛보다 빠른 속도로 상호작용을하는 것이 관찰되었기 때문입니다. 하지만 이런 양자 얽힘 현상을 이용해서 실제로 통신을 할 수 있을지는 아직 알 수 없습니다.

글자는 길을 따라 걷는다(네트워크)

컴퓨터와 컴퓨터 간에 주고받는 글자는 정해진 길을 따라 다닙니다. 그 길을 흔히 통신망이나 네트워크라고 부릅니다. 글자가 왕래하려면 반드시 길이 있어야 하고, 목적지와 도착지가 있어야 합니다. 내가 가진 노트북과 마우스가 블루투스로 연결될 때, 이런 연결로를 '개인 통신망PAN, Personal Area Network'이라고 부릅니다. 노트북과 마우스는 몇 미터 이내로 붙어 있어야 이 PAN이라는 길을 따라 글자가 왕래할 수 있습니다. 내가 가진 노트북과 프린터가 와이파이나 랜선으로 연결될 때, 이런 연결로를 '근거리 통신망LAN, Local Area Network'이라고 부릅니다.

거리가 딱히 정해져 있진 않지만, 보통 사무실이나 주택 정도의 크기에 형성되는 길입니다. 노트북은 집 안에 있어야만 이 LAN이라는 길을 따라 프린터로 글자를 보낼 수 있습니다. 내가 가진 스마트폰으로 인터넷 서핑을 하고 있을 때, 저 먼 곳에 있는 웹서버와 스마트폰을

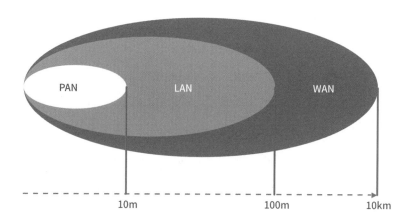

이어주는 연결로를 '광역 통신망WAN, Wide Area Network'이라고 부릅니다. LAN끼리를 서로 연결한 것이 WAN이라고 생각하면 쉽습니다. 스마트폰은 지하철 안이든 도로 위에서든 이 WAN이라는 길을 따라 웹서버와 글자를 주고받습니다.

내 컴퓨터는 LAN이라는 길을 통과하고, 다시 WAN이라는 길을 거쳐 전 세계의 모든 컴퓨터와 연결될 수 있습니다. 이렇게 전 세계의 모든 컴퓨터를 연결한 길들을 '인터넷Internet'이라고 부릅니다. 결국 인터넷은 전 세계를 아우르는 통신망을 말합니다. 그리고 이런 인터넷이라는 길을 통해 글자를 주고받게 해주는 방식 중 하나가 '월드와이드웹WWW, World Wide Web'입니다. 월드와이드웹은 인터넷과는 좀 다른 개념입니다. 인터넷은 길이고, WWW는 이 길을 다니는 방식입니다. 이 WWW 말고 전자메일, P2P 파일 공유, 동영상 스트리밍, VoIP 같은 방식들도 인터넷이라는 길을 통해 글자를 주고받게 해줍니다.

내가 '아' 할 테니 너는 '어' 해(프로토콜)

길만 존재한다고 해서 서로 다른 컴퓨터 2대가 글자를 주고받을 수 있는 것은 아닙니다. 둘 사이에는 사전에 약속이 필요합니다. 앞에서 언급했던 조선 시대의 봉화 신호 체계에서도 미리 약속해둔 것들이 있었습니다. 횃불 몇 개가 어떤 상황을 의미할 거냐 하는 것들이죠. 이런 약속들을 '프로토콜'이라고 했습니다. 약속을 지키지 않으면 컴퓨터 간에 통신은 불가능합니다. 휴대폰에서 웹브라우저를 실행해서 웹서버로부터 웹페이지를 받을 때 사용하는 약속은 HTTPHyperText Transfer Protocol라는 것입니다. 이 약속은 웹브라우저가 웹서버로 HTML 문서를 어떻게 요청request할 것인지, 반대로 웹서버가 웹브라우저로 어떻게 응답response할 것인지 같은 것들을 정해놓았습니다. 웹브라우저의 주소창에 'http://'라고 쓰는 것 자체가 이 약속을 따라서 글자를 보내겠다는 뜻입니다.

HTTP라는 약속은 다시 TCPTransmission Control Protocol라는 약속을 따릅니다. 이 TCP에 따르면, 글자를 보내려는 컴퓨터가 상대방에게 먼저 메시지SYN를 보냅니다. 그러면 상대방은 나도 글자를 받을 준비가 되었다는 응답 메시지SYN-ACK를 보냅니다. 그 후 글자를 보내려는 컴퓨터가 상대방에게도 응답 메시지ACK를 보냅니다. 이렇게 약속대로 메시지를 주고받고 나면 두 컴퓨터는 연결 상태가 됩니다.

TCP라는 약속은 다시 IPInternet Protocol라는 약속을 따릅니다. 흔히 IP 주소라고 부를 때의 그 IP입니다. 컴퓨터끼리 글자를 주고받을 때, 주는 컴퓨터와 받는 컴퓨터는 각자 주소를 갖고 있어야 합니다. IP라는 약속에는 주소를 부여하는 법, 받는 주소와 보내는 주소를 쓰는 법 같은 것들이 들어 있습니다. 인터넷이라는 길을 통해 글자를 보내고자 하는 컴퓨터들은 다 IP 주소를 갖고 있습니다. 심지어 스마트폰도 IP 주소가 있습니다.

지금까지 코딩을 둘러싼 다양한 주제들에 대해 살펴보았습니다. 프로그래밍 언어만 익히면 곧바로 코딩을 시작해도 될 것 같지만, 사실 코딩에 앞서 다양한 기반 기술에 대한 이해가 선행되어야 합니다. 컴퓨터를 모른 채 코딩을 할 수도 없고, 디지털을 모른 채 컴퓨터를 이해할 수도 없으니까요. 자연어, 프로그래밍 언어, 디지털 언어가 어떻게 연결되는지 알면 현대 문명이 만들어가는 비트 세계를 보다 통찰력 있게 바라볼 수 있습니다.

1장에서는 주로 '저자로서의 프로그래머'에 관해 이야기했습니다. 산업혁명 시대를 지나 정보 통신 시대에 접어들면서 코딩이 망치질을 대신하게 되었습니다. 즉, 무언가를 만들어내기 위해 땀 흘려 일하던 육체적 노동이 글쓰기 노동으로 바뀐 것입니다. 인류는 코딩을 통해 자신이 말로 창조하는 능력을 지니고 있음을 새삼 깨닫게 되었습니다. 게다가 코딩은 혼자 하는 작업이 아닙니다. 수많은 인부가 모여 도시를 건설하듯이 수많은 프로그래머가 모여 1권의 책을 함께 써내려감니다. 코딩에 대한 기초지식은 프로그래머에게만 필요한 것이 아닙니다. 현실 세계를 살아가는 모든 사람에게 기초적인 과학 지식이 필요하듯이, 비트 세계에 접속해서 살아가는 현대인들에게도 기초적인 코딩 지식이 필요합니다.

2장에서는 주로 '저자가 쓴 책'에 관해 이야기했고, 코딩 시에 사용하는 언어인 프로그래밍 언어를 개략적으로 훑어보았습니다. 프로그래밍 언어는 컴퓨터와 소통하기 위해 인위적으로 만들어진 언어이고, 인간을 가상 세계의 조물주로 등극시켰습니다. 이 언어를 통해 인간이 무엇이든 말만 하면 컴퓨터는 그것을 실현시켜줍니다. 코딩의 역사는 프로그래밍 언어의 발전 역사와 맥을 같이합니다. 사람의 언어와 사뭇 다르게 생겼던 프로그래밍 언어는 점점 사람의 언어를 닮아가는 방향으로 발전하고 있습니다. 앞으로는 더욱 쉬운 언어가 개발될 것이고 코딩의 문턱은 점점 낮아질 것입니다.

하지만 그 이면에는 항상 번역이라는 과정이 수반됩니다. 아무리 사람의 언어에 가까운 프로그래밍 언어로 코딩을 한다 해도, 결국 그 코드는 컴퓨터가 이해하는 언어로 번역되어야 하기 때문입니다. 사람의 언어와 컴퓨터의 언어 사이의 간극은 좁혀지지 않았습니다. 사람의 언어도 컴퓨터의 언어도 항상 그 자리에 있습니다. 다만 그 중간을 오가는 프로그래밍 언어와 번역기만 발달하고 있는 것입니다.

코딩은 결국 상수를 정의하고 변수를 선언하고 이들 간의 관계를 설명하는 함수를 정의하는 것입니다. 현실 세계 역시 이런 상수, 변수, 함수 같은 것들에 의해 규정되어 있습니다. 프로그램이 1권의 책이라면 이 책은 때론 순서대로 읽고 마치도록 되어 있고, 때론 건너 뛰어가며 읽도록 되어 있습니다. 그리고 특정 부분은 반복해서 읽도록 되어 있기도 하고, 사건이 발생해야지만 읽도록 되어 있기도 합니다. 오류가 있는 코드들은 컴퓨터를 오동작시키기 때문에 가능한 한 버그가 없도록 코딩해야 합니다. 그리고 내 코드를 다른 사람이 쉽게 이해할 수 있도록 배려하는 자세를 가져야 합니다.

3장에서는 코딩으로 만들어진 '주요 작품들'을 살펴보았습니다. 인간이 코딩한 가상 세계는 점점 더 현실 세계를 닮아가고 있습니다. 언젠가는 가상현실과 실제 현실을 구별하지 못할 날이 올지도 모릅니다. 그리고 소프트웨어가 아닌 하드웨어 역시 코딩으로 만들어지고 있습니다. 전자제품에 들어가는 칩들은 비록 그 이름이 하드웨어라고 불리긴 하지만 사실 다 코딩된 것들입니다. 인공지능 역시 코딩으로 만들어지고 있습니다. 신공지능이 원자로 만들어졌다면, 인공지능은 비트로 만들어졌습니다. 사람은 이 인공지능을 만들어가는 과정을 통해 인간의 의식이나 영혼에 대한 이해를 한층 높여갈 수 있을 것입니다. 인간이 코딩한 것 외에 자연계에 존재하는 생명체도 코딩된 것입니다. 인간이 디지털 코드로 만들어졌다는 것은 DNA의 발견으로 인해 명백히 밝혀졌습니다. 자연계에 존재하는 무생물도 넓은 의미에서는 코딩되었다고 할 수 있습니다. 현대물리학이 우주가 수학의 언어로 쓰여 있음을 천명하고 있기 때문입니다. 우주가 코딩되었다는 것은 우주가 수학의 언어로 쓰였다는 것을 현대적으로 바꿔 표현한 것에 지나지 않습니다. 결론적으로 우주에 존재하는 모든 것들과 인간이 만들어낸 모든 것들은 코딩으로, 그리고 언어로 만들어졌다고 할 수 있습니다.

4장에서는 '독자가 읽는 책'에 관해 이야기했습니다. 독자인 컴퓨터가 읽는 글은 다름 아닌 디지털 언어로 작성된 글입니다. 이것은 2장에서 설명한 '저자가 쓴 책'과 생김새가 다릅니다. 디지털 언어를 이해해야 하는 이유는 컴퓨터가 그 언어밖에 구사할 수 없기 때문입니다. 따라서 인간이 어떤 프로그래밍 언어로 코딩을 하든 그 코드들은 모두 디지털 언어로 번역됩니다. 프로그램 코드만 디지털 언어로 번역되는 것이 아니라 자연계에 존재하는 모든 정보가 디지털 언어로 변환되어 컴퓨터에 입력됩니다. 이런 디지털 언어는 실은 구멍, 홈, 전자, 자기 극성, 원자의 스핀과 같은 물리적 형태로 기록되어 있습니다. 컴퓨터가 읽는 문서 파일이나 음악 파일, 사진 파일, 동영상 파일을 열어보면 실제로 0과 1만 잔뜩 들어 있습니다. 디지털 세계에서는 컴퓨터가 다루어야 할 0과 1이 너무 많기 때문에 0과 1의 개수를 줄이는 기술이 중요합니다. 그리고 훼손된 0과 1을 복구해야지만 디지털 세계를 영구적으로 보존할 수 있습니다.

마지막으로 5장에서는 '독자로서의 컴퓨터'에 관해 이야기했습니다. 컴퓨터는 인간이 코딩한 소스코드를 읽는 독자입니다. 동시에 컴퓨터는 원저자가 말한 것을 그대로 실현해주는 존재입니다. 그런 의미에서 컴퓨터는 이데아의 소스코드를 읽어 비트 세계를 출력해내는 장인이라고 부를 수 있습니다. 컴퓨터가 하는 일이란 디지털 언어를 읽어서 그것을 연산한 후에 다시 디지털 언어를 출력하는 것입니다. 컴퓨터가 읽는 책들은 바이오스, OS, 애플리케이션이라고 불립니다. 이

| 1장
저자 | 2장
저자가 쓴 책 | 3장
주요작품 | 4장
독자가 읽는 책 | 5장
독자 |

책들에 적힌 지침을 따라 컴퓨터는 저자가 명령한 모든 일을 처리합니다. 컴퓨터는 다른 컴퓨터와 디지털 언어를 교환하며 서로 소통합니다. 이런 소통을 위해 전기신호, 전파, 음파 같은 것들이 사용됩니다. 전 지구에 흩어져 있는 컴퓨터들은 빛이라는 수단을 통해 디지털 언어를 주고받습니다.

바벨탑 이전으로

이 책의 핵심 키워드를 꼽으라면 단연코 '언어'일 것입니다. 지능을 가진 존재란 결국 언어를 구사할 줄 아는 존재를 말합니다. 그래서 앨런 튜링도 인공지능이 마지막으로 통과해야 할 관문을 '언어'로 설정했습니다. 동물은 언어를 구사하지 못하기 때문에 동물로 취급받고, 인공지능 역시 사람처럼 말을 못하기 때문에 기계로 취급받습니다. 인간의 언어 능력은 글자를 기록하는 능력을 탄생시켰고, 글을 쓰는 능력은 코딩 능력을 탄생시켰습니다. 글쓰기 능력이 코딩 능력으로 발현되기까지는 무려 5,000년이라는 시간이 필요했습니다. 코딩의 역사는 불과 100여 년에 불과하지만, 이 능력을 갖춘 후부터 인류는 무시무시한 속도로 발전하고 있습니다.

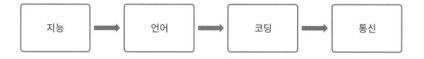

바벨탑 사건으로 흩어졌던 인간의 언어가 프로그래밍 언어를 중심으로 다시 모이고 있습니다. 코딩은 언어를 구사하는 지능이 발휘할 수 있는 능력의 극대치를 보여줍니다. 인간이 프로그래밍 언어를 통해 무슨 말을 하건, 그 말은 컴퓨터를 통해 세상에 유의미한 형태로 출력됩니다. 그리고 컴퓨터끼리는 서로 디지털 언어를 매개로 소통합니다. 결국 지능은 언어를 낳고, 언어는 코딩을 낳고, 코딩은 통신을 낳았습니다. 통신은 언어를 교환하기 위한 수단이기에 통신의 탄생은 어찌보면 필연적입니다.

SETI 프로젝트에서 하는 일도 결국 통신 능력을 갖춘 생명체, 즉 인공 전파를 발사할 능력을 갖춘 생명체를 찾는 것입니다. 과학자들이 생각하기에 지적 생명체라면 언어를 구사할 것이고, 이 언어 구사 능력은 코딩 능력으로 발전할 것이며, 이 코딩 능력은 결국 컴퓨터끼리 통신하는 상황을 만들 것이라고 가정한 겁니다. 그리고 통신 수단으로서 사용할 물질은 빛, 즉 전파가 유일하다고 가정한 것입니다. 왜냐하면 이 우주에 빛보다 빠른 물질은 없으니까요.

이처럼 SETI 프로젝트는 언어 능력, 그리고 언어 능력을 기반으로 한 코딩 능력, 그리고 언어 능력 및 코딩 능력을 기반으로 한 통신 능력을 지적 생명체가 갖춰야 할 필수 요건으로 전제하고 있습니다. 이

에필로그

런 능력이 없다면 그냥 생명체일 뿐 '지적' 생명체는 아닙니다. 이런 측면에서 보자면 인류가 걸어온 기술 발전의 역사는 우연이 아니며 '필연'적인 수순일 수도 있습니다. 지능은 이런 수순으로 발전할 수밖에 없고, 이 방향이 유일한 방향일지도 모른다는 거죠. 따라서 인간 외의 지적 생명체가 인간처럼 발전할 수 있기 위해서는 일단 언어 능력을 갖추는 것이 선행되어야 합니다. 그리고 이 언어 능력이란 말과 문장을 구성하는 원리를 바탕으로 이전에 없던 전혀 새로운 문장을 만들어낼 수 있는 능력을 말합니다.

코드로 움직이는 세상

이 책이 목적했던 바 중 하나는 독자 여러분이 사물의 본질을 꿰뚫어 볼 수 있는 통찰력을 갖게 하려는 것입니다. 가령 영화를 보면서 자

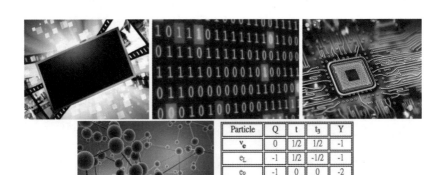

신이 스크린 속으로 빨려 들어간다고 가정해보겠습니다. 영화 스크린 속을 뚫고 들어가면 그 영화를 출력해낸 무수히 많은 0과 1들이 존재하고 있습니다. 그리고 그 0과 1들은 트랜지스터 속에 전자의 형태로 붙잡혀 있습니다. 다시 그 트랜지스터들 속에는 수많은 원자들이 있습니다. 그리고 그 원자들 내부에는 더 작은 입자들이 있고, 그 입자들은 결국 양자수quantum numbers와 같은 숫자들에 의해 코딩되어 있습니다. 세상은 온통 코드로 시작해서 코드로 끝나고 있습니다.

반대로 영화 스크린에서 뿜어져 나온 빛이 내 몸 안으로 들어온다고 가정해보겠습니다. 그 빛은 내 망막에 도달해서 전기신호를 발생시킵니다. 그리고 그 전기신호는 뇌세포로 전달되는 과정에서 디지털 신호로 변화합니다. 생물학적 컴퓨터인 뇌는 이런 디지털 신호들을 해석하기 시작합니다. 그리고 마침내 머릿속에 하나의 이미지를 출력해냅니다. 원자나 광자와 같이 코딩된 입자들이 결국 신호로 바뀌고, 그 신

호가 다시 코드로 바뀌고, 그 코드가 다시 컴퓨터에 의해 재해석되는 것입니다. 어떤 경우를 가정하더라도 세상에서 벌어지는 일은 코드로 시작해서 코드로 끝나게 되어 있습니다.

하드웨어는 단지 껍데기

인간의 코딩으로 탄생한 소프트웨어는 전통적으로 하드웨어가 지배하던 영역으로까지 자신의 영역을 넓혀가고 있습니다. 현대적 의미의 하드웨어는 이미 상당 부분이 코딩으로 만들어지고 있습니다. 코딩의 본질을 깨달은 사람들은 이제 모든 가치의 핵심이 소프트웨어에 있고, 하드웨어는 단지 껍데기에 불과하다고 말하기 시작했습니다. 실제로 산업의 중심축도 하드웨어에서 소프트웨어로 옮겨가고 있습니다. 그래서 "소프트웨어가 세상을 먹어치운다"라는 자극적인 표현까지 등장했습니다. 소프트웨어에 불과한 코드가 물리적 세계를 지배한다는 것이고, 겉으로 보이는 물질보다 그 안의 정보가 중요하다는 것입니다. 실상 물질은 정보를 담거나 전달하기 위한 껍데기에 불과합니다. 원자를 구성하는 작은 입자들을 규정하는 정보가 양자수라면, 원자는 이런 숫자들을 담고 있는 껍데기에 해당합니다.

물론 아직까지는 하드웨어를 만드는 데 많은 시간과 돈이 들어갑니다. 하지만 과학자들은 미래가 되면 제품 가격에서 하드웨어가 차지하는 비중이 매우 낮아질 거라고 예상합니다. 심하게는 모든 하드웨어의 가격이 무료 수준까지 내려갈 거라고도 합니다. 어떻게 이런 일이

가능해질까요? 소프트웨어와 하드웨어를 구별하는 기준이 무엇인가부터 생각해볼 필요가 있습니다. 미국의 유명한 인지과학자인 더글러스 호프스태터Douglas Hofstadter는 저서 『괴델, 에셔, 바흐: 영원한 황금 노끈』으로 유명합니다. 이 책으로 1980년에 퓰리처상 논픽션 부문을 수상했죠. 그는 이 책에서 '소프트웨어'는 유선 또는 무선으로 전송될 수 있는 모든 것들이고, '하드웨어'는 그 밖의 것들이라고 정의했습니다.

쉽게 이야기해서 컴퓨터 통신으로 보낼 수 있는 것은 소프트웨어이고, 나머지는 하드웨어라는 것입니다. 3D 프린터에 3D 도면을 집어넣으면 실물 제품이 인쇄됩니다. 3D 도면은 무선 또는 유선으로 전송할 수 있고, 실물 제품은 전송할 수 없습니다. 따라서 3D 도면은 소프트웨어이고, 실물 제품은 하드웨어입니다. 아직은 3D 프린터가 나무나 유리 또는 빵 같은 것들을 인쇄하진 못합니다. 물론 간단한 음식 재료를 넣은 후에 피자나 케이크 따위를 인쇄하기도 하지만, 원자나 분자를 직접 조립하는 수준은 아니라는 이야기입니다. 하지만 머지않은 미래에 원자나 분자를 직접 조립해서 3D 프린팅을 할 수 있게 된다면 어떻게 될까요? 프린팅 재료가 될 원자나 분자는 우리 주변에 풍부하게 존재합니다. 과학자들은 이 풍부한 재료를 가지고 의자도, 자동차도, 컴퓨터도 인쇄할 수 있을 거라고 예상합니다. 심지어 3D 프린터로 물도, 라면도, 샌드위치도 찍어낼 수 있을 거라고 하죠.

이렇게 하드웨어가 무료에 가깝게 된다면 무엇이 중요한 가치를 갖게 될까요? 그것은 바로 제품을 설계한 정보, 즉 소프트웨어입니다. 의자를 어떤 재료로, 어떤 모양으로 만들어야 할지에 대한 정보(소프트웨어)만 있다면 그것으로 실물 의자는 얼마든지 인쇄해낼 수 있습니다. 따라서 사람들은 의자 설계도에 해당하는 소프트웨어만 돈을 내고 사게 될 것입니다. 이 소프트웨어는 저작권이나 특허권의 보호를 받을 테니까요. 그런 미래 사회에서 모든 가치는 물질(하드웨어)에 있지 않고 그것을 설계한 소프트웨어에 있습니다. 그리고 모든 소프트웨어는 결국 비트로 표현됩니다.

비트에서 존재로

미국의 이론물리학자인 존 아치볼드 휠러John Archibald Wheeler는 아인슈타인과 공동 연구를 한 과학자입니다. 노벨 물리학상 수상자인 리처드 파인먼의 스승이기도 한 그는 블랙홀black hole과 웜홀worm hole이라는 이름을 지은 것으로 유명합니다. 그가 남긴 말 중 가장 유명한 말은 바로 "비트에서 존재로It from bit"입니다. 모든 존재의 본질이 비트(정보)에

```
01101000 01100001 01110100
01100100 01101001 01110011
01110010 01101001 01100010
01110100 01100101 01110011
01100001 01101110 01111001
01101001 01101110 01100011
```

있음을 지적한 것입니다. 물론 그보다 앞서 앨런 튜링이나 폰 노이만 역시 0과 1만으로 우주 만물을 흉내 낼 수 있다고 생각했으며, 라이프니츠도 모든 진리를 일종의 계산으로 귀착시킬 수 있다고 말했습니다. 그리고 갈릴레오는 "수학은 신이 우주를 쓴 언어다"라고 말했으며, 동양에서는 먼 옛날부터 우주 만물이 '음(0)'과 '양(1)'의 조화로 만들어졌다고 여겨왔습니다.

'…10100001011010…'과 같이 배열된 비트가 있다고 가정해보겠습니다. 이것은 무엇을 의미할까요? 누군가 힌트를 주기 전까지는 알 수 없습니다. 만일 이 비트를 담은 컴퓨터 파일의 확장자가 '*.txt'였다면 컴퓨터는 이 비트들을 '아스키코드'로 해석해서, '문자열'로 치환하려 할 것입니다. 0과 1을 7개씩 읽어서 해당하는 알파벳으로 치환하는 거죠. 물론 원본 비트가 아스키코드를 의도한 것이 아니었다면 알 수 없는 문자들의 배열이 되고 말 것입니다.

만일 이 비트들을 담은 컴퓨터 파일의 확장자가 '*.jpg'나 '*.bmp', '*.png' 등이었다면 컴퓨터는 이 비트들을 '픽셀값'으로 해석해서, 모니터상에 뿌려질 '점'으로 바꾸려 할 것입니다. 트루컬러 모니터였다면 0과 1을 24개씩 읽어서 해당하는 컬러점을 찍을 겁니다. 물론 원본 비트가 픽셀값이 아니었다면 이상한 점들의 집합체가 모니터에 출력

될 것입니다. 하지만 원본 비트가 픽셀값이 맞다면 예쁜 풍경 사진이 모니터에 출력되겠죠.

마찬가지로 이 비트들을 담은 컴퓨터 파일의 확장자가 '*.mp3'나 '*.wav'였다면 컴퓨터는 이 비트들을 '음악 데이터'로 해석해서, 스피커를 통해 '소리'로 출력할 겁니다. 만약 확장자가 '*.exe'였다면 컴퓨터는 이 비트들을 '기계어 코드'로 해석해서 프로그램을 실행시키려 할 것입니다. 이 비트들이 비트코인bitcoin이나 이더리움Ethereum과 같은 암호화폐에 들어 있는 것들이었다면 컴퓨터는 이 비트들을 통해 '화폐'를 만들어낼 수도 있을 것입니다. 그리고 나의 신분을 만들어낼 수도 있을 것이고, 나아가 암호화 사회 전체를 구축할 수도 있을 겁니다.

또는 이 비트들이 DNA 코드를 의미했다면 컴퓨터는 이 비트들을 통해 '생명체'를 조립할 수도 있을 것입니다. 0과 1을 A, T, C, G로 치환한 후에 알파벳을 3개씩 읽어 해당하는 아미노산을 조립하면 될 테니까요. 물론 아직은 나노 조립 기구가 없으니 생명체 조립을 할 수는 없습니다. 하지만 인간에 대한 디지털 소스코드가 존재하니 인간을 조립하는 것이 이론상 불가능한 것은 아닙니다. 물론 나의 DNA 코드가 곧 '나'를 의미하는 것은 아니니 너무 걱정할 필요는 없습니다. DNA 코드는 어디까지나 하드웨어 설계 정보에 지나지 않습니다. 실제로 나를 나이게 하는 것은 내 몸이 다가 아닙니다. 나를 구성하는 것들은 오히려 내가 배운 것, 경험한 것, 기억하고 있는 것과 같은 소프트웨어입니다. 이런 정보들은 학습을 통해 우리 몸에 누적됩니다. 그러니 나란 존재는 DNA 코드, 그리고 학습을 통해 끊임없이 업데이트되는 세포

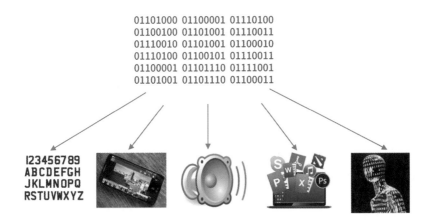

들의 네트워크입니다.

　지금까지 설명한 바와 같이 원본 비트인 '…10100001011010…' 을 어떻게 해석하느냐에 따라 이 비트들은 때론 문자가 되고, 때론 영상이나 음악이 되고, 때론 프로그램이 되고, 때론 화폐가 됩니다. 심지어 이 비트들은 생명체로 변할 수도 있습니다. 비트를 어떤 테이블에 매핑mapping시켜 해석하고, 그것을 세상에 어떻게 출력해내느냐에 따라 비트는 세상에 존재하는 모든 것들로 변할 수 있습니다. 그리고 세상에 존재하고 있는 어떤 것들도 다시 비트로 표현해낼 수 있습니다. 그런 의미에서 비트와 세상은 동전의 양면이고, 비트는 플라톤의 이데아와 닮았습니다. 지금 이 시간에도 인간은 코딩된 세상에 살면서 새로운 세상을 코딩하고 있습니다.

세상을 만드는 글자, 코딩

ⓒ 박준석, 2018, Printed in Seoul, Korea

초판 1쇄 펴낸날 2018년 3월 14일
초판 13쇄 펴낸날 2022년 8월 30일
지은이 박준석
펴낸이 한성봉
책임편집 안상준
편집 하명성 · 이동현 · 조유나 · 이지경
디자인 전혜진
본문조판 윤수진
마케팅 박신용 · 오주형 · 강은혜 · 박민지
경영지원 국지연 · 강지선
펴낸곳 도서출판 동아시아
등록 1998년 3월 5일 제1998-000243호
주소 서울시 중구 퇴계로30길 15-8 [필동1가 26]
페이스북 www.facebook.com/dongasiabooks
전자우편 dongasiabook@naver.com
블로그 blog.naver.com/dongasiabook
인스타그램 www.instagram.com/dongasiabook
전화 02) 757-9724, 5
팩스 02) 757-9726
ISBN 978-89-6262-221-8   03400

이 도서의 국립중앙도서관 출판예정도서목록(CIP)은
서지정보유통지원시스템 홈페이지(http://seoji.nl.go.kr)와
국가자료공동목록시스템(http://www.nl.go.kr/kolisnet)에서
이용하실 수 있습니다. (CIP제어번호: CIP2018006775)